U0298823

中南半岛及南海东缘构造特征与油气地质

吴义平　鲍志东　田作基　等著

石油工業出版社

内容提要

本书对中南半岛和南海东缘区域所属的昆山—万安盆地、湄南盆地、呵叻盆地、呵叻高原盆地、东巴拉望盆地、苏禄海盆地、西里伯斯盆地、卡加延盆地、比科尔盆地等9个盆地从区域构造演化、烃源岩发育、储层特征、圈闭类型等方面进行了详细阐述，并预测了其有利含油气区。

本书可供从事油气地质研究工作的科研人员参考使用。

图书在版编目(CIP)数据

中南半岛及南海东缘构造特征与油气地质/吴义平等著．
北京：石油工业出版社，2017.1
（“一带一路”油气系列丛书）
ISBN 978-7-5183-1631-1

Ⅰ．中…
Ⅱ．吴…
Ⅲ．石油天然气地质-研究-东南亚
Ⅳ．P618.130.2

中国版本图书馆CIP数据核字(2016)第275560号

出版发行：石油工业出版社
（北京安定门外安华里2区1号　100011）
网　址：www.petropub.com
编辑部：(010)64523543　图书营销中心：(010)64523633
经　销：全国新华书店
印　刷：北京中石油彩色印刷有限责任公司

2017年1月第1版　2017年1月第1次印刷
787×1092毫米　开本：1/16　印张：12.25
字数：316千字

定价：120.00元

《中南半岛及南海东缘构造特征与油气地质》

编 写 人 员

吴义平　鲍志东　田作基　计智锋

温志新　李　志　李富恒　宋　健

王　俊　茆书巍

前　言

中南半岛和南海东缘处于“21 世纪海上丝绸之路”上。历史上,习惯将南海东缘的马来西亚、新加坡、印度尼西亚、文莱、菲律宾五国称之为中南半岛及南海东缘的“海洋国家”或“海岛国家”,而将位于中南半岛的越南、老挝、柬埔寨、泰国及缅甸五国称之为中南半岛及南海东缘的“陆地国家”或“半岛国家”。

研究区处于特殊的大地构造位置,经历了强烈的构造活动,发育大陆裂谷、克拉通盆地和弧后裂谷盆地等经典的含油气盆地类型,蕴含的油气资源是全球油气资源中重要的组成部分。因此,开展该区主要含油气盆地的油气地质研究对指导我国海外油气勘探实践,保障我国油气能源安全具有举足轻重的战略意义。

根据板块构造特征,将中南半岛及南海东缘划分为三个构造域,即巽他陆块、南中国海微地块群、菲律宾岛弧,三个构造域内存在巽他陆块陆内裂谷(裂陷)、巽他陆块陆间裂谷、南中国海微地块群弧后裂谷及菲律宾弧后裂谷四个构造沉降区,共发育 14 个含油气盆地,由于南中国海微地块群南薇永暑盆地、礼乐滩—西巴拉望盆地和巽他陆块东缘中建南盆地等位于南中国海九段线内,本次将盆地主体在九段线之外的 9 个盆地作为研究重点。

区域构造演化主要包括五个阶段:古生代晚期—中生代晚期华南—印支联合地块拼合阶段、晚白垩世—古新世前裂谷期、始新世—渐新世裂谷期、早中新世—中中新世坳陷期和晚中新世—现今挤压沉降期。前裂谷期主要发育火山岩和变质岩基底;裂谷期昆山—万安盆地沉积相由冲积扇和河流相向海陆过渡相演化,湄南盆地以陆相河、湖沉积为主,南海东缘弧盆则以浅海—深海相碎屑岩、碳酸盐岩沉积为主;坳陷期广泛海侵,昆山—万安盆地主要为三角洲、潮坪—滨浅海相沉积,湄南盆地以陆相河、湖沉积为主,南海东缘沉积滨浅海—深海相碎屑岩、碳酸盐岩;挤压沉降期以海退为主,昆山—万安盆地主要沉积三角洲—滨海相碎屑岩,湄南盆地以陆相冲积扇、河流沉积为主,南海东缘弧后沉降区以浅海碎屑岩、碳酸盐岩为主,弧前沉降区主要沉积三角洲—滨海相碎屑岩。

烃源岩主要发育于裂谷期,中南半岛裂谷期以河流—湖泊相沉积及陆海过渡—浅海相沉积为主,坳陷期以河流湖泊—三角洲相沉积体系为主,多发育半深湖—深湖相、潟湖相及浅海相,烃源岩面积大、层位多,单层厚度适中,可形成良好的生储盖组合,油气储量大;南海东缘岛弧盆地多处于半深海—深海环境,其中弧前盆地烃源岩发育相对较差,生储盖组合匹配程度不高,油气主要富集于弧后盆地中。

研究区储层类型多样,总体上以砂岩和碳酸盐岩、生物礁为主,部分为火山岩和浊积砂岩。新生代碎屑岩储层分布于全区,以渐新统—上新统为主;碳酸盐岩、生物礁储层分布范围也较广泛,主要位于研究区中部、南部和东部,时代为二叠纪、侏罗纪、始新世—上新世,且以中新世最为发育。火山岩主要分布在昆山—万安盆地以及比科尔盆地,浊积砂岩仅分布在东巴拉望盆地和苏禄海盆地中。

研究区已发现石油 2P 可采储量 124.30×10^8bbl,凝析油 3.92×10^8bbl,天然气 195.52 ×

10^8ft^3，主要分布于新近系、古近系及前新生代地层，中南半岛（巽他陆块）油气富集，以油为主，各层系分布较均匀，而南海东缘主要产天然气，主产层为新近系。待发现石油 2P 可采储量 192.43×10^8bbl，凝析油 27.80×10^8bbl，天然气 $409.50\times10^8ft^3$，具有一定的勘探潜力。

研究区含油气盆地中的圈闭类型以构造、岩性圈闭为主，油气主要富集于构造圈闭中。圈闭类型主要为与同生断裂相关的背斜和断背斜，圈闭数量多，但规模小，常形成多个自生自储油气藏，油气层纵向跨度大，垂向上具有多层系、相互叠置的特征。这种油气分布特征造成该类盆地油气勘探成功率相对较高，中型油气田较多，但难以形成巨型油气田。中南半岛南部主要受古南中国海扩张和印度板块俯冲双重影响，两重作用在不同时期表现出不同的重要性。大陆裂谷的昆山—万安盆地依次经历拉伸、挤压和热沉降三个阶段，构造、岩性圈闭与之在时间域内对应响应；而岛弧盆地，基本处于俯冲挤压状态，构造圈闭为主导圈闭。由于沉积环境的不断变化，还可形成大量构造—地层、岩性复合型圈闭，如不整合圈闭、基岩裂缝圈闭、礁体及碳酸盐建隆圈闭。

通过采用定量—半定量评价分类方法，结合沉积相、生储盖匹配程度以及待发现资源量等指标对含油气盆地进行了优选排队，将 9 个盆地划分为 3 类，其中Ⅰ类盆地中首选盆地为中南半岛的昆山—万安盆地，有利区综合评价均为Ⅰ类；呵叻高原盆地作为研究区Ⅰ类盆地中唯一的克拉通盆地，成藏组合匹配关系好，综合评价发育Ⅰ类和Ⅱ类有利区，具有形成大型油气田的潜力。

由于笔者水平有限，书中不妥之处敬请指正。

目　　录

第一章　区域构造特征及沉积演化

第一节　大地构造及构造分区

一、地理位置

中南半岛及南海东缘是指欧亚大陆的东南部，与太平洋、大洋洲交会的地区(图1-1)。位于北纬25°—南纬10°，东经93°~141.5°之间，面积约为$457 \times 10^4 km^2$。该地区共有11个国家，即越南、老挝、柬埔寨、泰国、缅甸、马来西亚、新加坡、印度尼西亚、文莱、菲律宾和东帝汶。历史上，习惯将位于中南半岛的越南、老挝、柬埔寨、泰国及缅甸五国称之为中南半岛及南海东缘的"陆地国家"或"半岛国家"，而将马来西亚、新加坡、印度尼西亚、文莱、菲律宾五国称之为中南半岛及南海东缘的"海洋国家"或"海岛国家"。

从地貌上来讲，中南半岛及南海东缘主要是中南半岛的山地—丘陵区、中南半岛及南海东缘火山岛弧以及南中国海的浅海陆架等(图1-1)。其中，中南半岛主要发育近南北向的山脉与河流；在印度尼西亚群岛、菲律宾群岛的俯冲一侧发育一系列的火山岛弧；南中国海的浅海陆架区是欧亚大陆的延伸，特别是在泰国湾等地区最为明显。

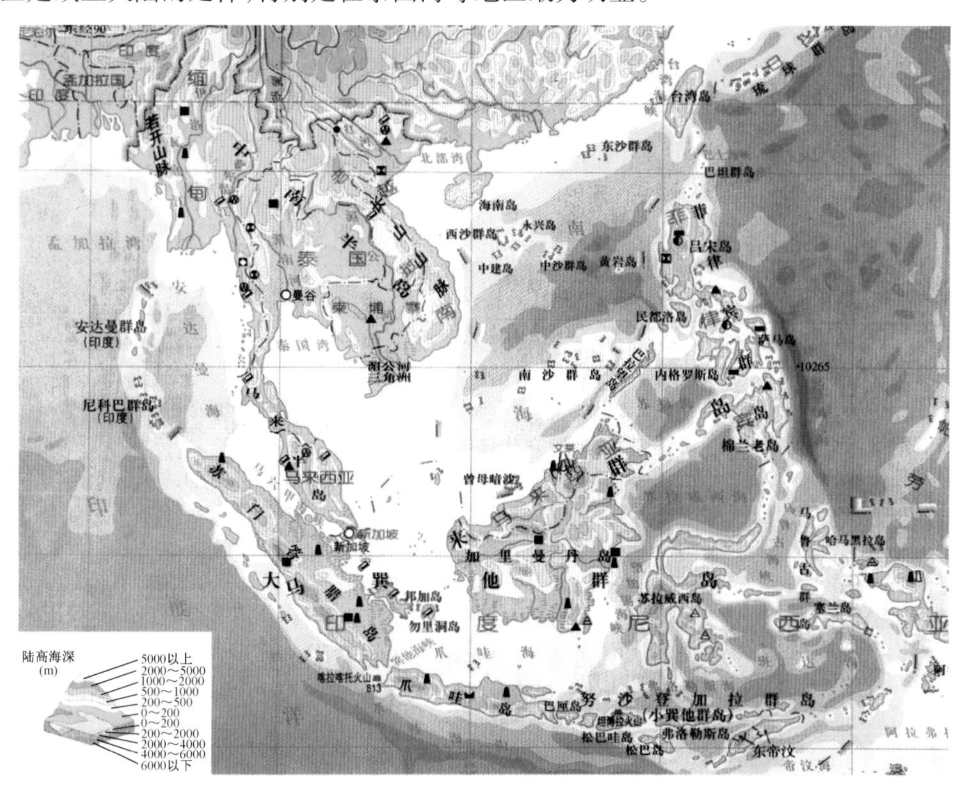

图1-1　中南半岛及南海东缘地区地理位置及地形图

二、板块构造

在大区构造位置上，中南半岛及南海东缘位于欧亚板块、西伯利亚板块、太平洋板块、印度—澳大利亚板块四大板块和太平洋、印度洋两大洋交会区。其中，中南半岛及南海东缘处于欧亚板块、太平洋板块、印度—澳大利亚板块的交会处，岛弧、地体较多，板块相互作用复杂，从而使得不同地质历史时期的块体不断拼合碰撞，特别是多期特提斯带的拼合作用，使得中南半岛及南海东缘的大地构造单元数量众多，相互作用复杂；东亚地区，在全球大地构造上位于西伯利亚板块、太平洋板块和印度板块之间，东部为西太平洋的沟—弧—盆体系，北部为巨大的西伯利亚板块，西南为印度板块，其间分布塔里木、中朝和扬子等多个构造单元。中南半岛及南海东缘包含巽他陆块、南中国海微地块群和菲律宾岛弧3个构造域（图1－2）。

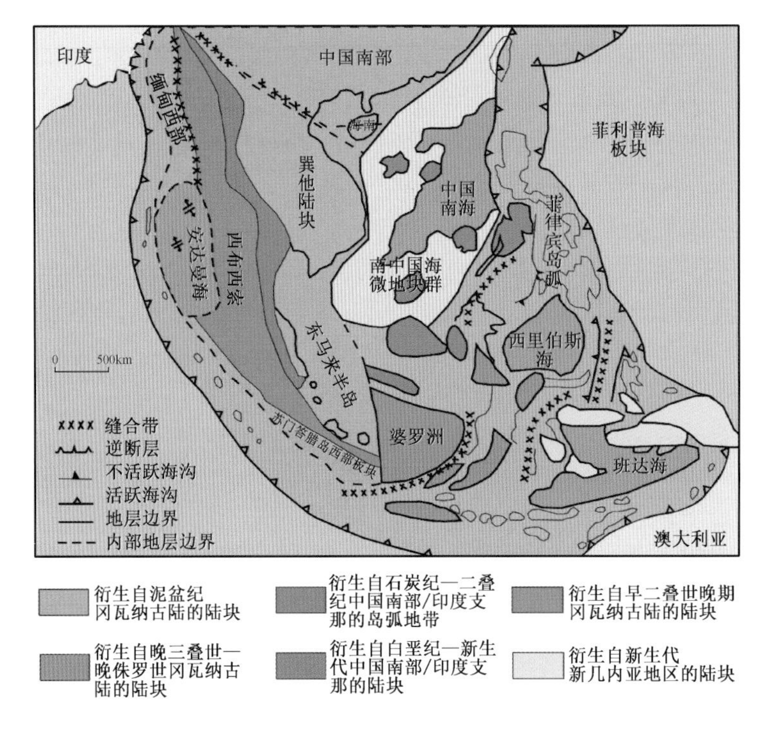

图1－2　中南半岛及南海东缘构造区划图

1. 巽他陆块

巽他陆块（地块）区域上位于中南半岛及南海东缘西部和中部俯冲带环绕的地区，其北部以红河断裂、马江断裂带与华南地块分隔，西南到达苏门答腊俯冲带，东部边界为越东断裂、卢帕尔断裂，东南边界为默拉土斯缝合线。主要由印支（包括昆嵩、掸泰、中缅和东马来等微地块）、中缅马、西缅甸等次一级地块拼合而成，还包括沃依拉（Woyla）、古加里曼丹、默拉土斯（Meratus）等微地块（图1－3）。尽管巽他地区包含近10个微地块，但这些微地块在新生代以前已完成拼合，形成统一的巽他陆块。因此，巽他陆块是中南半岛及南海东缘和南亚地区构造定型最早的地区，也是中南半岛及南海东缘规模最大、最重要的构造单元。

新生代以来巽他陆块一直保持着稳定的构造格局。相对东南亚其他新生代地块而言，巽他陆块为一古老的刚性陆块。古近纪以来，巽他陆块表现为一地形极其复杂的巨大古地块、陆架区和岛弧区。现今以巽他古陆为基底的巽他陆架区包括南中国海南部、泰国湾、马六甲海峡、巽他海峡和爪哇海这一广大海域，沿巽他陆块西南部发育全球典型的俯冲带和岛弧。巽他陆块是不同时期多个次级地块拼合而成的刚性陆块，其中印支地块是其核心。而印支地块也是由一些更小的微地块拼合而成，Gatinsky 等(1987)将印支地块分为昆嵩、掸泰、中缅和东马来等微地块。这些微地块之间发育蛇绿岩带和缝合线，其中印支地块与华南地块的边界红河断裂带内分布着黑水河(Song Da)和马江(Song Ma)蛇绿岩带；印支地块与中缅马地块的边界为奠边府断裂，在奠边府断裂带中存在程逸府(Uttaradit)蛇绿岩带，这是印支地块和中缅马地块之间缝合的最重要证据；默拉土斯缝合线为古加里曼丹微地块和默拉土斯微地块拼合的证据。拼合后形成西南加里曼丹微地块。

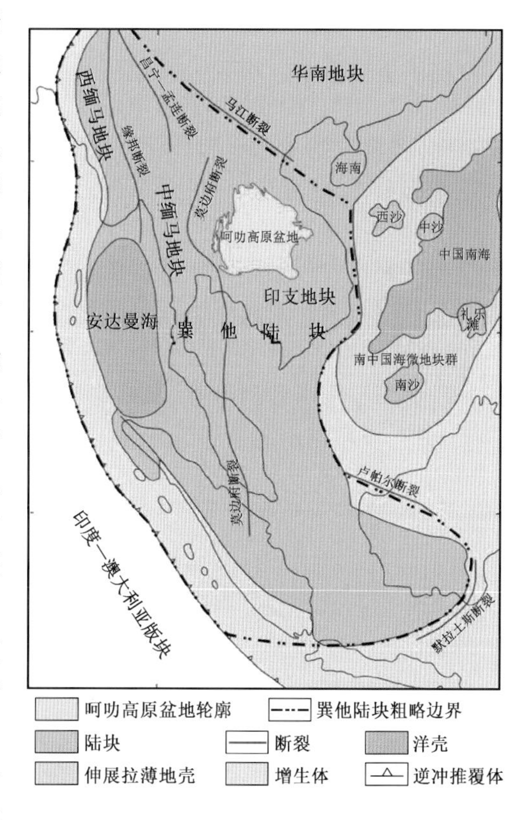

图 1-3　中南半岛及南海东缘巽他陆块及邻区构造纲要图(据 IHS，2010 修改)

新生代这一地区受两个不同方向的区域应力作用，一方面受西南部印度板块俯冲作用，陆块内部受力不均衡，在弧后地区发生拉张作用，在陆块内部形成链状斜列式地堑、半地堑；另一方面受印度次大陆与欧亚大陆碰撞造成挤压作用的影响，印支地块沿红河走滑断裂向东旋转和挤出，在挤压背景下发育大型走滑构造带，沿走滑断层发生块体逸脱，导致巽他陆块内部发育走滑、剪切作用。巽他陆块在不同构造应力作用下，在陆块边缘和内部分别发育中南半岛及南海东缘最重要的弧后和裂谷盆地，在苏门答腊—爪哇一线分布的弧后盆地是南亚—中南半岛及南海东缘最富油气的盆地类型之一，其中苏门答腊盆地是区内石油储量最多的盆地；在巽他陆块内部发育湄南盆地(Chao Phraya)、呵叻盆地(Khorat)、昆山—万安盆地(Con Son Basin)和呵叻高原盆地(Khorat Plateau)等典型的裂谷与克拉通盆地，其中昆山—万安盆地有较大的油气发现。

2. 南中国海微地块群

南中国海周缘微地块主要有南沙(包括危险滩区域)、卢克尼亚(包括西北加里曼丹微地块)、西沙、中沙、礼乐、东北巴拉望等次级地块，这些微地块散布于不同区域，单个地块相对巽他陆块来说规模较小。由于这些微地块的形成与南中国海扩张有关，主要为大陆板块边缘裂解的产物，故将其归为一类，本书的昆山—万安盆地部分地区位于该区域内。

南中国海周缘微地块群主要位于南中国海洋盆的周围，包括加里曼丹的一部分。这一区域北部与华南地块相邻，西面以越东断裂同巽他陆块相接，南至卢帕尔断裂一线，东部以华莱士线为界与澳大利亚大陆相关的微地块区分开，本书将其与菲律宾岛弧的界限划定在马尼拉海沟至巴拉望海槽一线。南中国海周缘微地块群的分布格局受南中国海扩张的影响，故现今分布较为分散。新生代早期，这些地块大多不在现今的位置，自渐新世开始，受南中国海扩张的影响，这些次级地块与华南地块或印支地块分离一并随之向东、南方向漂移，最终到达现今的位置，在地质演化过程中，这些地块发生旋转和平移运动。

南中国海周缘微地块群主要起源于周缘较古老的华南、印支等地块。新生代时期,这一区域虽然处于板块碰撞带和俯冲带的后缘,但受欧亚、太平洋和印度—澳大利亚三大板块碰撞效应的影响极为强烈,相应造成南中国海扩张。南中国海地区构造定型较晚,渐新世时南中国海开始扩张,相应发生地块破裂、分离、漂移、旋转及拼合等构造事件,形成裂谷、推覆体、海盆等多种地质构造,最终发育成为具有陆壳、过渡陆壳和洋壳等多种类型的构造单元。在南中国海边缘主要形成与小洋盆扩张有关的被动大陆边缘盆地,这是中南半岛及南海东缘最重要的含油气盆地类型之一。加里曼丹岛西北部发育一条近东西向的卢帕尔断裂,以该断裂为界,将现今加里曼丹划分为西南加里曼丹和西北加里曼丹微地块。西北加里曼丹微地块与南中国海扩张有关,主要由南中国海洋盆俯冲而形成的岛弧及增生楔组成。Hutchison(1986)将西北加里曼丹地块向斜分为古晋构造带、锡布构造带和米里构造带。古晋构造带代表加里曼丹大陆边缘古陆架带,以卢帕尔混杂岩缝合线与锡布带分开;锡布构造带主要由低变质的复理石组成,岩层发生高度变形,为沉积在洋壳上的增生楔和浊流沉积,后期受到南沙地块的挤压而发生强烈变形;米里构造带分布着上白垩统至始新统含粗粒透镜状砂岩和广泛分布的红色泥岩,代表南沙地块大陆边缘沉积。东加里曼丹大陆边缘发育向苏拉威西海进积的三角洲,这种在大陆边缘裂谷基础上发育的巨厚沉积物为油气成藏提供了雄厚的物质基础,其中库泰盆地发育中南半岛及南海东缘最厚的沉积物(厚度超过10km)。

3. 菲律宾岛弧

菲律宾岛弧带是现今西太平洋重要的构造单元之一,紧邻太平洋板块向欧亚板块俯冲的消减带,由于频繁的火山活动引起岩浆喷发而形成的火山岛弧。本书将菲律宾岛弧带东侧边界划定为马尼拉海沟至巴拉望海槽一线,整个岛弧东临太平洋,西面与南中国海海盆相邻,南部为苏拉威西海。除北巴拉望陆块之外,菲律宾群岛由一系列白垩纪至现代岛弧系所组成。

菲律宾岛弧为一双列岛弧,内外弧之间发育沉积盆地,其东、西两侧分别被反向的菲律宾海沟和马尼拉海沟所围限,前者凸向东,贝尼奥夫带向西倾斜;后者凸向西,贝尼奥夫带向东倾斜。各种反向前弧和反向双海沟系,在西太平洋海沟—岛弧系中为菲律宾所特有,反映了菲律宾岛弧具有复杂的构造背景。

菲律宾岛弧带作为分隔太平洋与南中国海、苏拉威西海等边缘海的重要构造单元,与其他构造单元相比,具有明显不同的起源,受太平洋与欧亚两个巨型岩石圈板块会聚的影响,太平洋板块向欧亚板块俯冲,频繁的火山活动引起岩浆喷发而形成火山岛弧,洋壳下插于岛弧之下。中、晚始新世,菲律宾岛弧在菲律宾—太平洋板块的作用下,顺着当时可能已存在的马尼拉海沟转换断层向北飘移,并朝它现今的位置作逆时针转动,俯冲于南中国海洋壳之下,形成现今的构造格局。

南海东缘主要发育菲律宾弧岛盆地群,盆地主要形成于新生代,构造演化受控于原南中国海的扩张以及菲律宾海板块俯冲(主因)的共同作用。区内菲律宾岛弧带是现今西太平洋重要的构造单元之一,紧邻太平洋板块向欧亚板块俯冲消减带,由于频繁的火山活动引起岩浆喷发而形成火山岛弧,以该岛弧为界,在菲律宾岛弧两侧分别形成弧后盆地和弧前盆地。

三、构造分区

根据板块构造特征,研究区可以划分为4个构造分区,发育14个主要沉积盆地,由于南薇—永暑盆地、北康—南沙海槽盆地、九章—安渡北盆地、礼乐滩—西巴拉望盆地、中建南盆地均位于南海九段线之内,本书主要研究内容为除九段线内的其余9个沉积盆地(图1-4和表1-1),

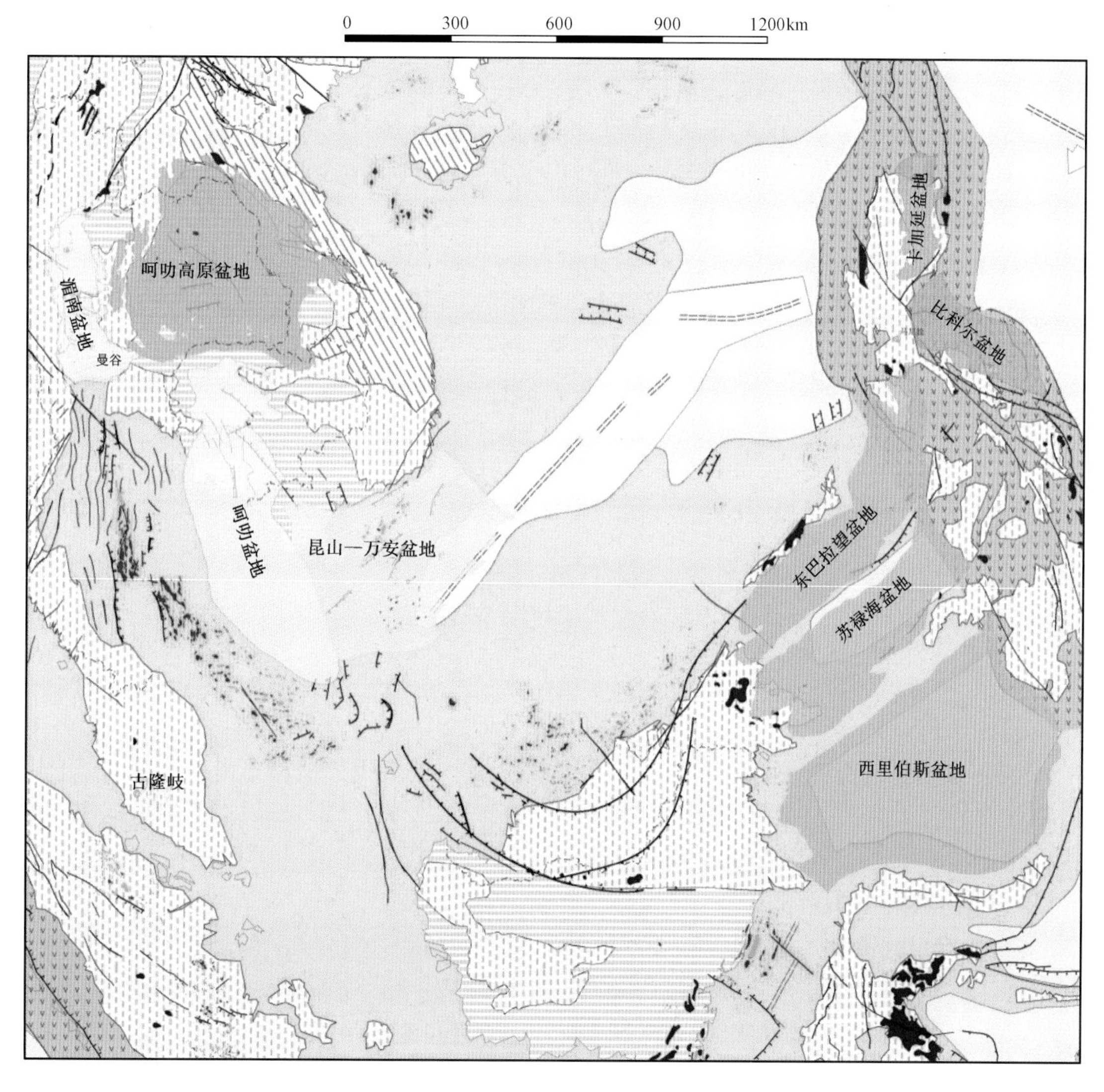

图1-4　中南半岛及南海东缘各类型盆地平面分布图

表1-1　中南半岛及南海东缘沉积盆地特征表

构造板块	构造分区	盆地中文名	盆地英文名	盆地面积(km^2)	最大沉积厚度(m)
巽他陆块	陆间裂谷	昆山一万安盆地	Con Son Basin	264830	6400
		湄南盆地	Chao Phraya Basin	62922	8000
	陆内裂谷	呵叻盆地	Khorat Basin	217360	6000
		呵叻高原盆地	Khorat Plateau Basin	229664	>10000
南中国海微地块群	弧后裂谷	东巴拉望盆地	East Palawan Basin	145521	7000
		苏禄海盆地	Sulu Sea Basin	145250	5000
		西里伯斯盆地	Celebes Basin	358581	1000
菲律宾岛弧	弧前裂谷	卡加延盆地	Cagayan Basin	28202	10000
		比科尔盆地	Bicol Shelf Basin	58891	4000

主要包括：位于泰国的湄南盆地（Chao Phraya），位于泰国、越南、柬埔寨、老挝的呵叻高原盆地（Khorat Plateau Basin），位于柬埔寨、越南、印度尼西亚的呵叻盆地（Khorat Basin），位于中国南海、越南、印度尼西亚近海的昆山—万安（Con Son Basin），位于菲律宾的卡加延盆地（Cagayan Basin）、比科尔盆地（Bicol Shelf），位于菲律宾、马来西亚的东巴拉望盆地（East Palawan Basin）及苏禄海盆地（Sulu Sea Basin），位于菲律宾、印度尼西亚及马来西亚海域的西里伯斯盆地（Celebes Basin）。

1. 巽他陆块陆间裂谷

陆间中南半岛巽他陆块经历了复杂的构造演化，盆地类型以裂谷盆地为主。本构造区主要发育中—新生代盆地，盆地底部多为陆相河湖沉积，中部多发育浅海相沉积物，向上过渡为河湖等陆相沉积。构造演化上，受原南中国海扩张引起的巽他地块旋转以及太平洋板块与印度—澳大利亚板块向欧亚板块俯冲的双重影响，古陆内部受区域碰撞诱导的拉张力作用形成大陆裂谷盆地，发育湄南盆地和昆山—万安盆地，部分位于南中国海微地块群内部。裂谷盆地也是中南半岛及南海东缘探明油气储量最为富集的盆地。

2. 巽他陆块陆内裂谷（坳陷）

中南半岛巽他陆块内发育的呵叻高原盆地和呵叻盆地为典型的陆内裂谷盆地。盆地内的地层岩性主要为晚泥盆世—晚二叠世的浅海沉积物以及三叠纪—晚白垩世河湖相沉积物组成，期间构造运动较弱，后期以沉降作用为主，其中呵叻高原盆地为区内唯一的陆内克拉通坳陷盆地，呵叻盆地大地构造上属印支地块，它是由一些具有前寒武系结晶基底的地块在古生代从澳大利亚（冈瓦纳大陆）边缘分离出来，向北漂移，直到中生代早期和华南地块碰撞缝合形成，盆地总体上以古生界的结晶变质岩为基底，在晚二叠世—中侏罗世发生裂陷，形成大量的断层，并伴随大量的岩浆活动，之后接受沉积，在成因上也属于陆内裂谷盆地。

3. 南海东缘弧后裂谷

南海东缘弧后盆地主要位于南中国海微地块群内，包括东巴拉望盆地、苏禄海盆地和西里伯斯盆地。弧后盆地的形成是大洋板块向大陆板块之下俯冲的结果，此类盆地特点是古近纪早期为拉张、半地堑组成的断陷，发育河湖相沉积。渐新世末期为海相、海陆过渡相沉积。

4. 菲律宾弧前裂谷

南海东缘弧前盆地主要位于菲律宾岛弧带内，包括卡加延盆地和比科尔盆地。弧前盆地位于聚敛型大陆边缘增生楔和火山岛弧之间，处在岛弧向大洋一侧的构造位置，沉积和构造演化特征比较特殊，构造上呈现槽状坳陷特征。

第二节　构造期次及沉积充填

一、构造期次划分

中南半岛及南海东缘位于欧亚板块、印度—澳大利亚板块和太平洋板块的交会处，由众多小板块和微块体组成，板块间碰撞、俯冲异常复杂。本区新生代的演化主要是受印度—澳大利亚板块的向北运动和太平洋板块的向西运动所控制。其区域构造演化大概可以分为五个阶段（图1-5）：

（1）古生代晚期—中生代晚期：华南—印支联合地块拼合阶段。

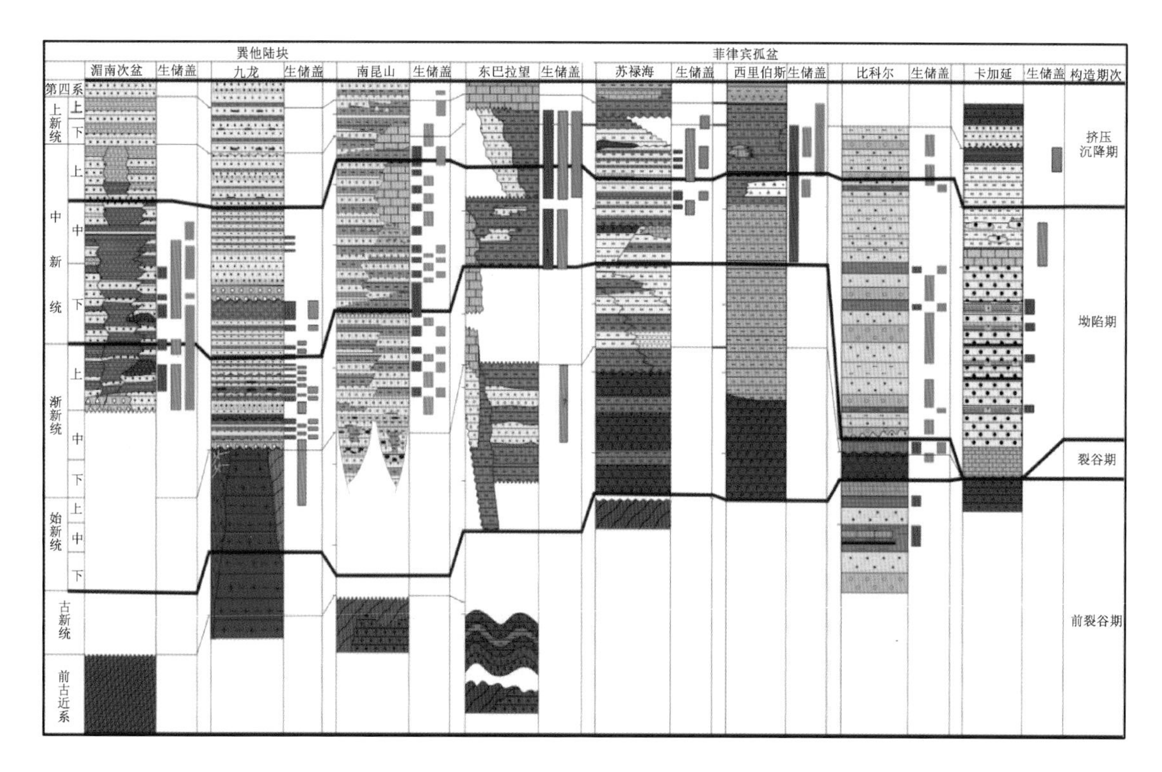

图1-5　中南半岛及南海东缘主要盆地构造期次划分图

古生代晚期—中生代，中南半岛及南海东缘以分散在不同区域、漂浮在古大洋中的地块为主，这些大小不一的地块包括基梅里大陆群的一部分、印支地块、华南地块等，主要受特提斯海洋扩张的影响。中生代晚期，随着华南—印支联合陆块拼合完成，才开始形成现今的中南半岛及南海东缘主要构造格架。

(2)晚白垩世—古新世：前裂谷期。

新生代以来，受印度洋洋壳俯冲及小洋盆扩张的影响，开始发育部分沉积盆地。华南—印支联合地块弧后拉张，印度尼西亚群岛开始发育早期裂谷，充填陆相河湖相沉积。

(3)始新世—渐新世：裂谷期。

在始新世—渐新世，华南—印支联合地块弧后拉张作用和挤压作用交替发生，中南半岛及南海东缘主要盆地基本形成，该时期为华南—印支联合地块的主要成盆期。

(4)早中新世—中中新世：坳陷期。

在早中新世—中中新世，南中国海微地块群开始发育大量盆地，中南半岛及南海东缘各盆地进入稳定沉降沉积阶段，该期为整个区域的主要成盆期。

(5)晚中新世—现今：挤压沉降期。

晚中新世开始，整个中南半岛及南海东缘处于挤压应力状态，此时盆地沉积作用较弱，区域内主要圈闭形成于该时期。

二、沉积充填演化

中南半岛及南海东缘古生代晚期—中生代晚期沉积作用较局限，仅发育于呵叻高原盆地内。呵叻高原盆地为一大型陆内克拉通盆地，主要沉积晚泥盆世—晚二叠世的浅海相泥页岩、碳酸盐岩以及三叠纪—晚白垩世的河湖相砂岩、粉砂岩和泥岩。其他广大地区未见沉积记录。

晚白垩世—古新世中南半岛及南海东缘处于前裂谷期,区内广大地区发育火山岩和变质岩基底,仅在比科尔盆地中发育少量滨浅海相砂砾岩、粉砂岩、泥岩及碳酸盐岩沉积,受区域构造和火山作用的影响,地层多褶皱变质。

始新世—渐新世为中南半岛及南海东缘裂谷期,区内发育大量裂谷盆地(图1-6)。始新世为裂谷初始期,区内发育大面积火山岩,部分盆地始新统上段充填碎屑岩。其中,昆山—万安盆地的九龙次盆局部发育冲积扇—河流—湖泊相砂砾岩、粉砂岩、泥岩;东巴拉望盆地发育浅海相砂岩、泥岩;苏禄海盆地和西里伯斯盆地充填半深海—深海相火山岩、泥岩。至渐新世,火山活动减弱,区内各盆地进一步裂陷,开始充填大量的碎屑岩和碳酸盐岩;其中,湄南盆地发育冲积扇—河流—三角洲—湖泊相碎屑岩沉积;昆山—万安盆地北部的九龙次盆开始裂陷沉积,沉积相由陆相河湖向滨岸相、潟湖相—浅海相演变,南部的南昆山次盆发育河流—湖泊相;东巴拉望盆地主要充填浅海相碳酸盐岩;苏禄海盆地和西里伯斯盆地充填浅海—深海相粉砂岩、泥页岩;比科尔盆地充填浅海相泥岩。

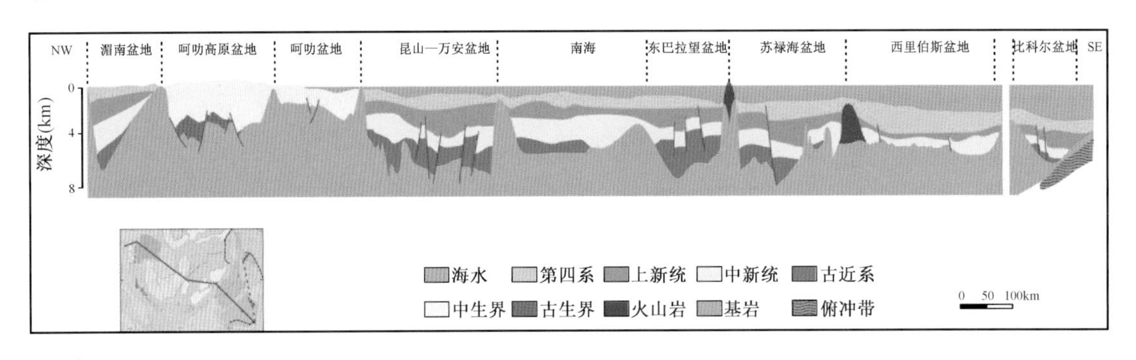

图1-6　中南半岛及南海东缘北西—南东向地质剖面图

在早中新世—中中新世,中南半岛及南海东缘各盆地逐渐进入稳定沉降期(坳陷期)。其中,湄南盆地逐渐演化为三角洲—开阔湖盆碎屑岩沉积;随着相对海平面上升,昆山—万安盆地北部的九龙次盆逐渐接受三角洲—滨浅海相沉积,南部的南昆山次盆发育潮坪相—浅海相沉积;东巴拉望盆地主要充填浅海—深海相碳酸盐岩及泥岩;苏禄海盆地逐渐演化为三角洲相碎屑岩充填;西里伯斯盆地充填半深海相泥页岩;比科尔盆地与卡加延盆地充填滨浅海相砂砾岩、粉砂岩、泥岩。

晚中新世之后,中南半岛及南海东缘各盆地逐渐进入挤压沉降期。其中,湄南盆地逐渐演化为陆相河流沉积;随着相对海平面下降,昆山—万安盆地北部的九龙次盆再度演化为河流、三角洲—滨海相沉积,南部的南昆山次盆主体发育浅海相沉积;东巴拉望盆地仍然充填浅海—深海相碳酸盐岩及砂泥岩;苏禄海盆地主要沉积三角洲相—浅海相粉砂岩、泥岩;西里伯斯盆地仍为深海相泥页岩沉积;比科尔盆地与卡加延盆地则充填三角洲相—滨岸相砂砾岩、粉砂岩及泥岩。

第三节　油气勘探开发现状

中南半岛及南海东缘油气勘探开发主要始于20世纪60年代。其中,昆山—万安盆地在1974年油气勘探有了进一步发展,先后发现了三口油井,其中Bach Ho井为高产油井。1981年,原苏联石油部及越南石油和天然气综合部组建越苏油气合资运营公司,开始主导海上作业,截至1991年,该公司陆续共钻探85口井。1986年6月,越苏油气在Bach Ho油田古近—

新近系的油藏开始了第一次商业生产。同时,对于南昆山次盆也进行了较为详细的地震勘探,盆地内二维地震超过26000km。1975 年4 月,越南战争结束之前已经钻探了5 口井,获得一个非商业性的发现,由壳牌命名为双14。越南战争和越南南北统一之后,越南社会主义共和国获得4、12(由阿吉普公司中标)、28 和29 区块的开发权。截至1980 年,这两个公司在区内至少钻探11 口井,并且发现了3 个小的非商业性区块。随后,公司在1981 年放弃了这些区块。1988 年2 月,Vietsovpetro 在大熊地区发现了第一个油田。近年来,昆山—万安盆地油气有新的发现,成为勘探开发的重点。中南半岛呵叻高原盆地自1961 年开始勘探以来,已经钻探了23 口预探井以及11 口其他类型探井,共取得了7 个油气发现。共有二维地震30600km,地震覆盖密度为7.4km/km^2。共有探井34 口,最大井深(TD)为4510m。第一个勘探发现是1982 年发现的Nam Phong 气田,2P 储量油当量为0.72×10^8bbl,1984 年发现的Phu Horm 气田,2P 储量达1×10^8bbl 油当量。目前,盆地共取得了7 个发现,探明2P 石油储量为4×10^6bbl,2P 天然气储量为1.205×10^{12}ft^3,盆地可采油气当量为2.05×10^8bbl。湄南盆地的油气勘探于1967 年就已开始,BP 公司着手进行了详细的地震勘探地质调查并完钻四口浅层井,1969—1974 年间初探井Wat - Sala Daeng 1(垂深1859m)显示为干井,该区块最终于1976 年被放弃。1979 年,壳牌在泰国第六轮的投标中获得S1 和S2 区块的勘探许可,每个面积大约10000km^2,S1 区块几乎涵盖了整个彭世洛(Phitsanulok)盆地北部,S2 区块涵盖了湄南盆地偏南的北半部分。壳牌公司在进行了一系列地质、地磁和地震的调查之后于1982 年放弃了S2 区块。BP 在1985 年2 月和12 月分别获得了BP1 区块(第11 轮投标)和BP2 区块(第12 轮投标),两个区块面积约20000km^2,BP 随即公布了勘探计划(包括整个湄南盆地),1988 年12 月放弃BP2 区块。此后,到2004 年中期,又钻了105 口勘探井(包括野猫井和评价井),其中有95 口井是壳牌公司单独钻探的。Sirikit 油田2P 储量达2.40×10^8bbl 油当量,此后所有新发现的油田规模都很小,2P 储量很少有超过1×10^6bbl 油当量。呵叻盆地的勘探程度较低,1998 年5 月,日本国家石油公司(JNOC)在洞里萨河和湄公河盆地完成了第一次航磁测量,测线长21675km。1997 年4 月,该公司与休斯敦的LCT Co 公司组成联合调查队,对洞里萨(湖)盆地的中西部部分和柬埔寨湄公河盆地南部地区开展了航磁数据采集,但由于空难事故,1997 年5 月该调查被迫中止,1998 年重新开始进行采集。另外Kompong Som 次盆油气勘探和地质研究程度更低,2013 年以前未进行过任何油气勘探工作,缺乏地震、钻井资料。

南海东缘东巴拉望盆地的勘探活动始于20 世纪50 年代。截至2006 年底,马来西亚未在东巴拉望盆地进行钻井。20 世纪50—80 年代菲律宾在盆地中钻了7 口地层测试井和预探井,最大深度3062m(海上),但均未获得良好的油气显示,只有1 口井有轻微的油气显示和重油痕迹。此外,菲律宾还进行了地震勘探,共有二维地震17800km,地震覆盖率为5.1km/km^2。勘探许可面积78464km^2(其中有25227km^2 与其他盆地共有),开发许可面积14667km^2。1988—1989 年大洋钻探计划ODP 第124 航次在西里伯斯盆地东北部打了两口井,分别是767 井和770 井。767 井(水深4900m)位于盆地东北部的一个深水区,近800m 连续取心提供了一个包含玄武岩基底的沉积剖面。770 井(水深4500m)位于767 井北北东方向50km 处,打在一个隆升的基底之上。这次航行钻探基本确定了西里伯斯海的年代、地层、古大洋特征和应力状态等。之后,“德国—印度尼西亚西里伯斯海地球科学调查”合作项目中的SONNE 巡航舰98 号对西里伯斯海域开展了地球物理、地质以及地球化学调查。因为西里伯斯海水深基本在四五千米,作业勘探难度大,所以尚未开展其他勘探开发活动。

第二章　中南半岛陆间裂谷油气地质

第一节　构造沉积演化

一、构造分区及盆地分布

中南半岛陆间裂谷主要发育于巽他陆块边缘，昆山—万安盆地和湄南盆地为典型的陆间裂谷盆地（图 1－4），两个盆地总面积约 $32\times10^4km^2$。

昆山—万安盆地位于越南及其周边地区，发育三个次级构造单元，分别为九龙次盆、昆山隆起和南昆山次盆，总面积约 $264830km^2$，呈北西—南东向长轴状分布（图 2－1）。

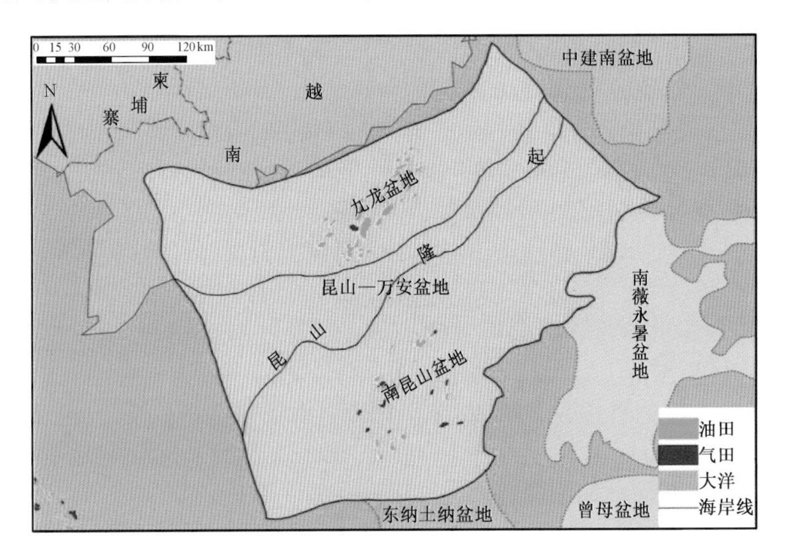

图 2－1　昆山—万安盆地区域位置及构造单元划分图

在昆山—万安盆地中，九龙次盆位于中南半岛及南海东缘越南东南部海域，盆地主体位于海上，少部分延伸至陆上，与南昆山次盆由中部的昆山隆起相隔。九龙次盆面积约 $97995km^2$。南昆山次盆位于中国南海的西南缘，越南南部境内；它与泰国湾由西部的呵叻隆起相隔，与马来西亚盆地由南侧的纳土纳拱门相隔，与九龙次盆由中部的昆山隆起相隔。南昆山次盆面积约 $162254km^2$。昆山隆起位于昆山—万安盆地中部，面积约 $38303km^2$。

湄南盆地是位于泰国中部平原区的典型大陆裂谷盆地，整体呈南北向带状延伸，总面积 $62921.6km^2$，盆地东部毗邻呵叻高原盆地，北部临近清迈盆地，南部紧邻泰国湾盆地，包含两个构造单元：北部的彭世洛次盆和南部的湄南次盆（图 2－2）。

二、构造沉积演化

中南半岛陆间裂谷盆地裂谷期始于始新世，经历了长期裂谷期、后裂谷期，主要发育始新统、渐新统、中新统，地层较新。

1. 昆山—万安盆地构造沉积演化

昆山—万安盆地发育三个次级构造单元，分别为九龙次盆、昆山隆起和南昆山次盆（图2-1）。九龙和南昆山次盆主要发育于渐新世，昆山隆起发育于早中新世，基底为白垩系，主要岩性为酸性火成岩。前始新世为盆地前裂谷期，主要发育张性构造，如基底正断层。始新世—渐新世为盆地裂谷期，早—中中新世为盆地坳陷期，晚中新世至今，盆地整体处于挤压沉降期（图2-3）。

1）九龙次盆构造演化

九龙次盆基底岩层具有一定的勘探潜力。其基底岩石类型主要为侵入岩和喷出岩，曾发生过隆升和剥蚀，岩石遭受风化、破裂，发育裂缝、孔洞。

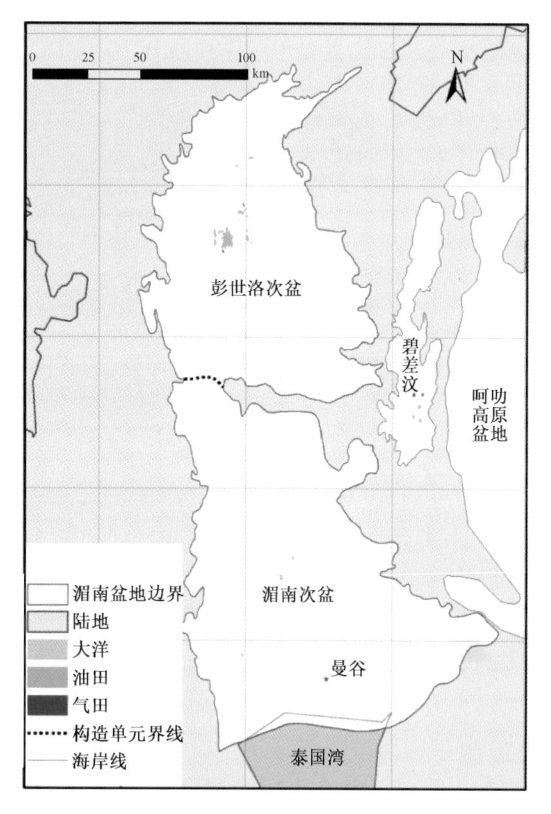

图2-2 湄南盆地位置及构造单元划分图（含油气田分布）

九龙次盆主要形成于渐新世，伴随着中国南海的扩张隆升。其裂谷与同裂谷期的地堑填充物主要为Tra Cu组和Tra Tan组冲积扇和河流三角洲沉积体系。至晚渐新世，裂谷盆地停止发育。盆地隆升和老地层的准平原化作用导致盆地区域性不整合面的形成。至早、中中新世，为后裂谷期，盆地内充填了Bach Ho组和Con Son组。Bach Ho组岩性主要为页岩和黏土岩，是盆地主要的区域性盖层。

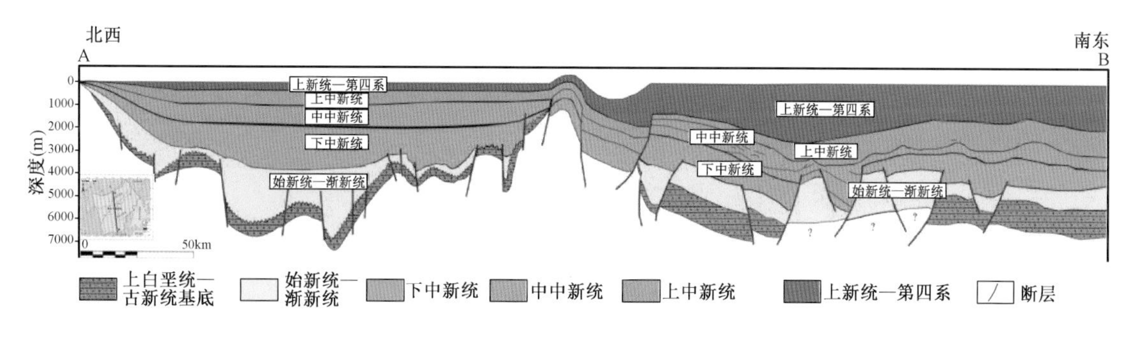

图2-3 昆山—万安盆地北西—南东向地质剖面图

至晚中新世，大陆架经历了短暂的构造反转。该期构造反转主要集中于昆山隆起和毗邻的南昆山次盆，对九龙次盆的影响相对较小。构造反转之后，盆地进入另一个阶段性隆升和剥蚀时期。上新世Dong Nai组沉积期，盆地发生沉降，沉积物向盆地大量进积。上新世中晚期，九龙次盆整体为一开阔海环境，发育Bien Dong组（图2-4）。

整体来看，九龙次盆经历了以下四个构造演化阶段。

（1）晚始新世—渐新世裂谷期。受盆地基底发生向下滑动和断块反转的影响，盆地内

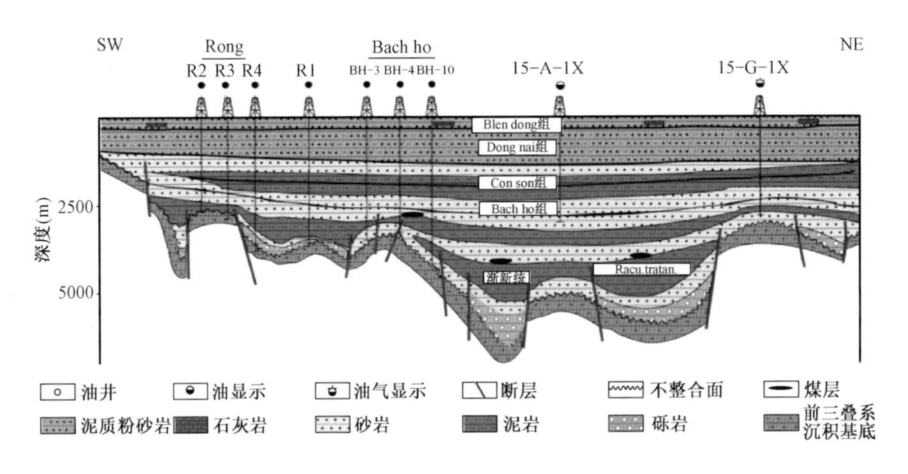

图 2-4　九龙次盆北东—南西向区域构造剖面图

Vung Tau 断块区主要发育北东—南西向和东—西向的断层。盆地基底的正断层形成地堑，两侧被昆山隆起和 Dalat Massif 包围。形成的主要构造包括正断层、倾斜断层、伸长地垒、一些铲状、小型的同沉积正断层。研究表明地震剖面上最老的地层序列 E_1 在盆地中广泛分布，但是上覆的 E_2 和 E_3 地层只在盆地东北部发育，断层走向北东—南西向。盆地西南部和中部的正断层发育较晚，主要形成于晚渐新世时期。

(2)早中新世热沉降期。盆地在早中新世发生持续广泛的热沉降。起初，盆地基底形成高角度正断层。盆地热沉降主要发生在中央裂谷带，但是扩张延伸到裂谷侧翼周围的高地。形成的主要的构造包括正断层及大型生长断层下降盘的反转构造。

(3)中中新世扩张期。受区域性张扭性、剪切应力的影响，基底 Mae Ping 断层带变宽，并整体发生右旋；Vung Tau 断层带发生左旋。陆上形成的构造主要为花状构造、反转断层和正断层。近海地区形成的主要构造包括盆地基底断层和盆地西部再活动断层。

(4)晚中新世至今挤压—沉降期。这个时期，盆地主要受到较小的转换剪切应力，近海地区发生地层沉降。由于 Malay 盆地和西 Natuna 盆地的挤压作用，盆地在昆山隆起边界的地层发生隆升。盆地基底相关断层再次活动。基底上部发生构造反转形成小型褶皱，断层切割地层导致中新统与上新统不整合接触。昆山隆起在这个沉降阶段第一次和南昆山次盆相接，和 Sunda 大陆架的形成一个统一的沉积体系。

2)南昆山次盆构造演化

南昆山次盆早期处于伸展构造背景，发育半地堑、地垒和地堑、倾斜断块；后期盆地遭受挤压，形成大断裂背斜构造。与基底相联系的古老断层包括三类，其走向分别为北东—南西向、南北向和北西西—南东东向。其中，以北东—南西向断层为主，整体向北东—南西方向伸展，这些断层确定了盆地整体的几何形态。南北向的断层在盆地的西南部占主体(图 2-5)。

南昆山次盆经历了以下构造演化阶段：

结构上，南昆山次盆早期发育张性构造，形成了地堑、半地堑、地垒和断块等；晚期发生挤压，致使主断层上盘发育背斜构造。受其影响，断层形状多从次平面变成铲状，进而影响了背斜的延伸，使得铲状发育越好的断层在其上盘发育越好的背斜构造。

基底上部地震反射结构和横向剖面显示，区内发育大量地垒和地堑等构造。发育三组主要正断层，走向分别为北东—南西向、南北向和北西—南东向。北东—南西向断层决定了整个

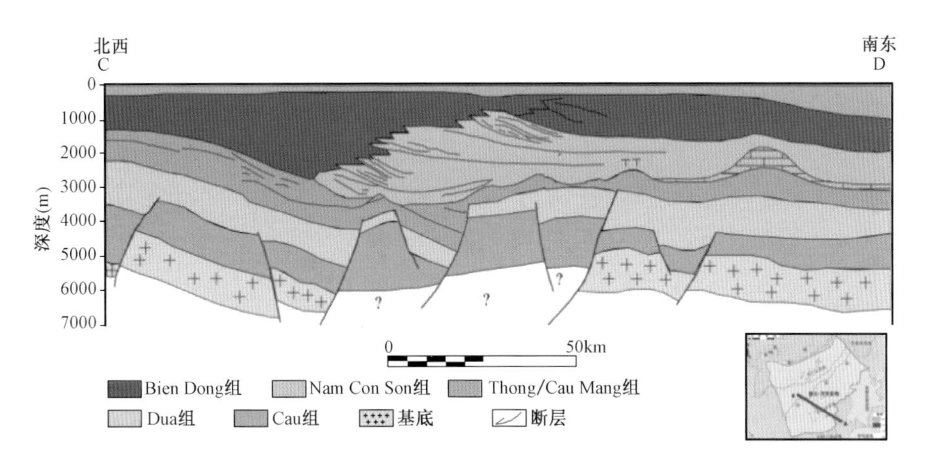

图 2-5　南昆山次盆北西—南东向区域构造剖面图

盆地的几何形状，为区内控盆断裂。大部分断层延伸至不整合面（上渐新统）以上较新地层，表明南昆山次盆在中新世经历了第二期的裂谷作用。地堑多缺少上覆地层，而半地堑和倾斜断块多发育上覆地层。

中中新世晚期—晚中新世早期，盆地遭受挤压隆升，进入构造反转期，挤压作用使得早期构造高部位形成的背斜和断裂作用更加明显，构造高部位为碳酸盐岩地台发育场所。南昆山次盆被大量的碳酸盐岩斜坡地带覆盖，晚中新世，受挤压作用的影响，早期形成的地层多被断层切割。

上中新统 Mang Cau 组顶部构造反射显示，较少断层切割该组地层，北北东—南南西向断层是该期盆地的主控断层。拉伸作用和反转作用影响了中中新统上覆地层的发育和几何形态。

Nam Con Son 组不整合构造反射显示，盆内很少有北东—南西向和南北向断层切割上中新统，只有少量发育于昆山隆起附近，表明该期盆地构造运动逐渐停止，盆地进入区域沉降阶段，这一阶段一直持续至今。

昆山隆起位于昆山—万安盆地中部，为南西—北东向延伸的隆起地带，将南昆山次盆和九龙次盆分开。该隆起在昆山—万安盆地西南部较宽，向北东方向隆起区域变窄，隆起幅度变大。隆起的表面地层普遍较平坦，遭受过较强的剥蚀（图 2-6）。

3）昆山—万安盆地沉积地层及演化

昆山—万安盆地中九龙次盆的地层主要由晚白垩世—早中新世的河湖相沉积以及中中新世的浅海相沉积组成，其中盆地内主要的烃源岩层段主要为渐新世 Tra Cu 组和 Tra Tan 组，储层主要来自于始新统（图 2-7）。

南昆山次盆的地层主要由晚白垩世—晚渐新世河流相—三角洲相沉积以及早中新世—全新世的潮坪、浅海相、深海相沉积组成。盆地内主要的烃源岩层段发育于渐新世—早中新世沉积的地层单元，储层主要发育于渐新世—上新世沉积的地层单元（图 2-8）。

受控于区域构造和相对海平面变化，自始新世至今，昆山—万安盆地主要经历了陆相期、海陆过渡期及海相期三个沉积演化阶段。始新世—早中新世，盆地处于陆相沉积期，主要发育冲积扇、湖泊、潟湖、三角洲和潮坪等沉积相类型；中中新世，盆地处于海陆过渡期，盆地发育陆相和海相沉积，主要发育三角洲、潮坪、陆棚、陆坡、碳酸盐岩台地、半深海及深海相沉积；晚中

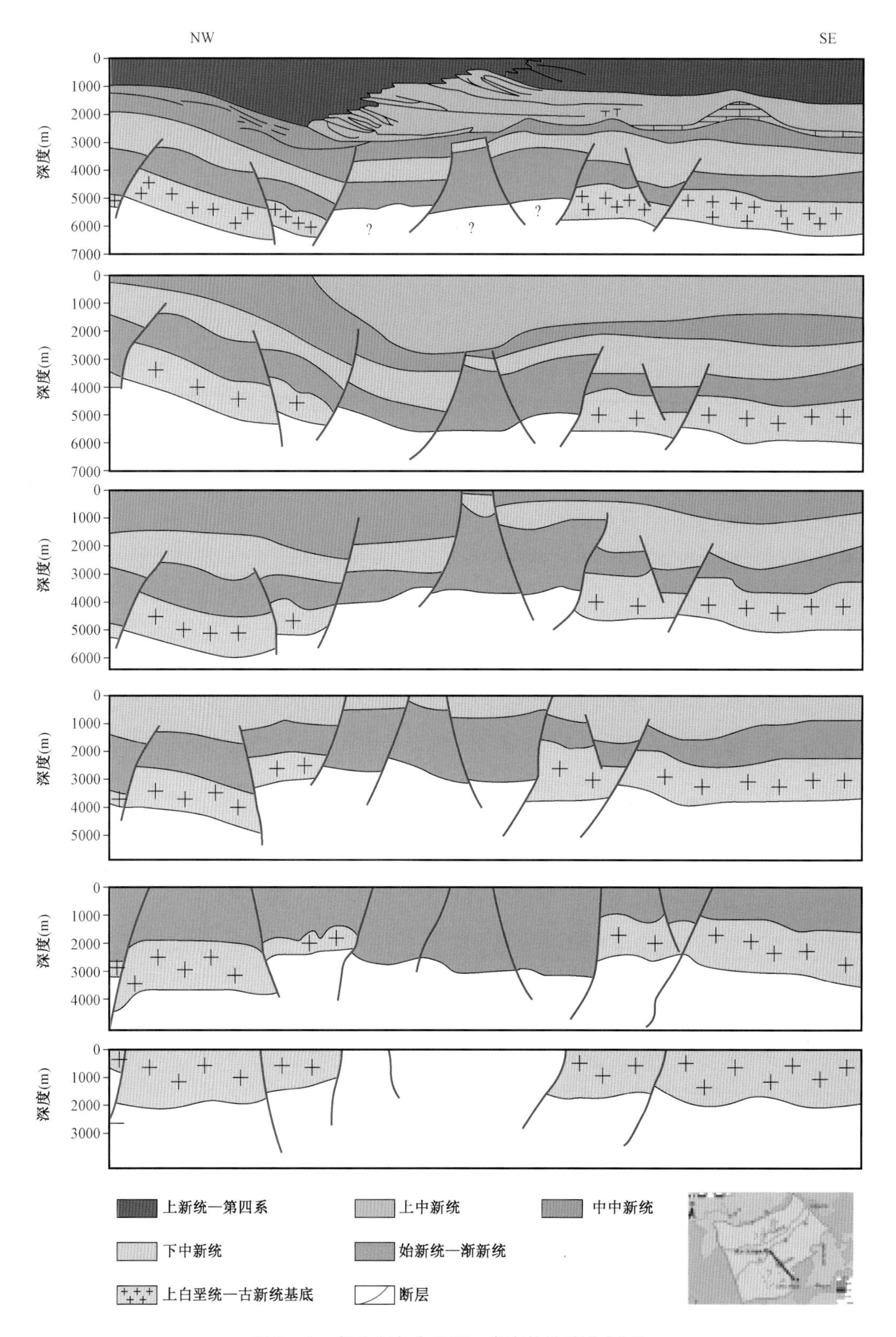

图2-6　南昆山次盆北西—南东构造演化剖面

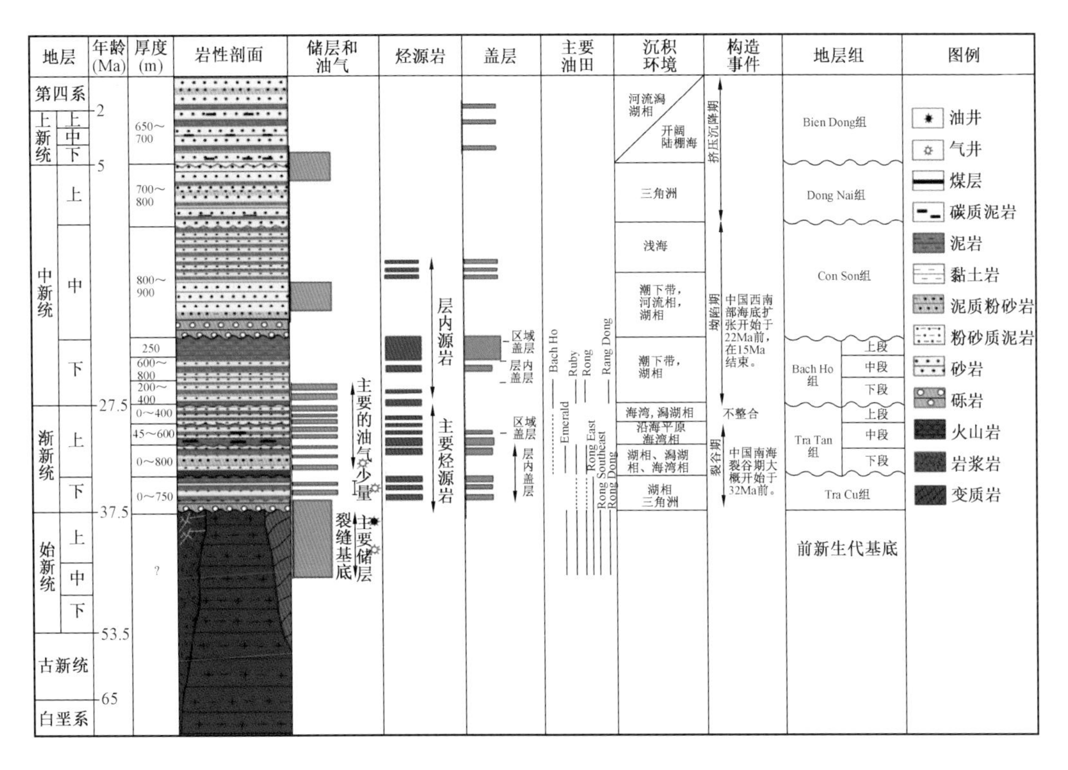

图 2－7　九龙次盆地层综合柱状图（据 IHS，2014 修改）

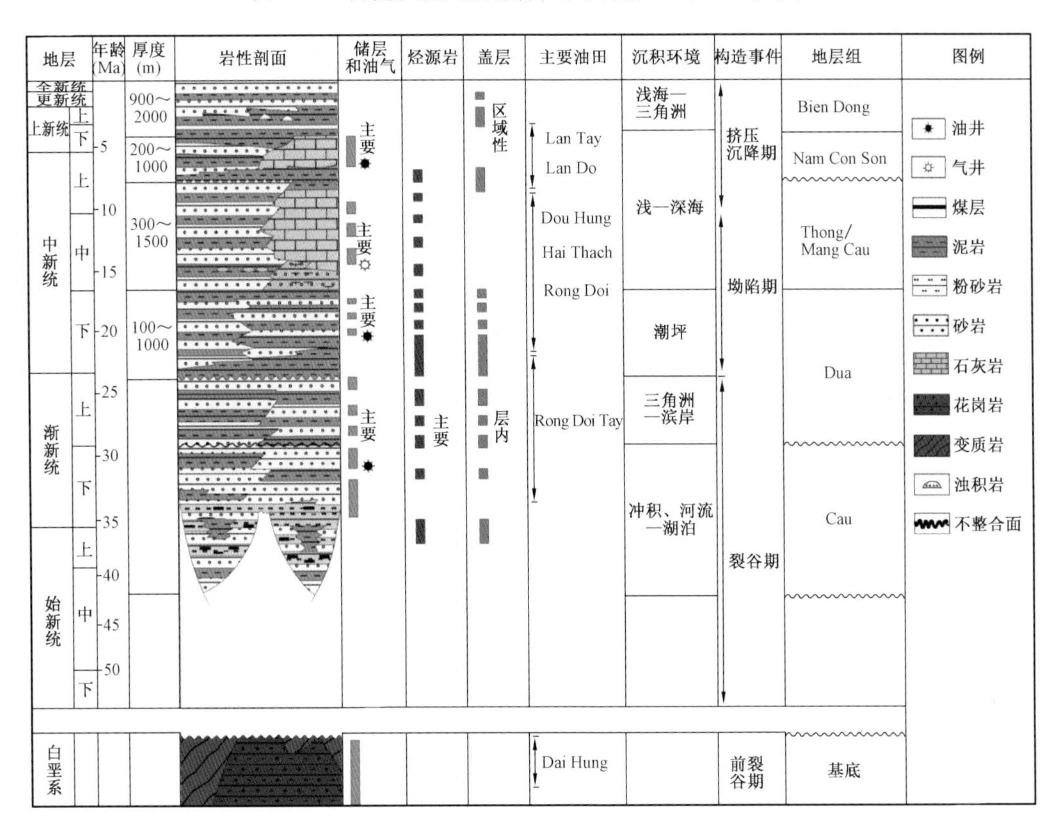

图 2－8　南昆山次盆综合柱状图（据 IHS，2014 修改）

新世至今，盆地整体为海相沉积期，主要发育潮下带、陆棚、陆坡、碳酸盐岩台地、半深海及深海相沉积。

（1）在始新世—早渐新世，昆山—万安盆地发生初次裂陷，裂陷中心位于北部九龙次盆及南部南昆山次盆的中部，裂陷部位主体为陆相河湖沉积。盆地中部发育大量基岩，岩性主要是火山岩，如花岗岩。九龙次盆中南部和南昆山次盆北部发育冲积平原，其物源主要来自盆地中部基岩区；靠近基岩一侧发育小型冲积扇，靠湖一侧发育扇三角洲沉积（图 2－9）。

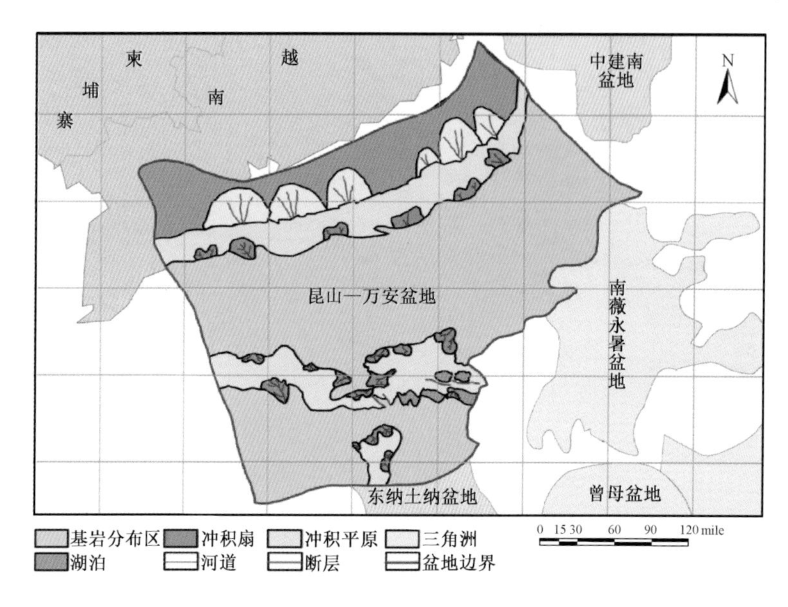

图 2－9 昆山—万安盆地始新世—早渐新世沉积相平面图

（2）晚渐新世，盆地内发生海侵，前期剥蚀区接受沉积，盆地内大部分发育三角洲相沉积，自西向东依次发育三角洲平原、三角洲前缘亚相沉积，九龙次盆北部局部发育潟湖相沉积（图 2－10）。

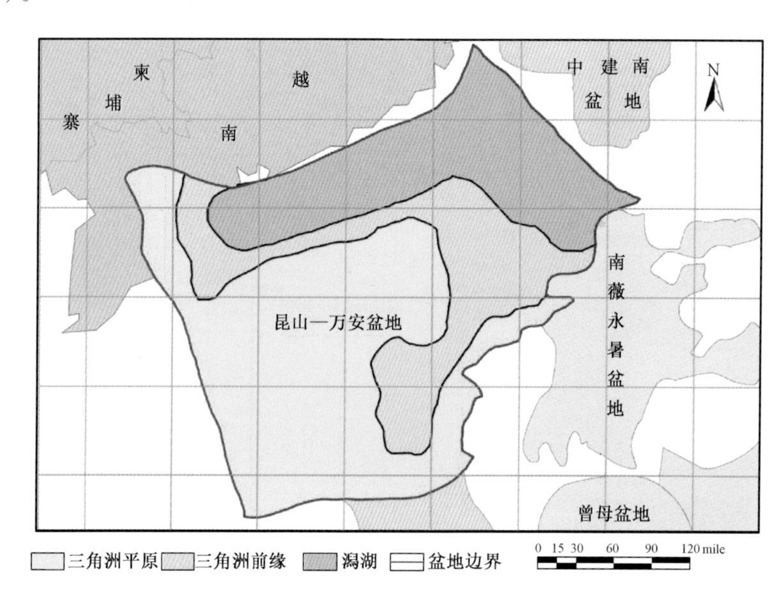

图 2－10 昆山—万安盆地晚渐新世沉积相平面图

(3)早中新世，海平面继续上升，盆地主体接受潮坪相沉积。盆地西部主要发育潮上带，中部局部发育潮间带，东部发育潮下带。潮间带常发育潮汐水道沉积(图2-11)。

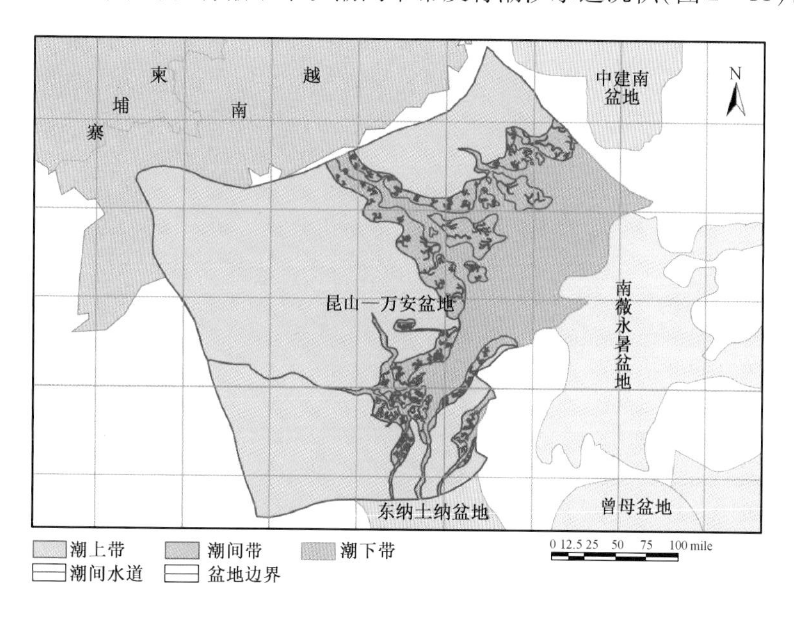

图2-11　昆山—万安盆地早中新世沉积相平面图

(4)中中新世早期，海平面继续上升，盆地整体接受海相沉积。盆地西部发育大面积潮坪相沉积，南东向依次发育陆棚、陆坡相及半深海、深海相；其中半深海相内发育三个主要的碳酸盐岩台地，在台地边缘发育少量碳酸盐岩建隆，这些碳酸盐岩建隆主要分布在台地背风一侧，主要为灰泥丘；另外，半深海相内还发育有部分浊积扇沉积(图2-12)。

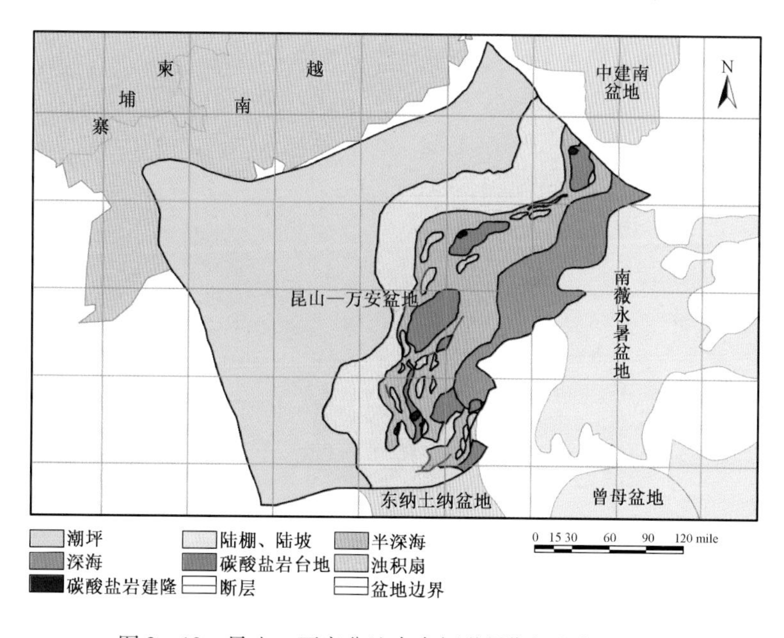

图2-12　昆山—万安盆地中中新世早期沉积相平面图

(5)中中新世晚期，海平面继续上升。盆地内构造作用微弱，碳酸盐岩台地发育。自西向东，盆地内依次发育潮下带、陆棚相、半深海相与深海相，在陆棚相中发育大面积开阔碳酸盐岩台地相沉积,台地内部发育少量碳酸盐岩建隆(图 2-13)。

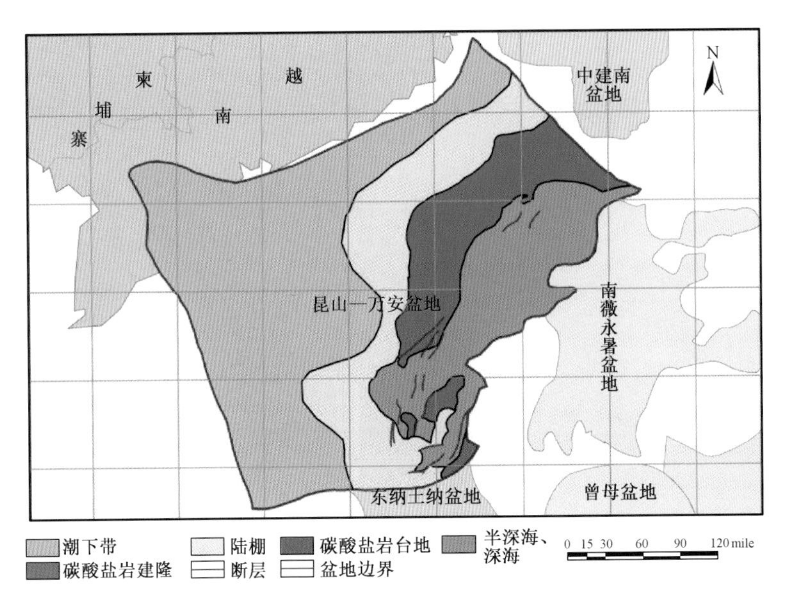

图 2-13　昆山—万安盆地中中新世晚期沉积相平面图

(6)晚中新世至今,晚中新世开始的海退,使得区内海平面发生小幅度下降。自北西到南东方向,盆地西部发育大面积三角洲平原沉积和盆地中部发育三角洲前缘沉积,向东南方向依次发育陆棚相沉积和陆棚边缘局部发育斜坡,浅海环境内发育大面积开阔碳酸盐岩台地。此外,三角洲前缘东部较陡一侧发育滑塌沉积的浊积扇和浊积水道。碳酸盐岩台地内部发育局限碳酸盐岩建隆(图 2-14)。

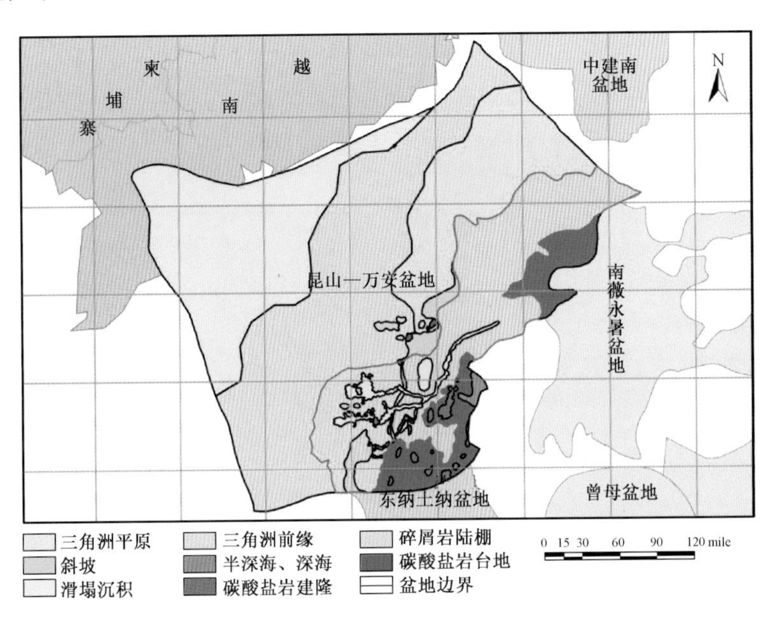

图 2-14　昆山—万安盆地晚中新世沉积相平面图

2. 湄南盆地构造沉积演化

泰国位于中南半岛南缘,由西部的掸泰地块和东部的中南地块(旧称印支地块)以及两个地块间的特提斯海槽沉积基底的泰缅马活动带组成(图2-2)。

掸泰地块包括缅甸东部、泰国西部和马来半岛西部,由覆盖着已褶皱的古生代和中生代岩系的高级变质岩组成;泰国东部的中南地块主要由轻微褶皱的中生代呵叻群陆相沉积层序、二叠纪台地碳酸盐岩和深水碎屑岩及更老的古生代岩石组成。泰缅马活动带为一向东褶皱逆掩的复杂构造带,自泰国北部南延,经泰国湾直到苏门答腊。泰缅马造山带呈南北向,由中、古生代地层和变质岩组成,发育花岗岩和少量玄武岩,在曼谷湾东部出露有前寒武纪结晶岩。其北带的特征是晚二叠世至中三叠世的钙碱性火山活动特别强烈,被认为是掸泰、中南两地块间的二叠纪—三叠纪碰撞缝合带。

在泰国,可区分出两套不同的断裂系:南北向正断层和北西向及北东向走滑断层。北西向走滑断层为湄滨断裂带和三塔断裂带,而北东向走滑断层为北泰断裂带、程逸断裂带和拉廊断裂带(图2-15)。

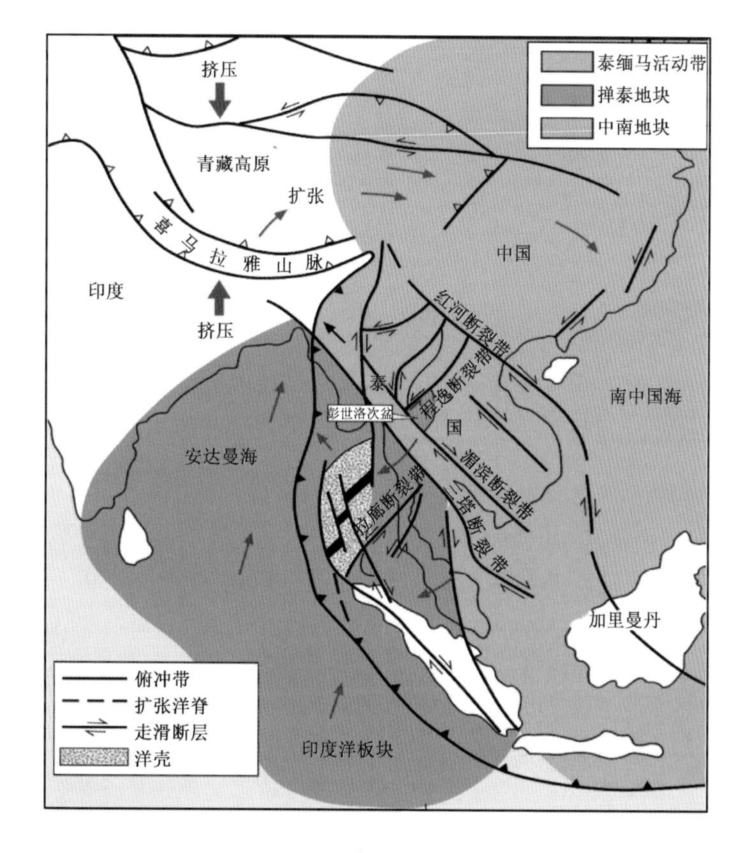

图2-15 泰国大地构造图

(表示主要断层样式及印度与亚洲碰撞引起的壳块;据C&C Reservoirs,2014,修改)

泰国东部的中南地块上发育了石炭系至新近系的呵叻盆地,石炭系至侏罗系为海相和海陆交互相沉积,白垩系—新近系为陆相沉积。北部造山带发育新生代小型山间盆地,产有油气。西部在古近—新近纪时湄南平原一带包括泰国湾沉陷,从南向北海侵,接受海、陆相沉积。

1)彭世洛次盆

彭世洛次盆位于泰国中部平原区的北部低势区,总面积26833.9km²,是一个南北向延伸,长约240km、宽120km的湖相盆地,是泰国陆新近纪期间发展起来的张性裂谷盆地。

彭世洛次盆沉积中心的素可泰(Sukhothai)坳陷从晚渐新世至全新世沉积了超过8000m

的沉积物，它们主要沉积于冲积扇、冲积平原、扇三角洲、曲流河三角洲和开阔湖泊环境中。在开阔湖泊环境中沉积的富含有机质的400m厚的黏土岩可以作为烃源岩及主要盖层，在冲积扇、三角洲和湖泊边缘沉积的较粗碎屑岩沉积可以形成储层（图2－16）。

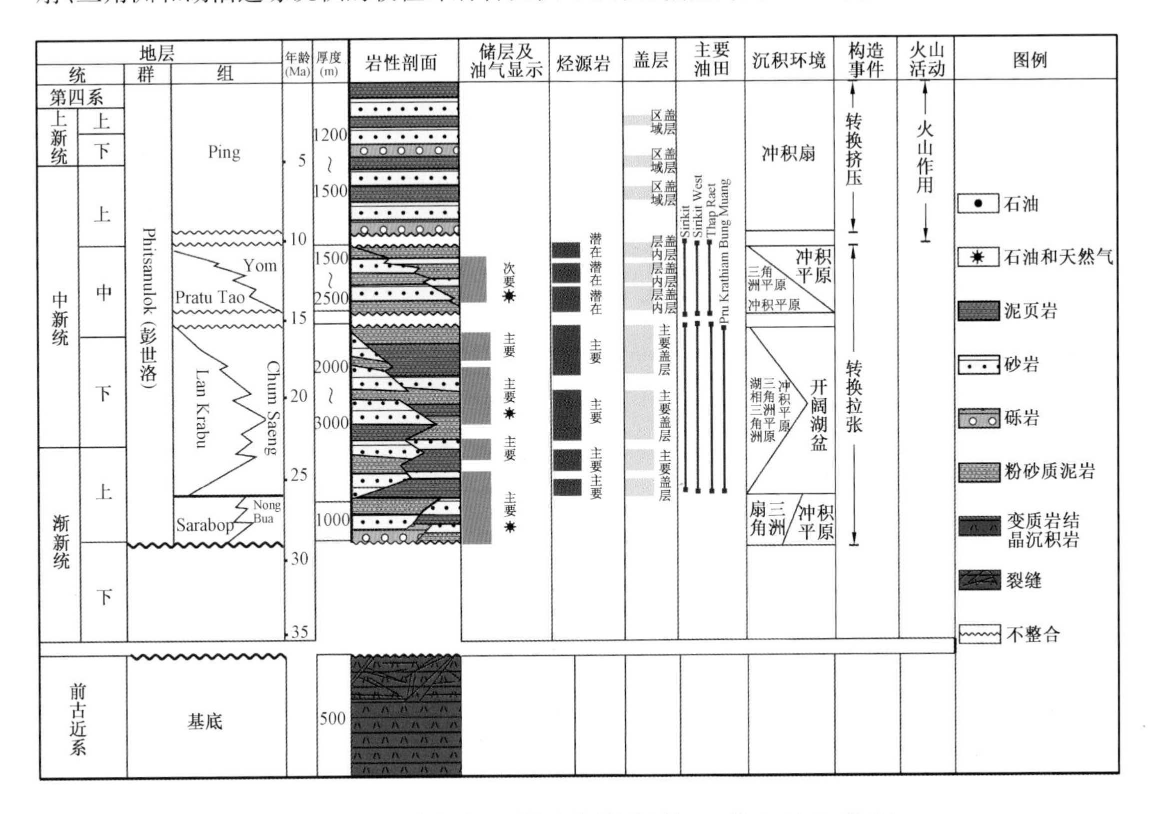

图2－16　彭世洛次盆地层综合柱状图（据IHS修改，2014，修改）

（1）盆地构造演化史。

彭世洛次盆位于三个走滑断裂带围成的三角形区域，这三个断裂带分别为：① 位于盆地西北部，北东—南西向的程逸（Uttaradit）断裂带；② 位于盆地西南部，北西—南东向的湄滨（Mae Ping）断裂带；③ 位于盆地东部，北北东—南南西向的碧差汶（Phetchabun）断裂带。

在古近—新近纪喜马拉雅造山运动时期，印度与亚洲大陆碰撞形成区域性走滑断层系统，它们的相互作用形成了扭张裂谷，最终发展为彭世洛次盆。该盆地发育于位于西部掸泰克拉通和东部印支克拉通之间、南北走向的中生代难河缝合带之上（图2－17）。

彭世洛次盆在晚渐新世早期开始向上扩张，之后伴随着西部边界断裂的拉张，逐步发展成为不对称的半地堑，在盆地演化的早期，沉积了Sarabop组和Nong Bua组粗粒碎屑岩，同时发育包括诗琳通高地（Sirikit High）在内的几个断块区。至渐新世末，由于沿走滑断层系统的自由运动，盆地迅速扩张直至早中新世，在这一阶段形成了盆地主要的构造背景，包括向盆地倾向的生长断层和相应的断背斜，在盆地大部分地方出现了开阔湖泊环境。随后，盆地经历了湖侵和湖退交替阶段，这主要受湖平面变化、沉降、沉积、气候和构造抬升等各种因素综合作用，湖盆三角洲相Lan Krabu组和半深湖—深湖相Chum Saeng组沉积呈指状接触。

在中中新世时期，由于沿主要断层系统的走滑运动的阻断，盆地经历了普遍的反转。反转首先出现在南部，而北部素可泰坳陷持续发生快速沉降。这一时期，形成了中中新统Pratu Tao组和Yom组冲积扇相和三角洲相沉积。到了晚中新世，拉张运动停止，出现了压扭运动，导致

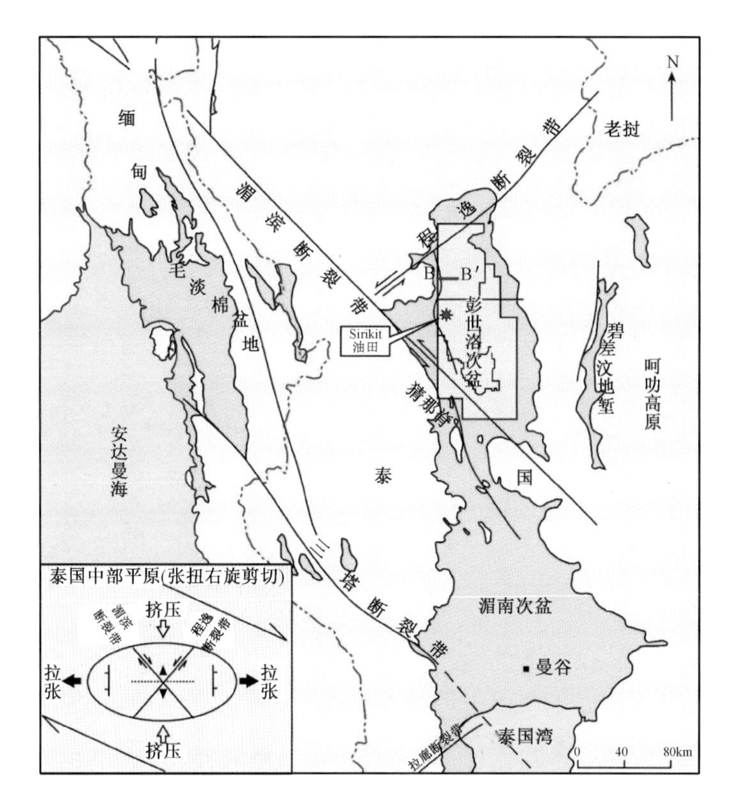

图 2－17　彭世洛次盆区域构造特征图(据 C&C Reservoirs,2014)

了整个盆地的均一沉降,上中新统至全新统冲积相 Ping 组沉积在这个盆地演化的最后阶段形成(图 2－18)。

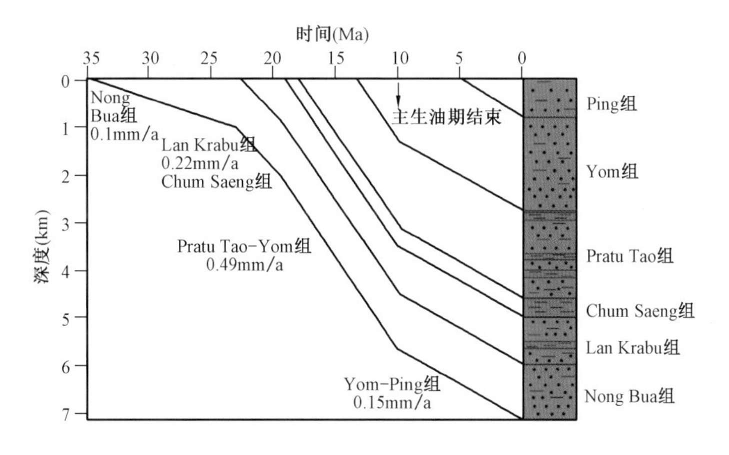

图 2－18　彭世洛次盆沉积中心埋藏史图

(2)盆地构造框架。

盆地的西部边界是南北走向的所谓"西部边界断裂带"的正断层体系,盆地整个半地堑形态受沿西部边界断裂体系东西向的拉张作用影响(图 2－19)。西部边界断裂体系的形成是程逸和湄滨断裂带的走滑运动、碧差汶断裂带的右旋运动的产物。在盆地基底结构中,西部边界断裂体系向下延伸可达 10km,在位于盆地北部的沉积中心素可泰坳陷向下延伸可达 8km。盆地的单斜东翼为强烈的压扭性断层。

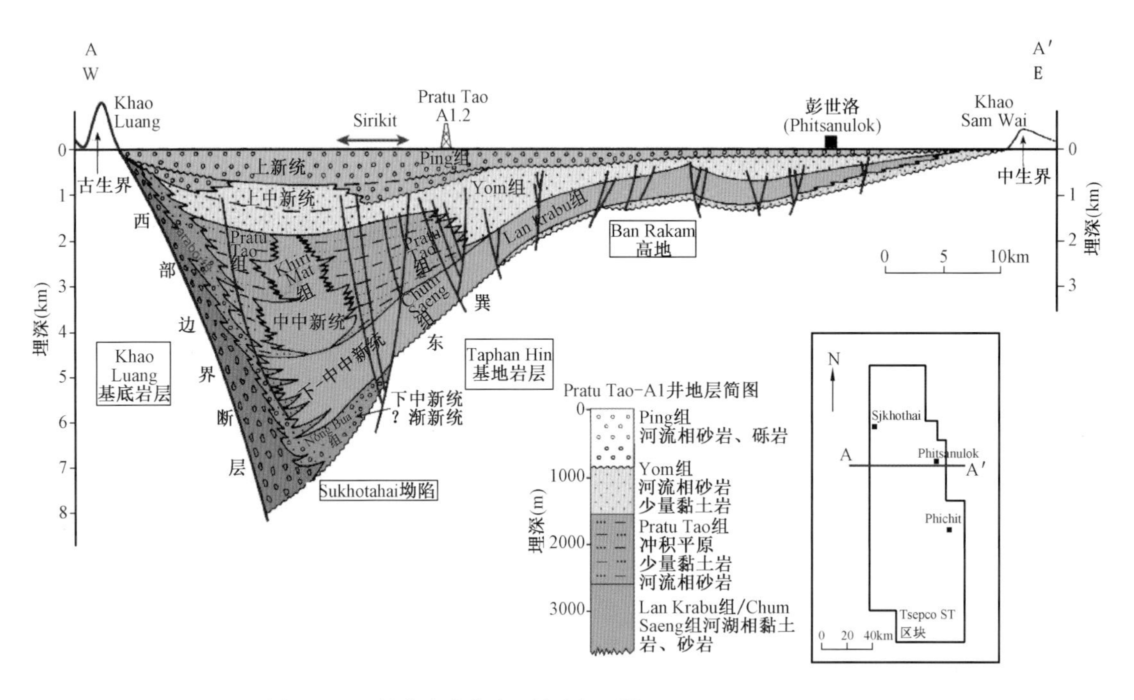

图 2-19 彭世洛次盆东西向剖面(据 C&C Reservoirs,2014)

彭世洛次盆经历了早期拉张、后期伴随基性火山活动的压扭时期的构造史,于是形成了复杂的断裂体系,大多数的反向断层构成南北向的纵向断裂。盆地演化过程早期形成的基底高地包含了倾斜断块以及盆内油气最富集的油气藏。盆地演化的晚期构造特征受控于构造挤压和反转活动,晚期的右旋分支断裂断穿盆地东翼,与碧差汶断裂带平行。

彭世洛次盆早—中中新世 Lan Krabu 组 K、L 和 M 段厚约 540m、富集油气,M 段之下的深部储层也有油气聚集。Kom 组、Sarabop 组和 Nong Bua 组之上是呈不整合沉积的 Lan Krabu 组,这三组地层的岩性为渐新统同裂谷期的粗粒硅质碎屑岩,在穿时地层 Sarabop 组的 P 段和所谓"基底"含有少量石油,"基底"中有断裂、变形、红色碎屑岩层(图 2-20 和图 2-21)。

中—上中新统冲积扇、河流相 Pratu Tao 组和 Yom 组上覆于 Lan Krabu 组,其中富集油气。彭世洛次盆 Lan Krabu 组是后裂谷期凹陷地层层序的基础部分,岩性为河湖三角洲沉积物,厚度 500~2200m,向南延伸进 Chum Saeng 组湖泊泥岩、向北延伸进冲积平原和三角洲平原沉积物中。Lan Krabu 组被划分为几个储层段,从上往下依次为 K、L 和 M 段,这些砂岩段由湖泊相页岩分隔开,这个层序还可细分为准层序(图 2-21)。

Lan Krabu 组砂岩主要发育在舌状河控三角洲相中,进积式沉积层序厚度超过 15m,被泛滥平原和湖泊泥岩、黏土岩覆盖,分流河道、河口坝均可在测井曲线上识别,由 Lan Krabu 组在岩心上可以识别出最常见的沉积层序:底部为开阔湖泊黏土岩,向上变为三角洲前缘的薄层细砂岩、泥岩和粉砂岩,然后为沉积于河口坝、河道的具交错层理的细—粗粒砂岩,最后为黏土质加积泛滥平原沉积和废弃河道沉积。主要储层发育在厚约 4~8m 的海退旋回中,反映三角洲进积进入湖泊主体中;更小规模的厚 1~3m 的海退旋回大多几乎不含砂岩,它们是形成于分流间湾的决口扇沉积物。海/湖退时中部的 L 段、下部的 K 段砂岩层序最厚最发育,东北东向的进积作用占主导。超过 30m 的异常厚度层段以泛滥平原沉积为主,主要位于 K 段中部和 L 段下部,这和局部差异沉降有关,它使厚层的三角洲顶部沉积发育,湖平面上升使泛滥平原形

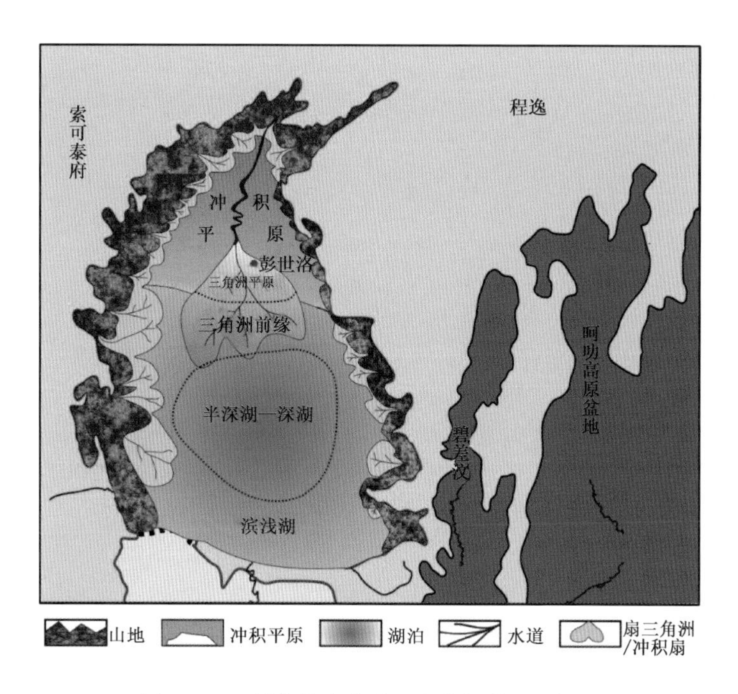

图 2－20　彭世洛次盆早—中中新世沉积相图

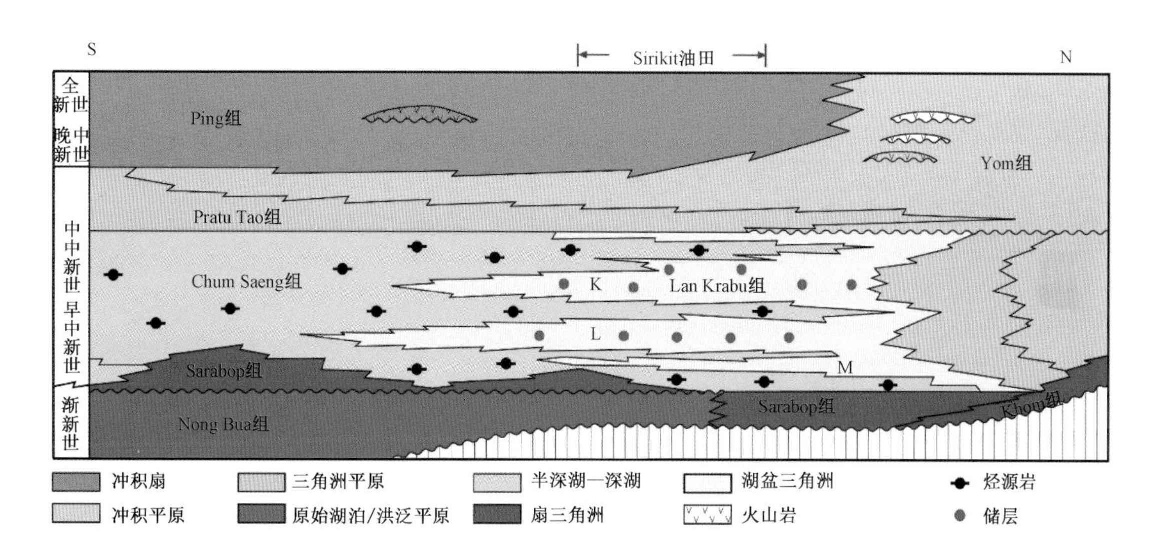

图 2－21　彭世洛次盆南北向地层层序格架剖面图

（表示烃源岩 Chum Saeng 组和储层 Lan Krabu 组的相互贯穿关系；据 C&C Reservoirs，2009，修改）

成沉积物（图 2－22）。Sirikit West 油田在 Lan Krabu 组的 D 段和 K 段富含油气，其他的地层岩性主要为页岩。

彭世洛次盆 Sirikit—D 区块、Sirikit West 油田和 Thap Raet 油田在中—上中新统 Pratu Tao 组和 Yom 组河流相砂岩中富集石油及少量天然气，它们上覆在 Chum Saeng 组的湖泊页岩上。Pratu Tao 组厚约 300m，一层页岩将它分为两个单元即 UPTO 和 LPTO；同样的，厚度为 250m 的 Yom 组也由 5～30m 厚的页岩分为两个单元 UYOM 和 LYOM。

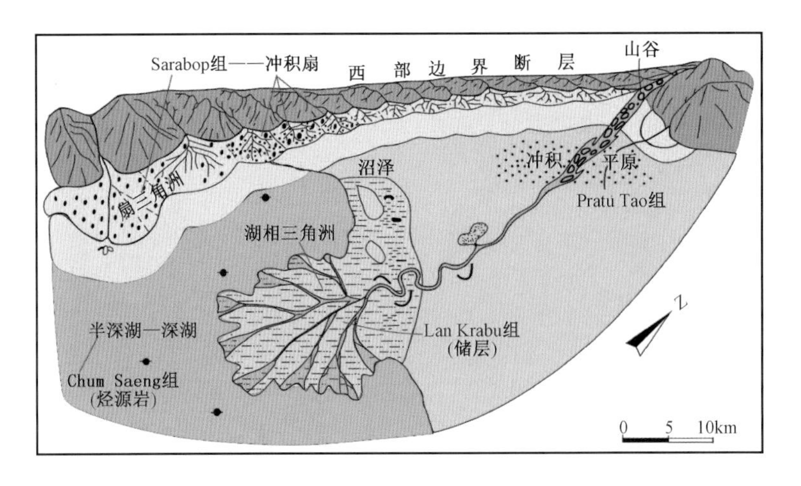

图 2－22 彭世洛次盆早—中中新世沉积背景模式图

2）湄南次盆

湄南次盆位于泰国中部平原区的南部，是一个位于现今湄南河及其支流洪泛平原之下的古近—新近纪湖相盆地，面积 36087.7km²，南端毗邻泰国湾海域。它包含一系列形成于共轭走滑断层间的南北走向拉分半地堑，重要的半地堑有 Lad Yao、Sing Buri、Suphan Buri、Kamphaeng Saen、Ayutthaya 和 Thon Buri 半地堑等，以上半地堑被分成东西两组，西侧 Suphan Buri、Kamphaeng Saen 和 Thon Buri 半地堑倚靠向东倾的西部边界断层发育，东侧的 Lad Yao、Sing Buri 和 Ayutthaya 半地堑则倚靠向西倾的东部边界断层发育，它们相对较浅，几乎不发育或只有少量不连续的半深湖相烃源岩。其中西侧 Suphan Buri、Kamphaeng Saen 中富集了丰富的油气，它们相对较深并具有相似特征，都有厚 3000m 的渐新世至全新世河流—湖泊相地层层序，它们被一个浅层基底所分割。

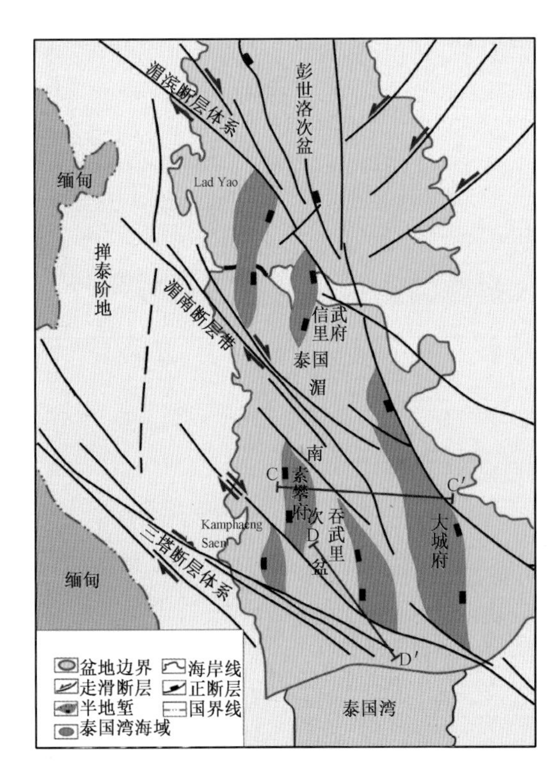

图 2－23 湄南次盆区域构造框架图

湄南次盆位于两个北西—南东走向的区域走滑断层之间，即位于东北部湄滨（Mae Ping）断层、西南部的三塔（Three Pagoda）断层之间，二者之间有许多平行的共轭走滑断层（称作湄南断层带），断层之间又发育很多半地堑。这些半地堑既受向东倾的西部边界断层影响，又受向西倾的东部边界断层的控制，同时在边界断层的翼部形成了大量反转构造，而在相对平缓的相反一翼发育较小的正断层构造（图 2－23）。

西侧的 Suphan Buri、Kamphaeng Saen 半地堑中部很好的发育了湖相烃源岩，在其西翼发育较大规模的边界断层成因的翻转构造，也有反向断层在该区域发育，沉积物粒度较粗、分选较差，向半地堑中央位置的泥岩中快速尖灭。东翼发育向西倾的高角度正断层，只有少数与正断层伴生的反向断层存在。东翼沉积物与半地堑中心沉积的泥岩呈明显的指状交叉，包含可作为储层的河道砂体。半地堑中心沉积半深湖、深湖相泥岩，构造变化很小。

湄南次盆的成因机制是西北—南东走向的共轭走滑断层体系的相互作用，是古近—新近纪喜马拉雅造山运动印度板块与亚洲板块碰撞的结果，它包含一系列半地堑构造，发育在西部掸泰克拉通和东部印支克拉通之间的中生代南北走向难河缝合带之上。

湄南次盆于晚渐新世开始拉张，由于沿边界断层的不断扩张逐渐形成不对称半地堑，这期间沉积了渐新统，即盆地东、西两翼的粗粒碎屑岩，中部的泥岩，均沉积于盆地演化的最早时期，而这一阶段的末期则形成了一些断裂带，并发生了辉绿岩侵入事件(图2－24)。

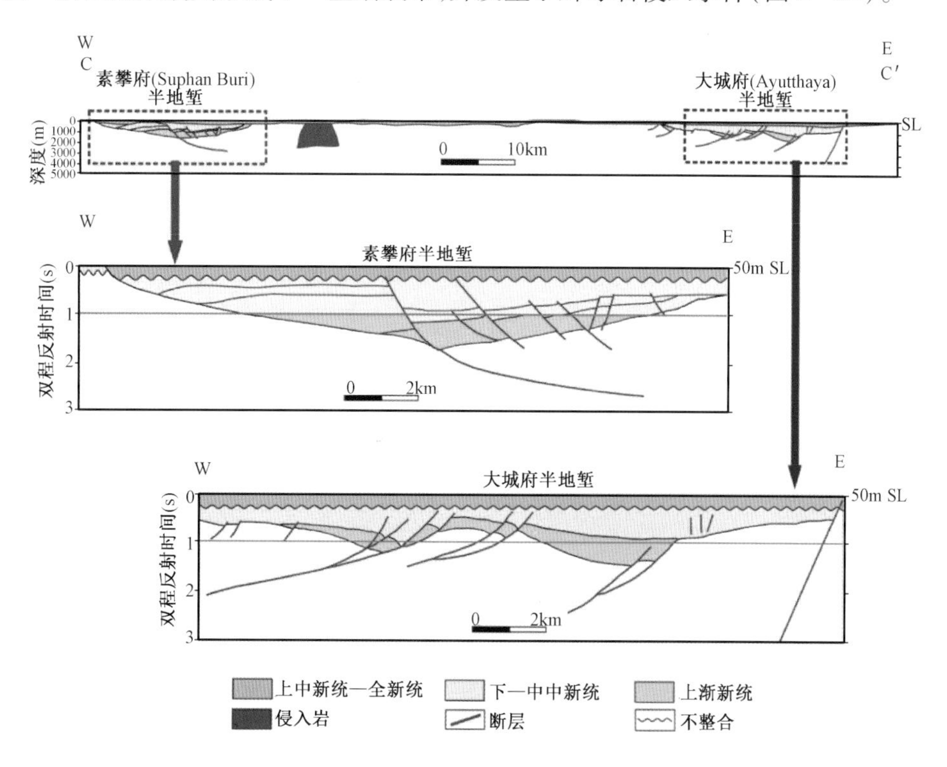

图2－24 湄南次盆东西向地质剖面图(剖面位置见图2－23)

渐新世末期，由于沿走滑断层体系的自由运动盆地开始快速拉张，一直持续到中中新世。在大部分半地堑内都形成了半深湖、深湖环境，之后受基准面变化、沉降、沉积、气候和构造事件的综合影响，盆地开始经历海侵和海退的交替演变。在更大的半地堑内湖侵/湖退的影响更明显，中新世中期发生最大湖侵，此时出现湖盆边界的最大展布范围。包括主要的边界生长断层及相应反向断层，这些主要构造均发生在这个阶段(图2－25)。

河控三角洲及半深湖、深湖相下—中中新统地层开始沉积，在半地堑中央位置，沉积于翼部的河控三角洲沉积物与半深湖相泥岩呈楔状相互交叉，这种特征在平缓的东翼更为明显。中中新世末期，沿着主断裂系统的走滑运动断层受到阻碍，导致盆地经历了大范围的倒转，盆地部分区域形成隆起并遭受剥蚀。晚中新世时期，拉张构造运动停止而转换挤压运动开始。上中新统至全新统潟湖和冲积物沉积于该段盆地演化的最晚期。盆地的沉积演化可以分为基底形成、同裂谷早期、裂谷期及挤压期，特征如下(图2－26)：

(1)盆地基底(二叠纪—三叠纪，290—208Ma)。湄南次盆基底由变质沉积物及晚古生

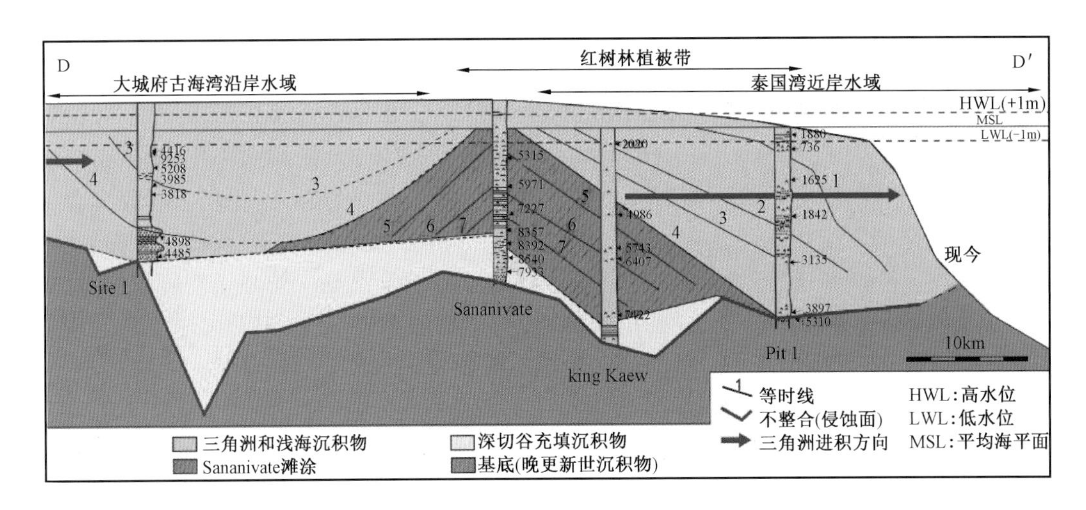

图2－25　顺湄南河南北走向的地质剖面图(剖面位置见图2－23)

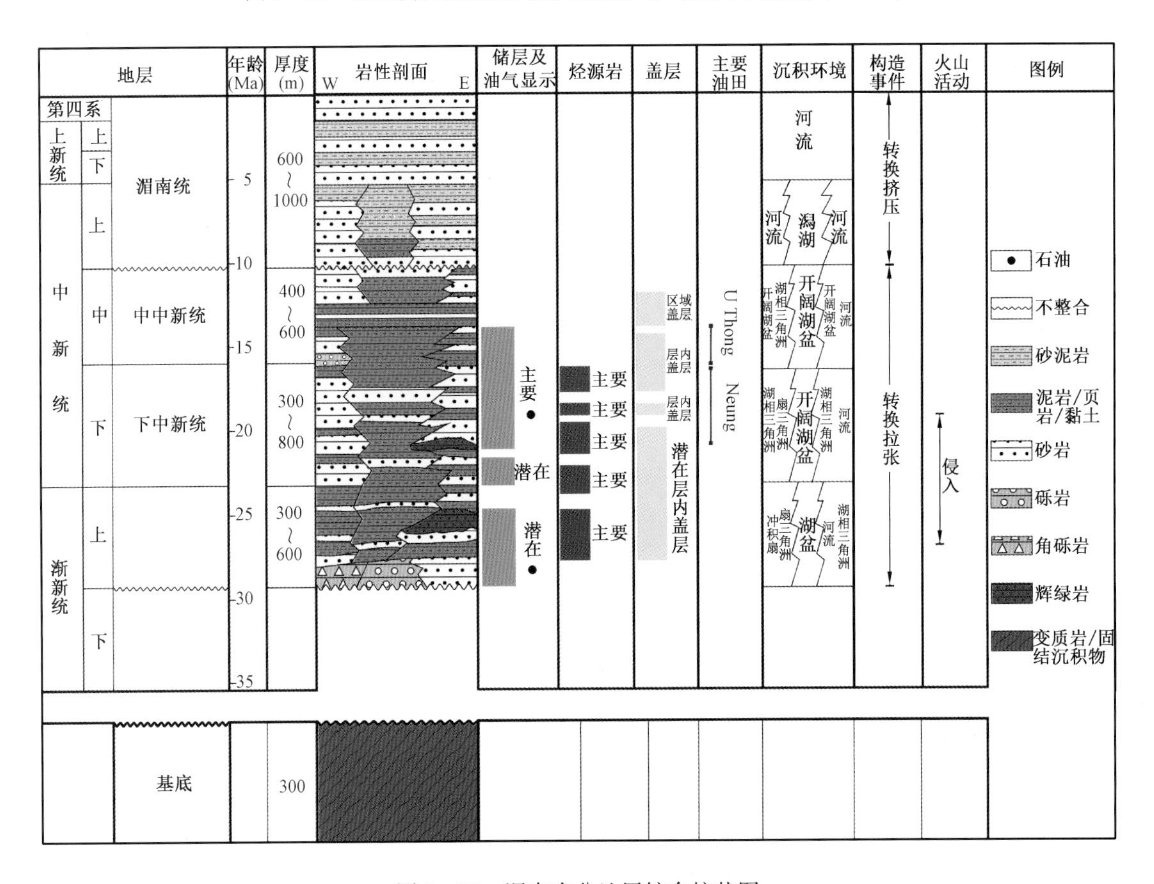

图2－26　湄南次盆地层综合柱状图

代—早中生代火山岩构成，其中火山岩形成于掸泰克拉通西部至印支克拉通东部之间的缝合带区域。古近—新近纪喜马拉雅运动在该地原有走滑断层系统范围内制造新的拉分盆地时，该区域再次活动。

(2)同裂谷期早期单元(29.3—23.3Ma)。晚渐新世湄南盆地内半地堑开始开启，盆地发展早期，湄滨断层、三塔断层及两者(湄南断层区域)之间一系列平行共轭走滑断层间的张扭应力产生了东西向的拉张运动，盆地内的非对称半地堑即由此产生。区内主要断块在这一盆地演化早期形成。渐新统沉积于盆地边界斜坡段断层内的冲积扇和扇三角洲环境，泥岩沉积于盆地中心平缓边部的冲积平原。

(3)同裂谷期主要单元(23.3—11.7Ma)。早—中中新世期间，湄南次盆的湄滨断层、三塔断层及两者(湄南断层区域)之间一系列平行共轭走滑断层范围内发生了无限制的走滑运动，造成了盆地的快速扩张。开放湖盆沉积已经在半地堑内大部分区域得以建立。扇三角洲依然沿着入湖三角洲发育的边界斜坡断层存在，随后，由于各方面因素如基准面的变化、沉降、气候和构造事件的综合影响，盆地开始经历海侵和海退的交替演变。在更大的半地堑内，湖侵/湖退的影响更明显，在中新世中期出现的一个最大的洪水事件产生了最大的开阔湖面，最大范围很有可能覆盖了整个盆地。中新世，沉积体以湖盆三角洲为主，扇三角洲和河道广为发育。早中新世发生辉绿岩侵入，在此期间发育了边界生长断层及相应的反向断层。

(4)转换挤压单元(10Ma 至今)。中中新世结束时，沿着主断裂系统的走滑断层受到阻碍，导致盆地经历了大范围的倒转。盆地部分区域形成隆起并被侵蚀，沉降仅存在于局部区域，但随后同样被充填。晚中新世时期，张性构造停止而转换挤压运动开始。上中新统至全新统潟湖和冲积物沉积于该段盆地演化最新阶段。

第二节　昆山—万安盆地油气地质

一、油气勘探开发概况

1. 九龙次盆

20 世纪 60 年代末，陆续有国外公司在越南东南沿海地区开展地球物理勘探，但直到 1973 年才有了初步进展。美孚在 1974 年钻遇九龙次盆的 Bach Ho - 1 之前，壳牌就在九龙次盆南部中新世和渐新世砂岩中的两口井中发现了油气。1981 年，原苏联石油部和越南石油天然气综合部组建越苏油气合资运营公司，开始主导海上作业，截至 1991 年，该公司陆续共钻探 85 口井。1986 年 6 月，越苏油气公司在 Bach Ho 油田古近—新近系的油藏开始了第一次商业生产。到 1987 年在 Bach Ho 盆地基底中并没有发现石油。1988 年，九龙次盆的 30 口勘探井中 16 口井发现石油，渐新世和中新世砂岩及花岗岩、花岗闪长岩基底的裂隙与风化带为油气的主产层位。

九龙次盆面积为 97995km^2，勘探许可面积为 64272km^2。共有二维地震 105900km，地震覆盖密度为 0.6km/km^2。目前，共有探井 70 口，其中最大井深为 5401m(图 2 - 27)。第一个勘探发现是 1975 年发现的 Bach Ho 油田，储量为 19×10^8bbl 油当量。最大石油产量为 1975 年发现的 Bach Ho 油田，储量达 15.5×10^8bbl；最大的天然气产量为 2003 年发现的 15 - 1 - ST14 气田，储量达 3.5×10^{12}ft^3。目前，盆地共取得了 38 个油气发现(图 2 - 28)，探明石油 2P 储量为 43.35×10^8bbl 油当量，天然气 2P 储量为 8.731×10^{12}ft^3。累计探井成功率为 54.3%，资源丰度为：石油 67451bbl/km^2，天然气为 1.36×10^8ft^3/km^2，平均为 90092bbl 油当量/km^2。

九龙次盆许可开发面积是 23253km^2，共有 9 个作业公司在盆内开展油气勘探生产。目前，实际开发生产井 187 口，其中油井 181 口，气井 6 口。2006—2007 年，共 5 个油田生产石油

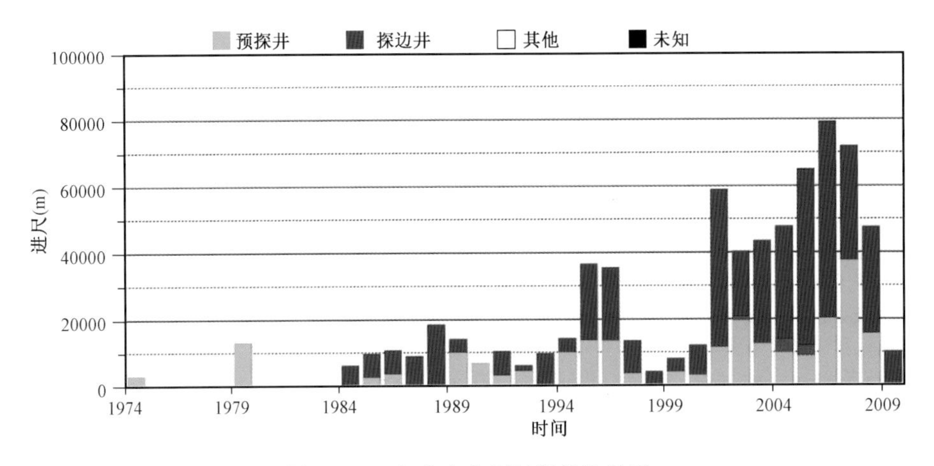

图 2-27　九龙次盆历年探井进尺图

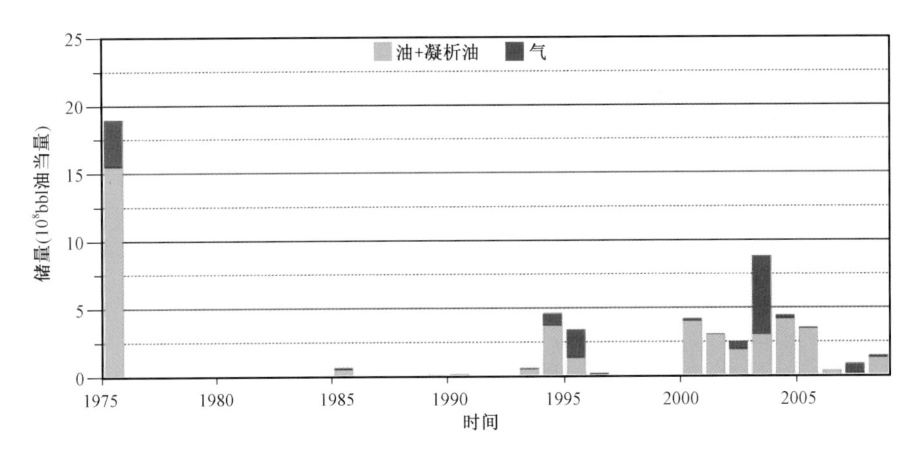

图 2-28　九龙次盆历年新增储量图

和凝析油，2006 年日产 3.117×10^8bbl，2007 年日产 2.897×10^8bbl。2006 年，共 4 个气田产天然气，日产 $2.779\times10^8ft^3$；2007 年，有 5 个气田产天然气，日产 $2.718\times10^8ft^3$。

九龙次盆累计产石油和凝析油 15.622×10^8bbl、天然气 $1.0838\times10^{12}ft^3$，剩余 2P 储量：石油和凝析油共 27.73×10^8bbl、天然气 $7.6475\times10^{12}ft^3$（图 2-29 和图 2-30）。

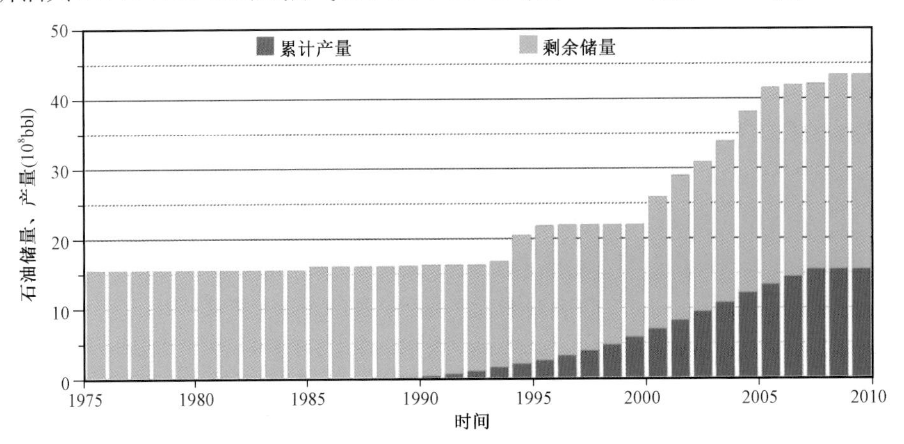

图 2-29　九龙次盆历年石油储量及产量图

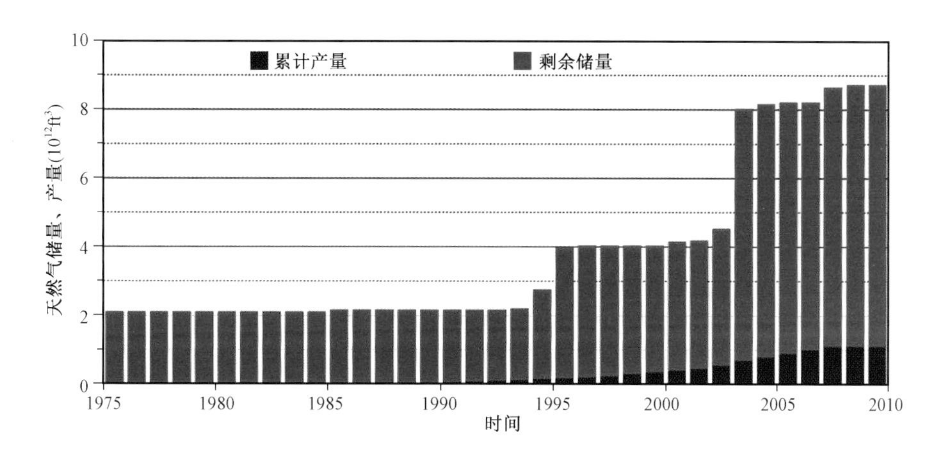

图 2－30　九龙次盆历年天然气储量及产量图

2. 南昆山次盆

南昆山次盆的现代化勘探始于 20 世纪 60 年代末。1973 年 7 月，8 个区块被埃索、圣达菲/美孚和壳牌等西方公司成功中标。1974 年 6 月，盆地内另外三个区块，即区块 11、7 和 4，分别被马拉松、联合得克萨斯和壳牌成功中标。盆地内二维地震超过 26000km。1975 年 4 月之前已经钻探了 5 口井，获得一个非商业性的发现，由壳牌命名为双 14。越南战争和越南南北统一之后，越南社会主义共和国获得区块 4、12（由阿吉普公司中标）、28 和 29 区块的开发权。截至 1980 年，这两个公司在区内至少钻探 11 口井，并且发现了 3 个小的非商业性区块（图 2－31 和图 2－32）。随后，公司在 1981 年放弃了这些区块。1988 年 2 月，Vietsovpetro 在大熊地区发现了第一个油田，在 1975 年美孚重新进入大熊进行勘探，但是由于其他原因随后又再次暂停了以上的勘探目标。

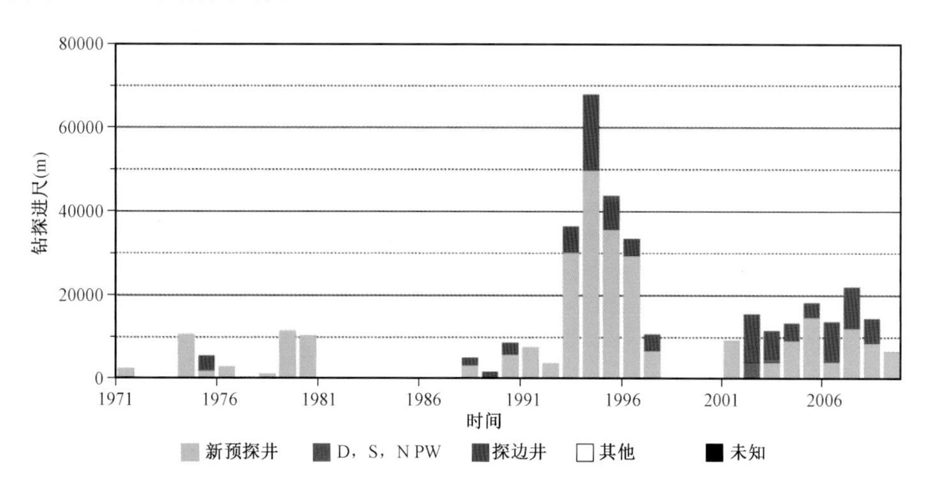

图 2－31　南昆山次盆历年探井进尺图

南昆山次盆处于勘探较成熟阶段，目前盆地内开发区块主要位于海上，面积 83009km^2，引入作业公司 12 个。实际开发井 9 口，其中生产井 9 口。油井 5 口，气井 4 口。2006 年，共 2 个油田生产石油和凝析油，日产 3.7×10^6bbl；2 个气田产天然气，日产 $4.198\times10^8ft^3$。2007 年，共 3 个油田生产石油和凝析油，日产 8.5×10^6bbl；2 个气田产天然气，日产 $4.583\times10^8ft^3$。

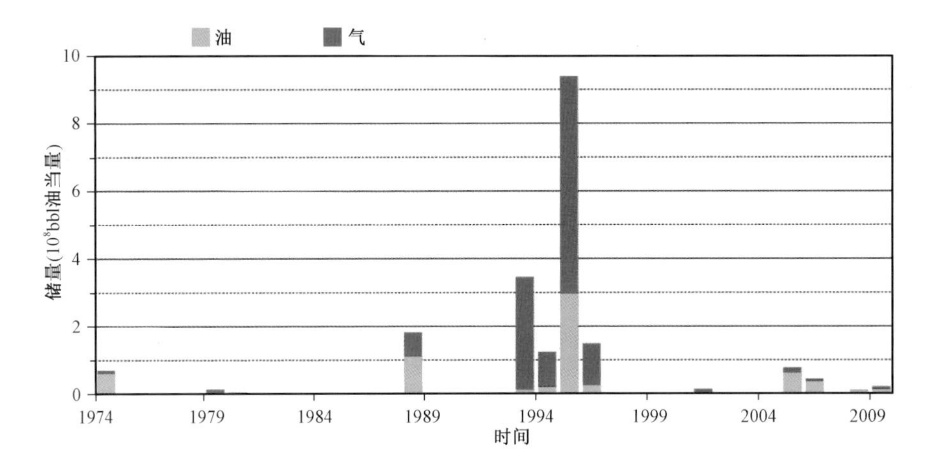

图 2-32　南昆山次盆历年新增储量图

盆地累计产石油和凝析油 6.523×10^8bbl，天然气 8.1117×10^{12}ft^3；石油和凝析油 2P 剩余可采储量为 6.179×10^8bbl，天然气 2P 剩余可采储量 7.5256×10^{12}ft^3（图 2-33 和图 2-34）。

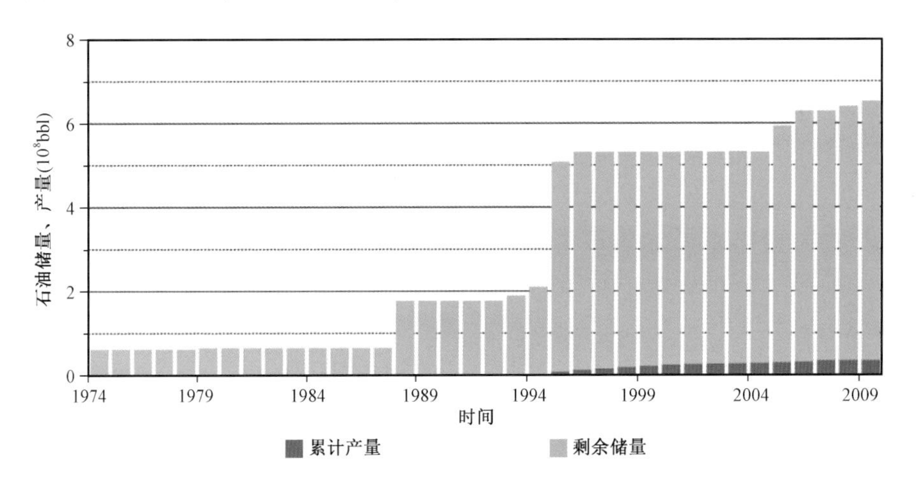

图 2-33　南昆山次盆历年石油储量及产量图

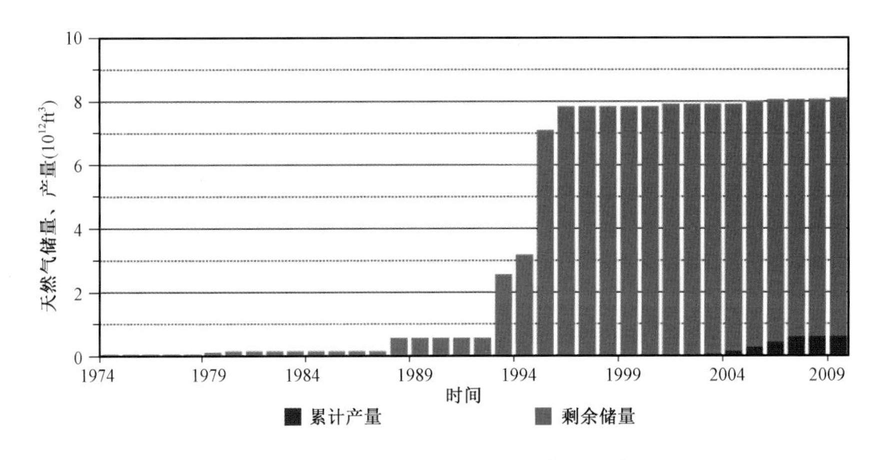

图 2-34　南昆山次盆历年天然气储量及产量图

二、烃源岩

1. 九龙次盆

九龙次盆的烃源岩主要赋存于渐新统的 Tra Cu 组和 Tra Tan 组，其有机碳含量较高，生烃潜力较好。早中新世 Bach Ho 组，中中新世 Con Son 组和晚中新世 Dong Nai 组也有一定的生烃潜力。这些烃源岩主要的干酪根类型为Ⅲ型与混合海洋和陆源Ⅱ/Ⅲ型。镜质组反射率数据表明，这些烃源岩处于成熟阶段。渐新统烃源岩中烃类的运移发生在晚渐新世，目前仍然在盆地中运移。

1) Tra Cu 组和 Tra Tan 组

九龙次盆渐新世沉积的 Tra Cu 组和 Tra Tan 组黏土岩和页岩是很好的烃源岩。在整个盆地这些烃源岩发育良好，厚度 100 ~ 600m 不等。渐新世烃源岩总有机碳含量在 0.6% ~ 8.46% 之间，平均为 1.7%（图 2 - 35）。研究表明盆地最有生烃潜力的烃源岩是晚渐新世 Tra Tan 组的滨海相黏土岩和河流相泥页岩。地层平均有机碳含量为 1.6%。

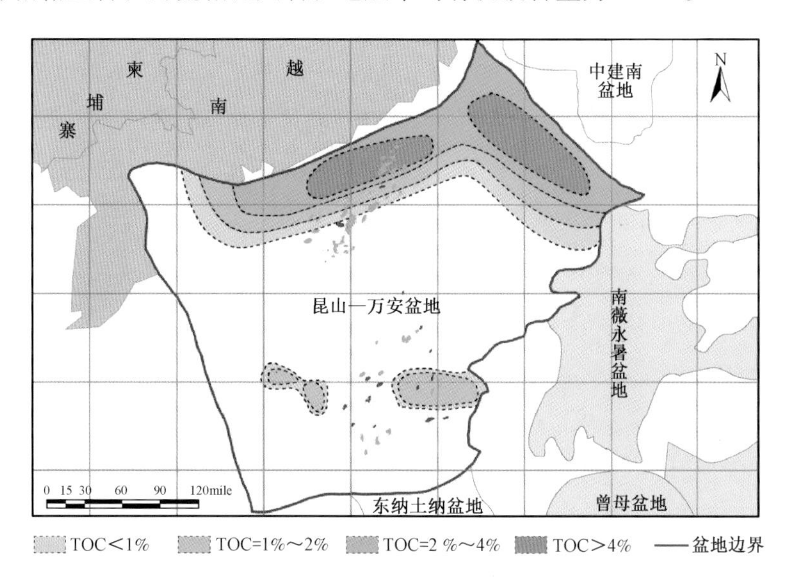

图 2 - 35 昆山—万安盆地渐新世烃源岩 TOC 含量等值线图

渐新世烃源岩主要处于未成熟—成熟早期阶段，其干酪根主要为Ⅱ/Ⅲ型。姥鲛烷/植烷比值较高（平均为 1.75），说明九龙次盆的烃源岩生成于富氧的环境。Tra Cu 组和 Tra Tan 组烃源岩生烃潜力（S_2）很高，约 0.16 ~ 24.4mg/g（烃/岩石），主要生成油、气和凝析气。镜质组反射率 R_o 在 0.34% ~ 2.19% 之间，平均值为 0.79%（图 2 - 36），表明盆地渐新世烃源岩处于成熟阶段。在盆地中心和基底，深度在 4000m 以下的位置，渐新世烃源岩处于生油窗。但在盆地四周，烃源岩的成熟度降低。在盆地中心部位深度大于 5800m 的地区，烃源岩处于高温生成凝析气阶段。

晚渐新世开始，Tra Cu 组烃源岩开始生烃。受地温梯度的影响，不同地区不同埋深区烃源岩有可能达到大致类似的镜质组反射率，如 15 - A - 14 井深度 2400m、15 - G - 14 井 2700m 和 15 - B - 14 井 3750m 处镜质组反射率在 0.5% ~ 0.7% 之间，其烃源岩均达到成熟阶段。

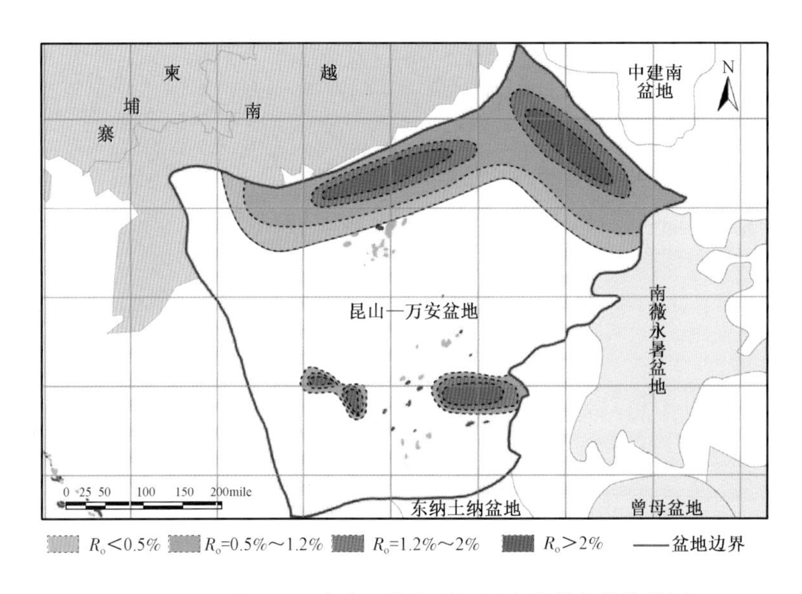

图 2-36 昆山—万安盆地渐新世烃源岩成熟度等值线图

2）Bach Ho 组

晚中新世 Bach Ho 组烃源岩生烃潜力有限。烃源岩只发育在薄的黏土层中，其厚度较小，一般在 3m 左右。烃源岩的品质参差不齐，有机碳含量（TOC）在 0.5% ~3% 之间，平均约为 1%（图 2-37）。

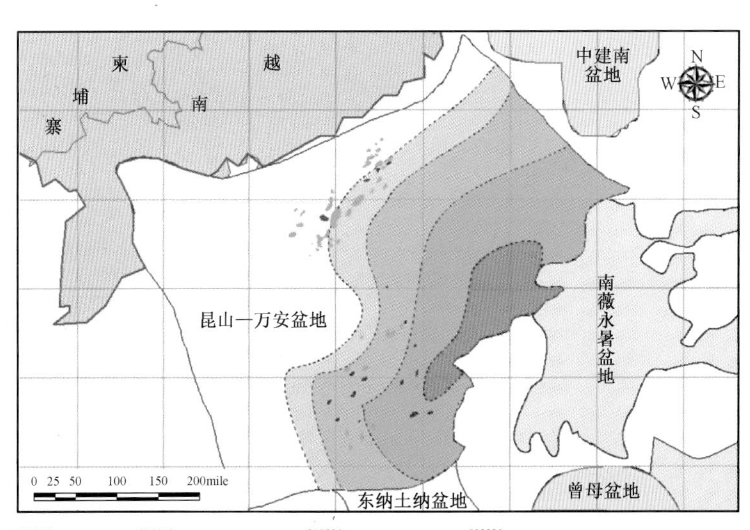

图 2-37 昆山—万安盆地中新世烃源岩 TOC 含量等值线图

同样，烃源岩有机质生烃潜力（S_2）变化范围较大，从 0.05 ~4mg/g（烃/岩石）不等，烃源岩生烃潜力整体较差。烃源岩干酪根主要为Ⅲ型。Bach Ho 组烃源岩镜质组反射率 R_o 约在 0.46%（图 2-38），表明整体处于早期成熟阶段。然而在 15-A-14 井 1600m、15-B-14 井 2200m 及 15-C-14 井 2000m 处发现，部分烃源岩的 R_o 达到 0.5%，进入成熟阶段。

3）Con Son 组

Con Son 组中中新世烃源岩品质整体较差。但在 15-A-14 和 15-C-14 井钻遇的薄煤

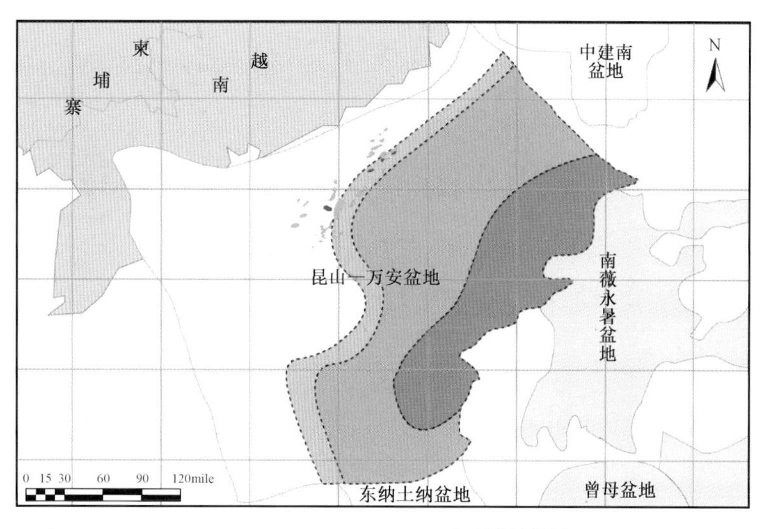

图 2-38　昆山—万安盆地中新世烃源岩成熟度等值线图

层和煤质黏土岩具有一定的生烃潜力，其有机碳含量(TOC)在 0.4% ~34.5% 之间，薄煤层生烃潜力(S_2)大约在 16~18mg/g(烃/岩石)。盆地 Con Son 组部分泥质岩 TOC 大约为 0.72%(图 2-37)，具有一定的生烃潜力。

总体来看，Con Son 组烃源岩干酪根主要为Ⅲ型，倾向于生气，其镜质组反射率 R_o 在 0.37% ~1.2%(图 2-38)，表明烃源岩处于未成熟—过成熟阶段。

4) Dong Nai 组

Dong Nai 组碳质黏土岩也具有一定的生烃潜力。烃源岩干酪根主要为Ⅲ型，倾向于生气。Dong Nai 组烃源岩有较好的品质，其 TOC 为 0.4% ~1.5%(图 2-37)，生烃潜力 0.21~0.57mg/g(烃/岩石)。

2. 南昆山次盆

南昆山次盆的主要烃源岩是薄煤层、碳质页岩及少量灰色—深灰色—褐色泥岩，形成于始新世—渐新世和早中新世。有机质主要来源于高等植物、藻类以及三角洲、湖泊和近海环境堆积物中的细菌微生物。R_o 值的范围为 0.30% ~1.34%，T_{max} 值的范围为 320~479℃。研究表明，埋深 3910~4120m 为生油窗范围，3910~3420m 埋深的烃源岩处于成熟阶段，4120m 以下烃源岩处于生湿气阶段。

区内渐新世、早中新世和中中新世发育丰富的有机质沉积，其岩性主要为薄煤层、碳质泥岩，以及少量的渐新世 Cau 组、早中新世 Dua 组灰黑色—棕色黏土岩。烃源岩主要分布于盆地中部和东部。有机质主要来自河流—三角洲相、湖相、滨海相的高等植物、海藻和细菌微生物。渐新世总有机碳含量 0.5% ~7% 不等，煤层和碳质泥岩中总有机碳含量较大，干酪根为主要来自高等植物或者海藻中的Ⅲ型，其中 I_H 含量超过 300mg/g，为区内主力生油岩；黏土岩主要生气，其有机碳含量在 0.04% ~1.91%，干酪根类型主要为Ⅲ型。早中新世 Dua 组煤层和碳质页岩富含有机质，有机碳含量在 2% ~8% 之间，I_H 在 182~484mg/g，这对油气生成十分有利；黏土岩有机碳总量 0.03% ~6%，I_H 含量大多低于 300mg/g，干酪根为Ⅰ—Ⅲ型混合型。

3. 烃源岩平面分布

盆地沉积相平面分布（图 2 - 39 至图 2 - 43）表明，昆山—万安盆地始新世—早渐新世烃源岩主要发育在盆地北部，沉积相类型主要是湖泊相（图 2 - 39）。

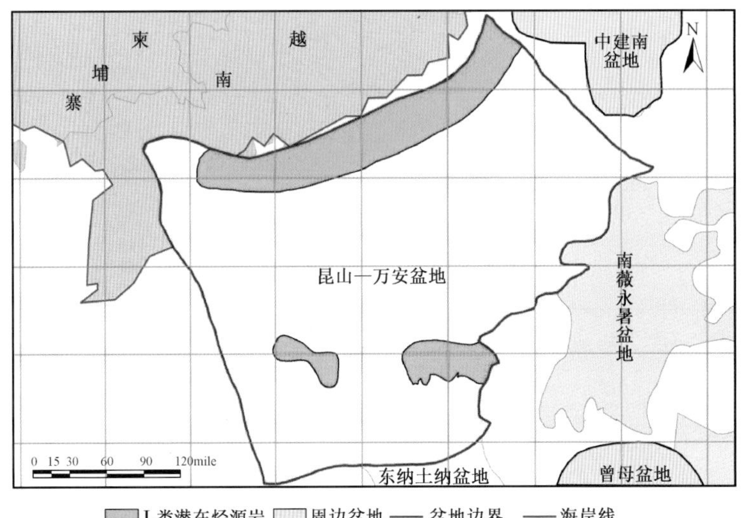

图 2 - 39　昆山—万安盆地始新世—早渐新世烃源岩分布

晚渐新世烃源岩主要发育在盆地北部，沉积相为潟湖（图 2 - 40）。

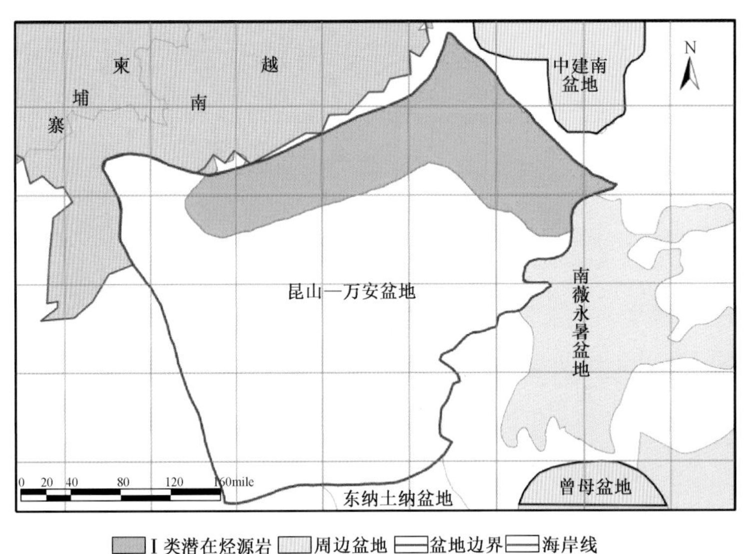

图 2 - 40　昆山—万安盆地晚渐新世烃源岩分布

中中新世早期烃源岩主要发育于盆地东部，其中 I 类潜在烃源岩发育在盆地最东部，沉积相为深海相；Ⅱ类潜在烃源岩发育在盆地中东部，沉积相为半深海相；Ⅲ类潜在烃源岩发育在盆地中部，沉积相为陆棚、陆坡相（图 2 - 41）。

中中新世晚期烃源岩主要发育于盆地东部，其中 I 类潜在烃源岩发育在盆地最东部，沉积

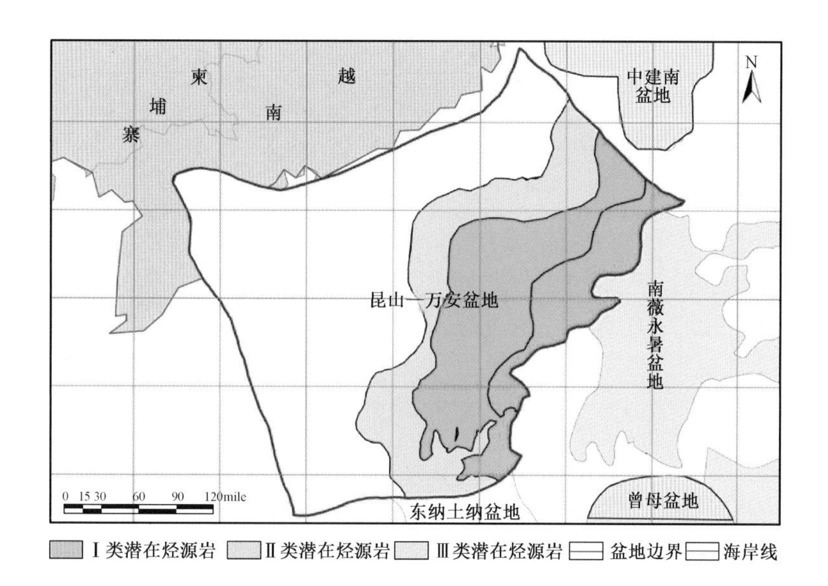

图2－41　昆山—万安盆地中中新世早期烃源岩分布

相为半深海相、深海相；Ⅱ类潜在烃源岩发育在盆地中东部，沉积相为开阔碳酸盐岩台地相；Ⅲ类潜在烃源岩发育在盆地中部，沉积相为陆棚、陆坡相（图2－42）。

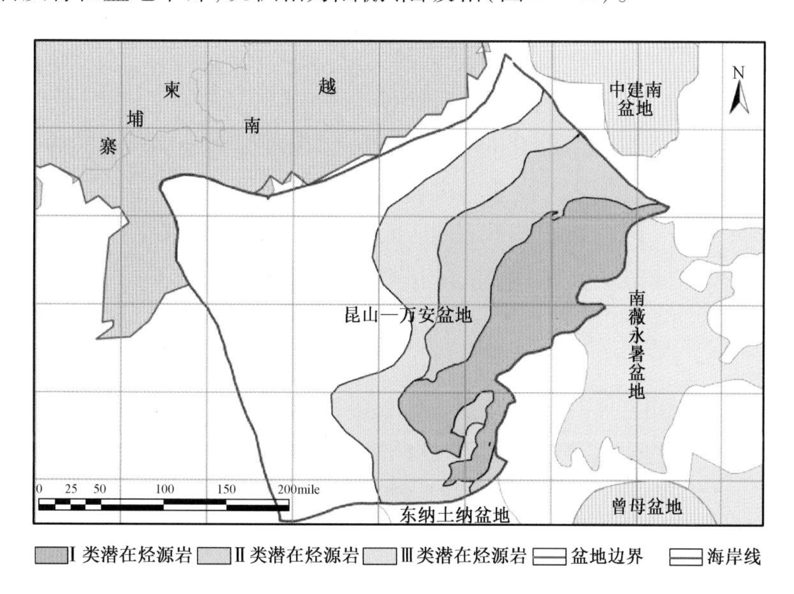

图2－42　昆山—万安盆地中中新世晚期烃源岩分布

晚中新世烃源岩主要发育于盆地东部，其中Ⅰ类潜在烃源岩发育在盆地最东部，沉积相为半深海相、深海相；Ⅱ类潜在烃源岩发育在盆地东部，沉积相为半局限碳酸盐岩台地相；Ⅲ类潜在烃源岩发育在盆地东北部，沉积相为陆棚、陆坡相（图2－43）。

三、储盖组合

1.九龙次盆储盖组合

九龙次盆油气储集层类型较为多样。Bach Ho 油田的约1/3的油气储量赋存于中白垩

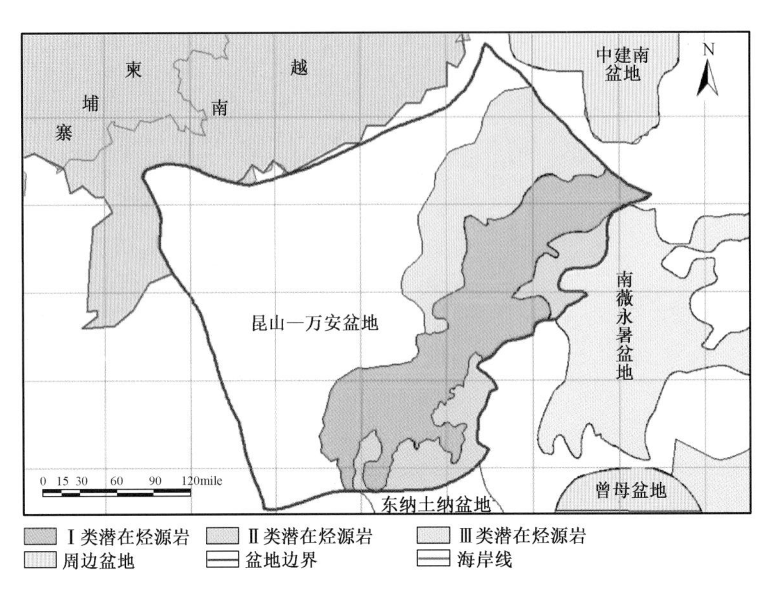

图 2－43　昆山—万安盆地晚中新世烃源岩分布

世—始新世的风化壳和裂隙型盆地基底储层中，储层风化带厚度平均大于 300m。此外，Con Son 组、Bach Ho 组、Tra Tan 组及 Tra Cu 组中也发育大量物性较好的储层，亦为区内油气重要产层。

1）基底

在 Bach Ho 油田、Rong 油田和 Dai Hung 油田，基底岩石储层物性均较好，平均储集体厚度大于 300m（图 2－44）。九龙次盆基底主要由结晶酸性岩浆岩组成，包括黑云母花岗岩、花岗斑岩、黑云母花岗闪长岩和石英闪长岩等。这些岩石在晚白垩世经历构造作用、热液作用、高温变形和表面暴露风化作用，形成有潜力的储层。虽然各类基底岩石的孔隙度整体偏低，仅有 2%～7.5%，但是孔隙度和裂缝发育区储集物性较好，该类储层已经为水平钻井证实。

受到挤压作用的影响，区内裂缝、溶洞发育地带储层的孔隙度、渗透率变化较大。裂缝地带孔隙度在 1%～15% 之间，渗透率有些可能低至 1mD，也有可能高达 1000mD。储层孔隙度高的地方多发育在基底高部位或者断层附近，但前提是储层未经热蚀变作用，裂缝没有被矿物二次充填。

2）Tra Cu 组

Bach Ho 组和 Rong 东部油田晚渐新世 Tra Cu 组储层物性一般。厚度在 300m 左右（图 2－44）。主要原因是储层埋深较大，深度超过 4000m。埋藏成岩作用和自生胶结作用是储层初始孔隙度下降的主要因素。砂岩粒度为粗粒到中粒，分选差。研究表明砂岩层被高岭石和黏土矿物胶结显著；虽然孔隙度相对较好（13%～17%），但是储层富含黏土矿物，渗透率却较差，在 0.1～50mD 之间。

3）Tra Tan 组

Tra Tan 组储层在 Rong 油田中也较发育，同时在 Bach Ho 油田 15－G－14 井中也有发现。Tra Tan 组被分为上、中、下三段。其中，中段和下段含较多泥质，储层物性较差；砂岩层很薄，

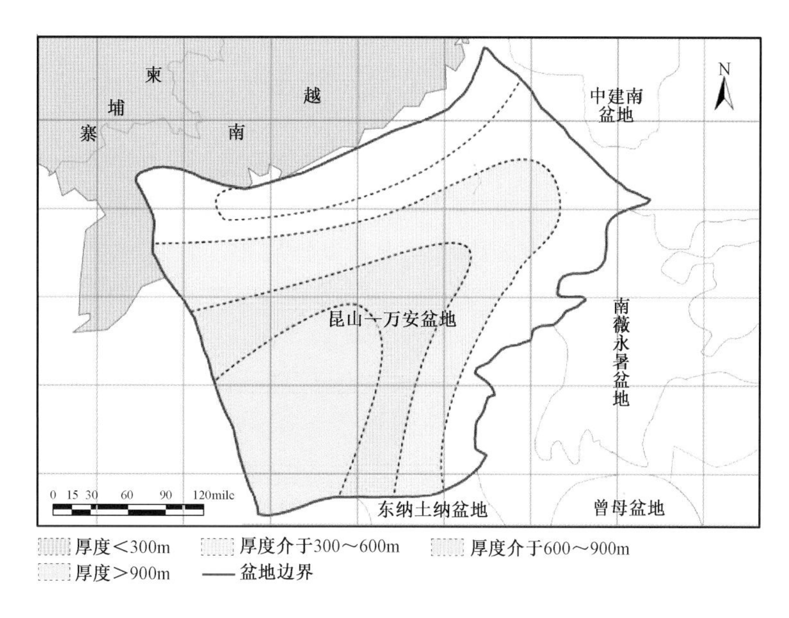

图2-44 昆山—万安盆地始新世—渐新世储层厚度等值线图

且多被泥质和碳酸盐岩胶结。Tra Tan 组上部储层物性较好，砂/地接近1；砂岩层粒度中等，组分有石英（30% ~40%），长石（30% ~47%）和云母（最多5%），厚0~550m不等，储层平均厚度为200~400m（图2-45）。Tra Tan 组上段储层孔隙度较好，在12% ~24%之间。Bavi 1井分析显示，储层渗透率在200~1800mD。

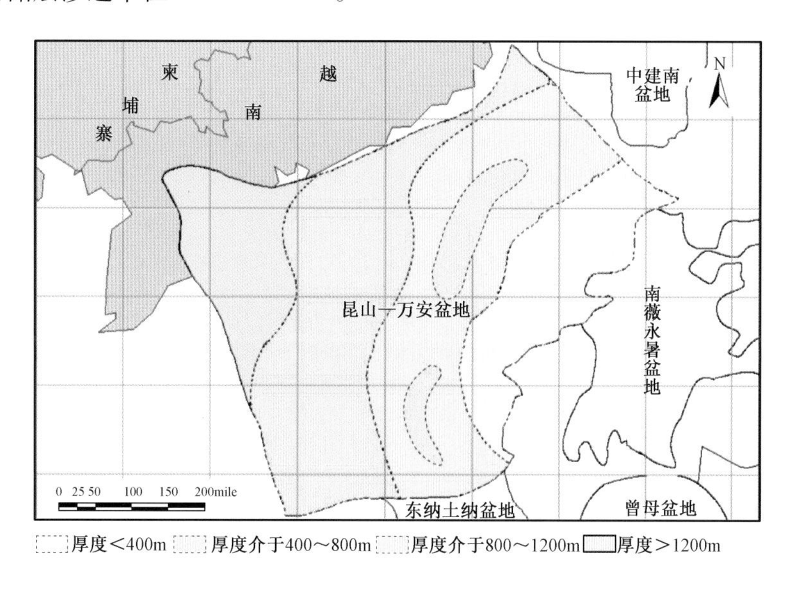

图2-45 昆山—万安盆地中新世储层厚度等值线图

4）Bach Ho 组

Bach Ho 组储层在 Rong 油田中比较发育，其岩性主要为砂岩，厚度为500~800m（图2-45）。其上覆厚150~250m的海相页岩为 Bach Ho 组储层的原始盖层。Bach Ho 组主要的储层单元在地层下部，储层单元中砂岩粒度中等，分选较好，主要矿物包括石英（50% ~60%）、长石（25% ~35%）和云母（5% ~18%）。地层中河道砂岩储层物性最好，砂岩厚度

200～310m，孔隙度10%～20%。Bach Ho组中部和上部地层含较多泥质，黏土岩/砂岩比例增加，储层物性大幅下降。

5）Con Son组

九龙次盆中中新世Con Son组是一个重要的含油气储层，厚度在800～900m之间（图2-45）。2007年6月，在Dong Do 14井中发现了该储层，当时日产石油2500bbl。

九龙次盆主要的盖层发育于在渐新世和中新世地层中。渐新世主要的盖层单元发育在Tra Cu组早渐新统夹层页岩和黏土岩中。页岩和黏土岩形成层内盖层，同时作为基底油气储层的盖层。Tra Cu组最好的盖层发育在地层上部。这个组的盖层由粘土岩组成，平均厚度30m，局部地区厚度达到60～100m。晚渐新世Tra Cu组页岩和黏土岩也为基底高部位的储层提供很好的盖层。Tra Tan组中段较厚的黏土层为盆地提供了很好的区域盖层。

最好的区域盖层可能发育在早中新世地层Bach Ho组中。这个地层发育较厚页岩，在F. rotalia地区比较发育。Bach Ho组区域盖层厚度226m厚，盖层由黑色黏土岩组成。Bach Ho组西部地层砂岩增多，盖层封闭能力下降。随着地层年龄的增加，盆地盖层的封闭能力下降，Bach Ho组中上段地层的盖层质量较好。

2.南昆山次盆储盖组合

南昆山盆地的储层主要分布于始新世—中新世、始新世—渐新世Cau组和晚中新世Dua组河道相和临滨相砂岩、中中新世Thong组浅海相砂岩、中中新世Mang Cau组和晚中新世Nam Con Son组碳酸盐岩都是区内较好的储层。此外，白垩系基底火山岩也发育部分储层。

Cau组砂岩储层物性差异性比较大，厚度在200～1000m不等。Dua组海侵砂岩粒度中等，分选良好，储层物性好，厚度在100～700m不等。Thong组砂岩粒度中等，分选较差，次棱角状，主要含碳酸盐岩钙质胶结物。Mang Cau组底部为钙质砂岩、黏土岩和泥岩，顶部为石灰岩，研究表明砂岩储层发育较好，孔隙度较好，具有较好的物性。这两个组地层厚度在300～1200m不等，其中碳酸盐岩高地储层厚度平均在800～1200m之间。Nam Con Son组中发育的深海盆地浊积岩，储层孔隙度在10%～30%，渗透率在5～300mD，具有较好的储层物性。平均厚度在200～500m。Nam Con Son组碳酸盐岩厚度大，平均为800～1000m。包括泥粒灰岩、珊瑚礁状岩、粘结灰岩—颗粒岩—泥粒灰岩、礁后相白云岩；石灰岩孔隙度大于10%，平均在25%，最高达到40%；孔隙包括孔、洞、缝，主要是喀斯特作用和白云岩作用形成二次孔隙，为较好的储层。Mang Cau组碳酸盐岩主要包括珊瑚礁状岩，海相、礁后石灰岩；孔隙度在15%～20%，部分高达40%，主要是孔洞型；渗透率在200～2000mD，同样可作为较好储层。晚白垩世基底火山岩，由于受构造和风化作用的影响，火山岩裂缝比较发育，部分地区孔隙度15%～20%，亦为较好储层。

南昆山次盆内有效的盖层主要包括层内和局部区域性盖层。区域盖层为上新世至更新世的Bien Dong组。区域和局部区域的盖层大多与海平面快速上升有关，位于海相和非海相的最大海泛面之上。在渐新世Cau组、下中新统Dua组的三角洲泥岩为油藏提供了局部区域性的盖层。海相页岩在陆架斜坡环境下沉积，为中新世海侵碎屑岩和碳酸盐岩储层提供了有效的顶部盖层。

中新世—渐新世 Cau 组上部 50m 地层是区域盖层。这部分盖层是 Cau 组早期排出的油气的顶部盖层。早中新世 Cau 组三角洲泥岩分布范围有限，整体向盆地西部变薄。

中中新世 Thong 和 Mang Cau 组海相页岩沉积于大陆架和大陆坡的环境，随着早期的中中新世海侵，海相页岩分布广泛，在东部厚度最大，它们组成了中中新世碎屑岩和碳酸盐岩储层的有效顶部盖层。Nam Con Son 组晚中新世海相页岩在海侵时沉积形成，是 Dai Hung 油田有效的盖层。覆盖在碳酸盐岩上部的 Bien Dong 组上新世半深海页岩是盆地最好的区域盖层。盖层中的断层组合组成了断层相关圈闭的横向封闭。

3. **储盖组合平面分布**

基于昆山—万安盆地沉积相平面分布特征（图 2－9 至图 2－14）分析，昆山—万安盆地始新世—早渐新世Ⅰ类储层主要发育在盆地北部和南部，沉积相为冲积平原；Ⅱ类储层主要发育在盆地中部，沉积相为基岩区（图 2－46）。

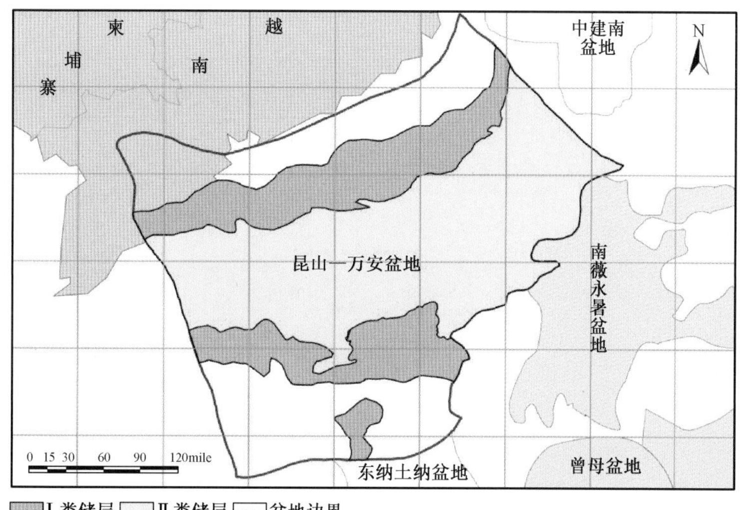

图 2－46　昆山—万安盆地始新世—早渐新世储层分布

晚渐新世$Ⅱ_1$类储层主要发育在盆地西部和西南部，沉积相为三角洲前缘；$Ⅱ_2$类储层发育在盆地东部和东北部，沉积相为三角洲平原（图 2－47）。早中新世Ⅰ类储层主要发育在盆地中北部，沉积相为潮下带；Ⅱ类储层主要发育在盆地中东部，沉积相为潮间带（图 2－48）。中中新世早期$Ⅰ_1$类储层在盆地东部零星分布，沉积相主要为浊积扇；$Ⅰ_2$类储层发育在盆地西部和东部，沉积相为潮坪；Ⅱ类储层发育在盆地东部部分地区，沉积相为局限碳酸盐岩台地；Ⅲ类储层主要发育在盆地中东部，沉积相为陆棚、陆坡（图 2－49）。中中新世晚期Ⅰ类储层主要发育在盆地中部和西部，沉积相为潮下带；$Ⅱ_1$类储层零星分布在盆地东部，沉积相为碳酸盐岩建隆；$Ⅱ_2$类储层发育在盆地东部，沉积相为开阔碳酸盐岩台地；Ⅲ类储层发育在盆地的中部，沉积相为陆棚、陆坡（图 2－50）。

晚中新世$Ⅰ_1$类储层主要发育在盆地东南部，沉积相为碳酸盐岩建隆；$Ⅰ_2$类储层主要发育在盆地中部，沉积相为三角洲前缘；Ⅱ类储层主要发育在盆地西部，沉积相为三角洲平原；Ⅲ类储层主要发育在盆地东部和中东部，沉积相为陆棚、陆坡（图 2－51）。

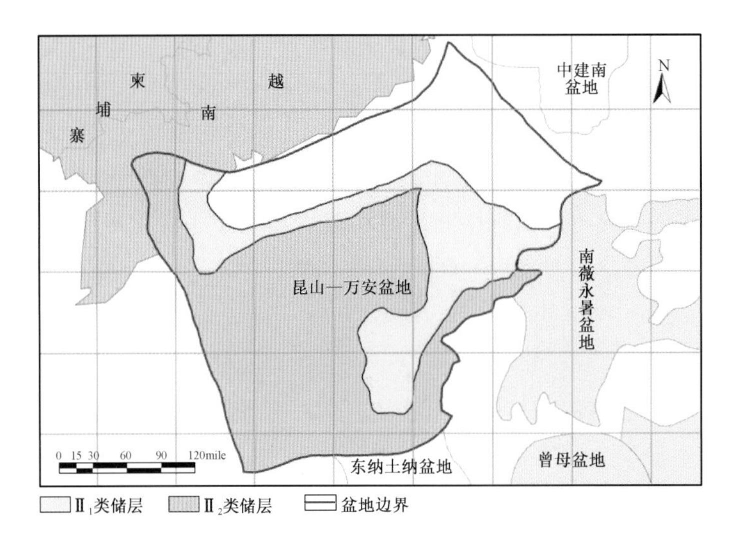

图2－47　昆山—万安盆地晚渐新世储层分布

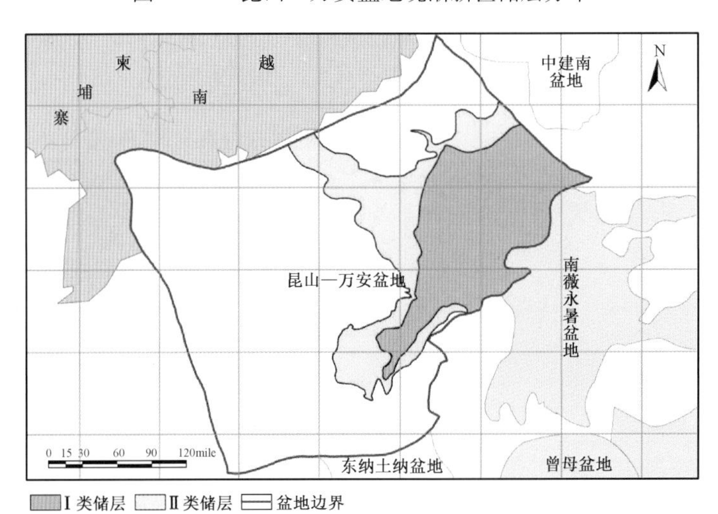

图2－48　昆山—万安盆地早中新世储层分布

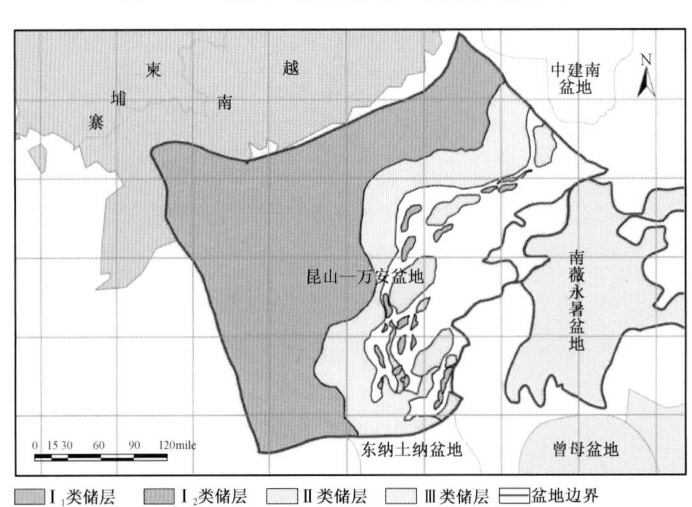

图2－49　昆山—万安盆地中中新世早期储层分布

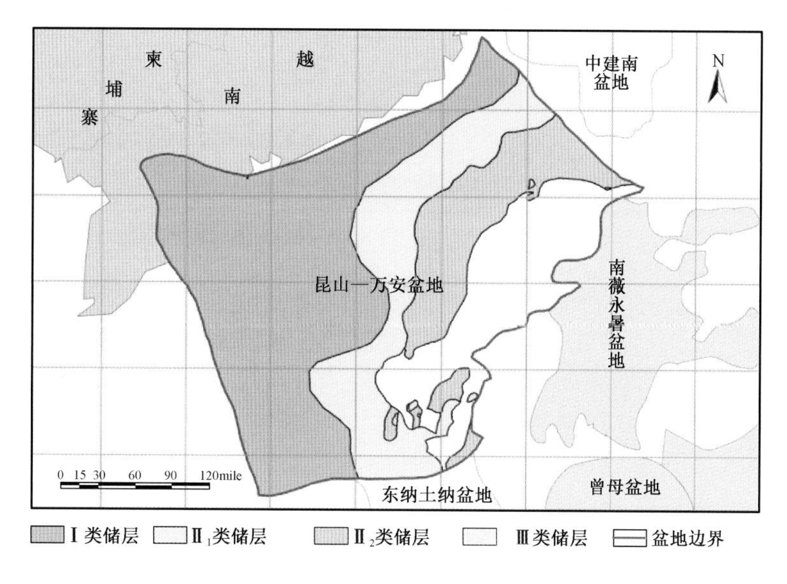

图2－50　昆山—万安盆地中中新世晚期储层分布

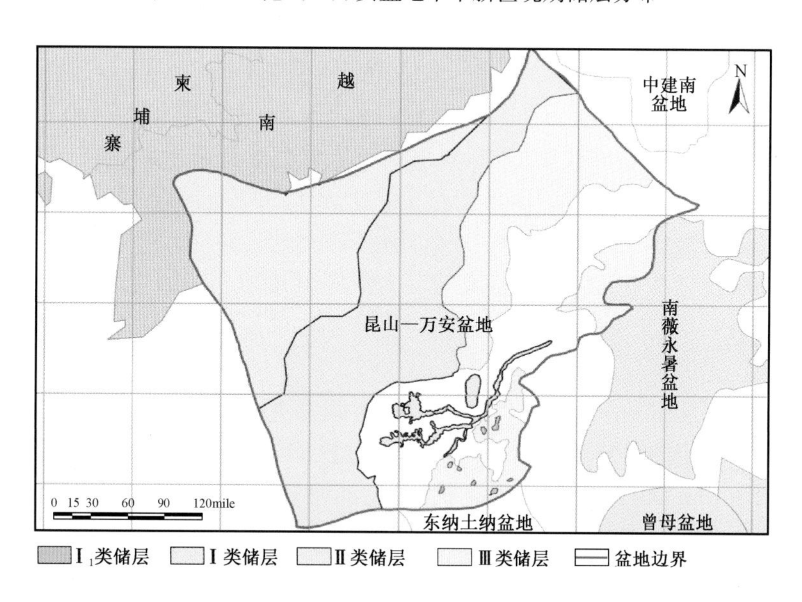

图2－51　昆山—万安盆地晚中新世储层分布

四、油气形成与运聚

1. 九龙次盆

1)含油气系统

九龙次盆发育一个含油气系统。渐新世和早中新世烃源岩在晚渐新世至上新世埋深大，生成油气。夹在烃源岩层和覆盖在烃源岩层上的砂岩储层和断层是油气的运移通道。迄今为止，发现含油气系统主要位于盆地的南部（图2－52）。储层和烃源岩均发育于Tra Cu组和Tra Tan组。其中，盆地主要的烃源岩位于较老的Tra Cu组。Tra Cu组烃源岩生成的油气运移到Bach Ho油田基底储层中，这是盆地主要的储层。

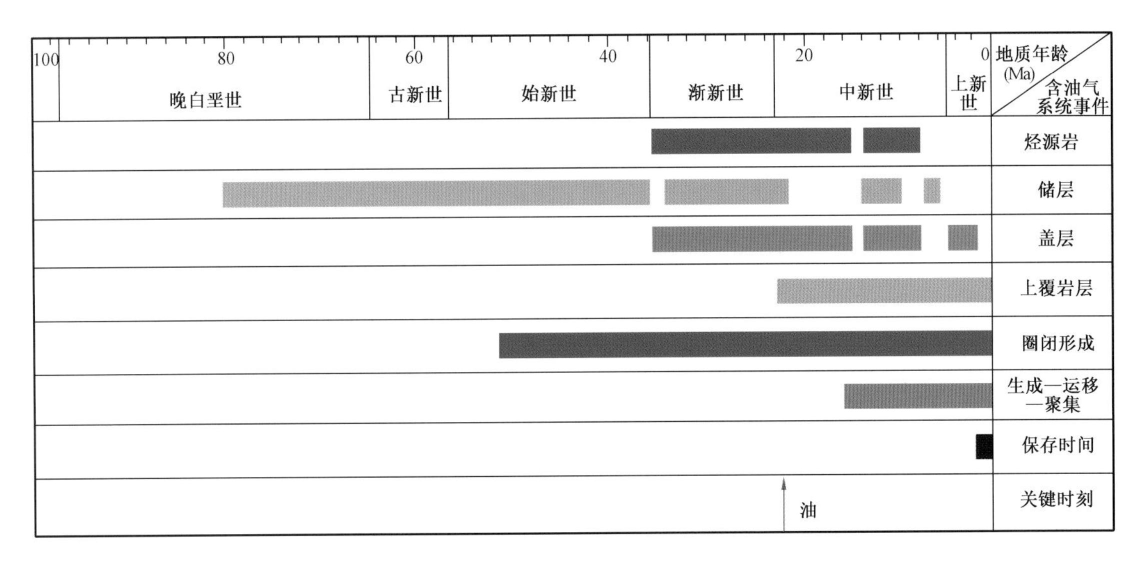

图 2-52 九龙次盆晚白垩系—新近系含油气系统事件图

2)油气的生成

九龙次盆的油气主要来自渐新世 Tra Cu 和 Tra Tan 组富有机质页岩。渐新统烃源岩发育Ⅱ型和Ⅲ干酪根,TOC 为 0.6% ~5.24%。下渐新统 Tra Cu 组河湖和近岸泥岩的 TOC 平均含量有 1.97%。它们在晚中新世开始生油,现在处于生气窗。在晚渐新世的 Tra Tan 组的页岩中有更丰富的烃源岩,TOC 平均为 1.6%。自上新世以来,烃源岩一直处在生油窗。中新世页岩具有良好的生烃潜力,但在整个盆地中还处于未成熟阶段。

盆地主要储层发育在基底。这些基底储层由深层风化和断裂的中生代结晶火成岩组成,后来被渐新世和早中新世沉积物覆盖。烃源岩层和基底储层之间的横向沟通,为烃类排出到基底断裂储层部位提供了良好的运移通道。

上覆的渐新统和下中新统的 Tra Cu 组、Tra Tan 组和 Bach Ho 组是成熟烃源岩。包括层内页岩和黏土岩形成的层内盖层和 F. rotalia 区充足的上 Bach Ho 组页岩形成的区域盖层。

随着中中新世 Con Son 组沉积物的沉积,海上沉积物达到成熟。主要的圈闭形成时间是在始新世到渐新世盆地初始形成时期和中新世盆地隆起时期。始新世到渐新世裂谷时期导致了地垒和地堑的形成。裂谷地堑沉积物充填发生于渐新世,紧接着盆地基底高部位沉积了渐新世和更晚的地层。在早中新世,盆地的隆起导致背斜的形成和基底相关断层的再次活动。这些断层为油气提供运移通道,同时形成断层封闭。盆地 Bach Ho 组页岩作为圈闭主要的盖层。除了构造圈闭,含油气系统中岩性和岩性—构造圈闭也很常见。这些圈闭主要由地层上倾尖灭和褶皱顶部组成。

在盆地东部和中部深度小于 3500m 的地区,渐新世沉积物进入成熟阶段,开始生油。这些地区油气从烃源岩到储层的运移和排驱从晚渐新世(30.4Ma)开始,渐新世沉积物(Tra Cu 组)埋深超过 3500m,就进入生油窗。

九龙次盆的烃源岩在距今 11Ma 到早中新世(19.3Ma)一直处于生油阶段。Bach Ho14 井地区勘探层系最深到达中中新世地层(15.8Ma),烃源岩可能一直处于生油阶段。盆地可能在晚渐新世进入生油高峰。在盆地西南部,渐新世沉积物只有在最深的地区才进入成熟阶段,并且在早中新世(18.6Ma)才进入生油窗。成熟度显示中中新世 Con Son 组和早中新世 Bach Ho

组在上新世时期进入生油窗。数据显示烃源岩在深度大约2000m时，有机质进入成熟阶段(R_o=0.5%)。渐新世烃源岩在盆地中心深度大约5800m时进入深部高温生气阶段。研究显示，在晚中新世烃源岩埋深到一定程度生成凝析气，直到现在为止，还没有达到生气高峰。盆地油气的生成和运移到目前为止仍在继续。

3)圈闭特征

九龙次盆的圈闭类型包括构造圈闭、岩性圈闭以及构造—不整合圈闭、构造—岩性—不整合圈闭、构造—岩性圈闭等复合圈闭类型。Bach Ho圈闭包括岩性圈闭、构造—岩性圈闭、构造圈闭，形成时间是23.3—16.3Ma；Con Son圈闭包括岩性圈闭，形成时间16.3—10.4Ma；前三叠纪基底构造—不整合圈闭，形成时间56.5—23.3Ma；Tra Cu圈闭包括构造—不整合圈闭、构造—岩性圈闭，形成时间在65—5.2Ma；Tra Tan圈闭包括构造圈闭、构造—不整合圈闭，形成时间在23.3—5.2Ma。

4)油气的运移

油气水平运移和垂向运移在盆地均有发生。水平运移一般通过渗透性碎屑岩从盆地的中心向外部运移。油气大多靠近盆地中心聚集，说明油气横向运移距离较短。Tra Cu和Tra Tan组主要的储层中油气的运移相对独立，通过储层裂缝，油气直接从相邻的成熟烃源岩运移到储层。研究表明，油气通过基底相关的张性断层和同沉积断层运移是盆地基本的垂向运移机制，同时也为油气从渐新世烃源岩运移到中新世碎屑岩储层做出了解释。油气通过上倾碎屑岩地层和储层风化带向上运移也为九龙次盆边界和昆山隆起储层中含油气做出了第二种解释。虽然基底中油气垂向的运移尚未可知，但是已发现基底1000m深有油气显示。碎屑岩和断层中油气的垂向运移被Bach Ho组上段海相页岩阻挡。同时，中新世或上新世的地层不整合中的晚中新世地层，Bien Dong组的玄武岩序列也为油气的垂向运移起到了区域封闭作用。

2. 南昆山次盆

1)含油气系统

南昆山次盆含油气系统的油气来源不止一个，和烃源岩相关的石油含有三种类型，即陆相油、湖相油和混合油。其中，陆相油来自始新世—渐新世Cau组和早中新世Dua组富含有机质的煤层和煤质页岩，有机质来自被子植物和裸子植物Ⅲ型干酪根以及数量有限的海藻和细菌等Ⅰ型干酪根，原油密度29°~50°API，含蜡1%~22%，低含硫(0.01%~0.084%)。湖相油来自Cau组和早中新世Dau组黏土岩。黏土岩丰富的有机质来自干净水域的海藻和细菌Ⅰ型干酪根，少量的高等植物被子植物和裸子植物Ⅲ型干酪根。原油密度11.5°~17.3°API，较低的蜡含量(0.8%~2.66%)，含硫0.2%。混合油来自湖相和河流—三角洲相的混合有机质。

成熟度模型显示，在3420m以下烃源岩处于成熟阶段，在3910~4120m烃源岩处于生油窗，在4210m以下烃源岩处于生湿气阶段。研究表明，在地堑和凹陷中心，石油主要在中中新世排出，气体排驱主要位于晚中新世至今(图2-53)。

南昆山次盆含油气系统储层包括断裂或风化的花岗岩类基底、Cau组上部和早中新世Dua组河流—三角洲相砂岩、中中新世Thong/Mang Cau组浅海相碎屑岩、礁相碳酸盐岩以及Nam Con Son组晚中新世浊积相砂岩。盖层主要是层内盖层和局部区域盖层，最早发现的区域盖层位于Bien Dong组。圈闭类型包括地垒不同挤压时期形成的褶皱圈闭、倾斜断块圈闭、翻转背斜圈闭、古地形高地上发育的碳酸盐岩礁相等岩性圈闭。盆地中发现的其他圈闭，还包括盆地深部浊积河道或者盆底扇岩性圈闭和基底低位体系域上倾地层尖灭圈闭。

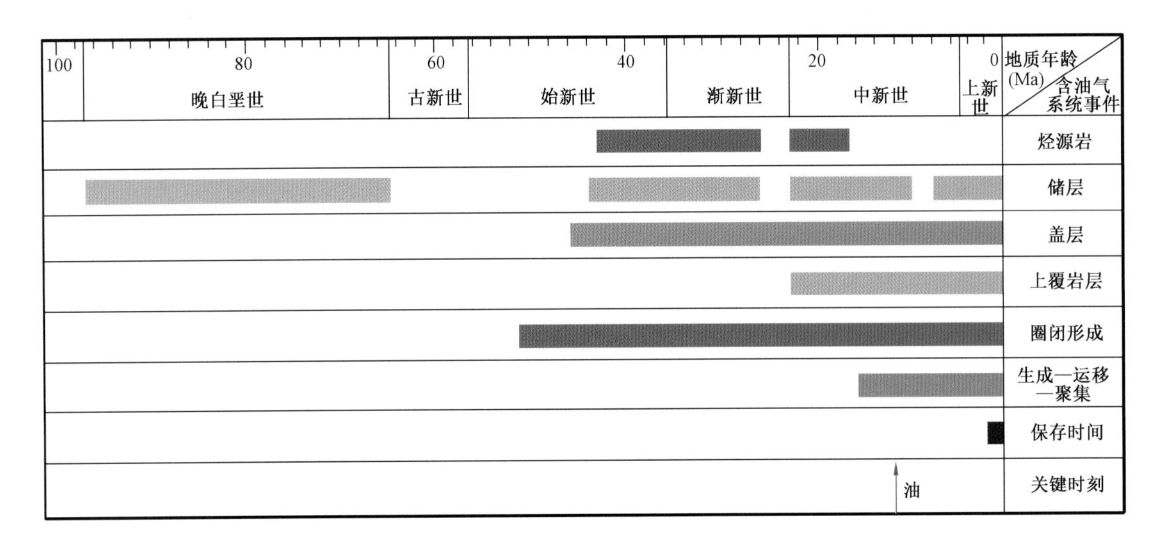

图 2-53　南昆山次盆白垩纪—中新世含油气系统事件图

2）油气的生成

前人关于南昆山次盆中油气生成，有几个不同的油气成熟模型。

第一种模型研究结果显示盆地大部分早中新世 Dua 组烃源岩层处于生气窗，有些地区可能处于生油窗。早渐新世烃源岩层在大约 8Ma 开始生油，晚期处于生成干气的阶段。石油的二次运移源自后期气体的生成导致油气的多项运移机制。

第二种模型研究结果显示在盆地中央和边缘或构造高部位，渐新世烃源岩油气生成时间存在较大的不同。在盆地中心，油气生成开始于渐新世，直到晚中新世（27—11Ma）。在盆地边缘，埋深只有 3～4km，油气生成于距今 9Ma，现今处于排驱阶段。

第三种模型研究结果显示 Dua 组油气的生成和排驱开始于“最近几百年”，较晚地层现今才开始进入生油窗。

但是，这三项研究结果都有一个共同的特点，那就是在深度 3420m 以下，烃源岩进入油气生成的成熟阶段，在 3910～4120m 之间，处于生油窗，在 4120m 以下，处于生湿气阶段。

因此从整体上来说，在地堑和盆地中心，石油主要在中中新世排出，气体在晚中新世开始生成。石油的排出是在初始裂谷时期之后，形成于第二次裂谷时期，并且和中中新世晚期到晚中新世早期地层的反转期有一部分重合，石油的排出时期恰逢构造高部位碳酸盐岩的生成。因此，较老的较深的圈闭大多被石油充填，碳酸盐岩地层多被气体充填。在第二次裂谷时期形成的圈闭也有可能含有天然气。

在地台高部位和强烈反转中心地层，可能在上新世—更新世发生石油的排出。但是，这次排出的石油的量远比早期排出的石油的量小。

3）圈闭特征

南昆山次盆共发育四套油气圈闭，其中主要圈闭类型是构造圈闭和岩性圈闭。前古近纪基底构造圈闭形成于古近纪（50—23.3Ma）；渐新世—中中新世构造圈闭形成于渐新世—中中新世（35.4—10.4Ma）；中中新世—上中新世圈闭包括岩性圈闭和构造圈闭，形成于中新世—上新世（10.4—1.64Ma）；上新世—更新世构造圈闭形成于上新世—更新世（4—0.01Ma）。

4)油气的运移

南昆山次盆初始运移主要通过油气运移通道和断层。在盆地中发现许多的区域盖层、局部区域盖层以及层内盖层。盖层下面延伸的砂岩和碳酸盐岩可能为油气运移提供通道。早期的烃类排驱可能发生在中中新世晚期和晚中新世早期,通过这些地层和有效的断层排出。油气可能通过毛细管作用垂向运移到附近的古构造区。

许多断层形成于二次裂谷时期,一直延伸到较晚形成的地层,并且可能作为油气的运移通道将油气运移到较晚形成的圈闭中。一些圈闭中可能含有石油,因为气体排驱较深部的石油,从而形成石油的三次运移,运移到较新地层中。

尽管从20世纪90年代开始已经有了很多重大的勘探发现,南昆山次盆勘探仍处于未成熟阶段,许多局部构造、精细复合构造部位和地层圈闭还有待勘探。在不久的将来,基底断层和上新世—更新世浊积岩圈闭将是勘探的主要目标。

现今勘探的最大风险在于找出中新世—渐新世已经结束生油窗的生油型干酪根的埋深。有机质成熟模型显示油气的排驱处于最初裂谷时期,伴随着第二次裂谷时期和构造反转时期,早于碳酸盐岩地层时期。因此,较老、地层较深的圈闭中应该含有油气,碳酸盐岩地层和较晚的地层中应该含有天然气。在碳酸盐岩地层和较晚的地层中勘探到天然气并投入生产,但是没有在较老、地层较深的圈闭中发现石油的聚集。这可能受二次裂谷时期和地层反转的影响,破坏了早期存在的圈闭的完整性。

但是,最近在较新地层中中新世地层碎屑岩中有重要的油气发现显示,表明早期油气经历了三次运移,也显示南昆山次盆上部存在很大的勘探潜力。

3. 油气成藏模式

油气藏的形成除了有生、储、盖基本配置条件外,还包括圈闭的形成及其与油气生成、运移的关系。在昆山—万安盆地,在盆地裂谷期形成了大量的烃源岩沉积中心;圈闭最初形成于同裂谷期(始新世—渐新世);在中中新世早期到晚中新世早期经历构造反转,形成了大量的褶皱和基底断裂,为油气运移提供通道。下渐新统烃源岩生烃后,油气除了在浮力作用下运移到上渐新统的砂岩储层中,在形成的构造背斜部聚集成藏,为典型的下生上储的成藏模式(图2-54)。同时生成的部分油气沿着基底断裂运移到基底花岗岩储层中,形成了上生下储的成藏模式。

在圈闭类型中岩性圈闭是昆山—万安盆地中重要的圈闭类型,对于泥岩中形成的“甜点”构造,生成的油气可以运移其中后由围岩的阻挡聚集成藏。由于昆山—万安盆地形成较多的构造圈闭与岩性圈闭等,且油气源供给充足,具有有利的储盖层配置,构成较完整的含气系统的条件,极易形成大中型油气田。

五、勘探潜力评价

1. 成藏组合划分

根据昆山—万安盆地含油气系统的储层和盖层等特征,将盆地划分为三个成藏组合,分别为:九龙次盆上白垩统—下渐新统构造—不整合成藏组合、九龙次盆上渐新统—上新统构造—岩性—不整合成藏组合和南昆山次盆上白垩统—上新统构造—岩性成藏组合。

1)九龙次盆

九龙次盆发育两套成藏组合,上白垩统—下渐新统构造—不整合成藏组合和上渐新统—

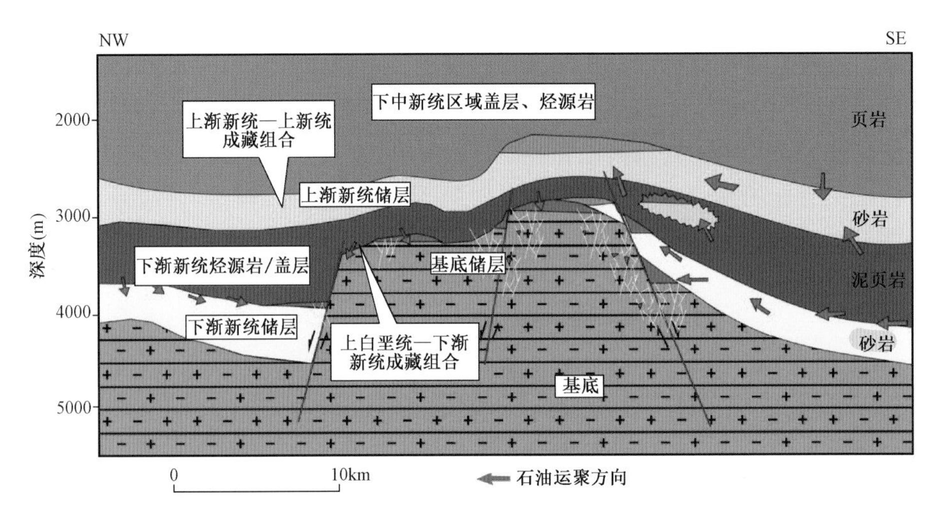

图 2-54　昆山—万安(九龙)盆地成藏模式

上新统构造—岩性—不整合成藏组合。其中上白垩统—下渐新统构造—不整合成藏组合包含了 Tra Cu 成藏组合和上白垩统—始新统成藏组合。上渐新统—上新统构造—岩性—不整合成藏组合包含已经识别出的次级成藏组合主要有 Con Son 成藏组合、Bach Ho 成藏组合、Tra Tan 成藏组合。大多数成藏组合圈闭类型包括基底和断层,断层的封闭性对圈闭的完整性都很重要。圈闭初始发育于同裂谷期(始新世—渐新世),在中中新世早期到晚中新世早期经历构造反转,晚中新世晚期发生区域沉降(图 2-55)。

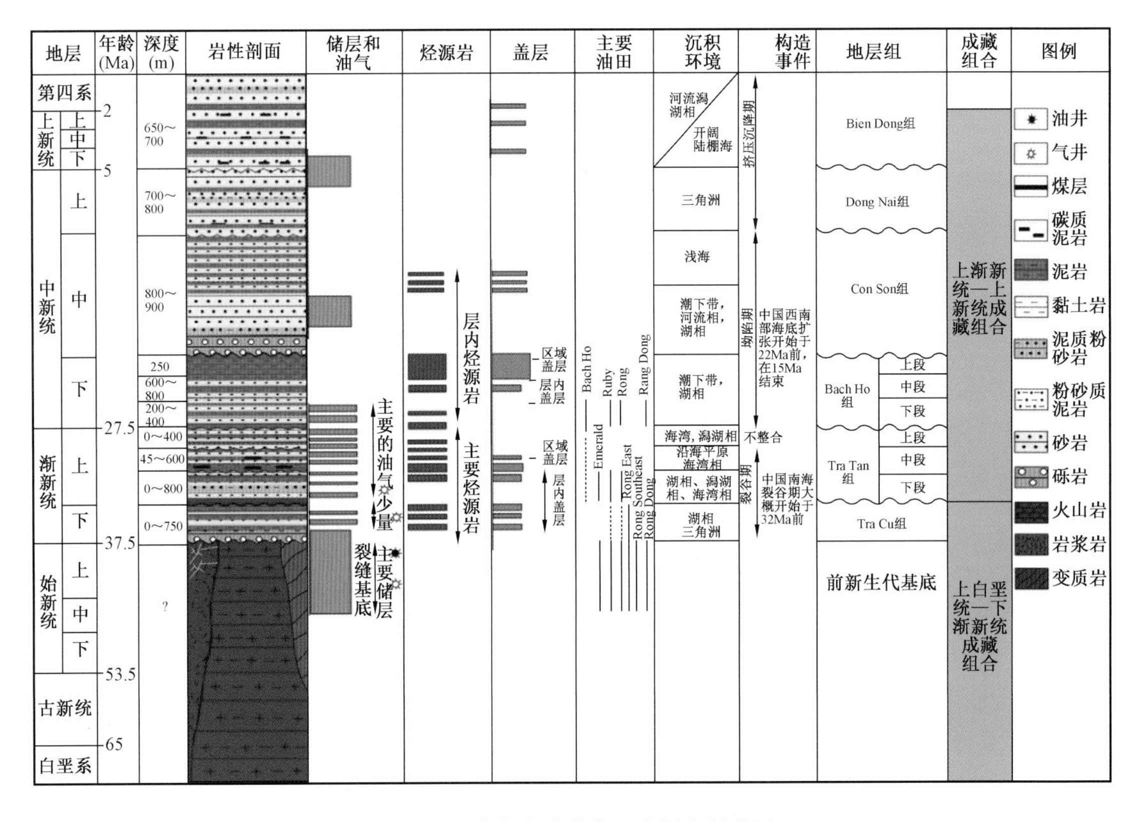

图 2-55　九龙次盆成藏组合纵向划分图

2)南昆山次盆

南昆山次盆划分为一个大的成藏组合:上白垩统—上新统构造—岩性成藏组合,该成藏组合包括四个被证实的次级成藏组合以及一个预测的次级成藏组合,从老到新分别是:含有中生代的破碎风化花岗岩的前古近系基底构造成藏组合;渐新世—中新世中期碎屑结构成藏组合,包括渐新世 Cau、早中新世 Dua 以及中中新世的 Thong 和 Mang Cau 地层(迄今为止大多数的油气发现都来源于这个成藏组合)。包含 Mang Cau 组以及上中新世 Nam Con Son 组地层中浊积河道砂岩储层的中—晚中新世构造成藏组合;包含 Mang Cau 和 Nam Con Son 组地层中碳酸盐岩建隆储层的中—晚中新世岩性成藏组合;预测的包含上新世至更新世 Bien Dong 地层中浊积岩和盆底扇砂岩储层的上新世至更新世的构造成藏组合(图 2-56)。

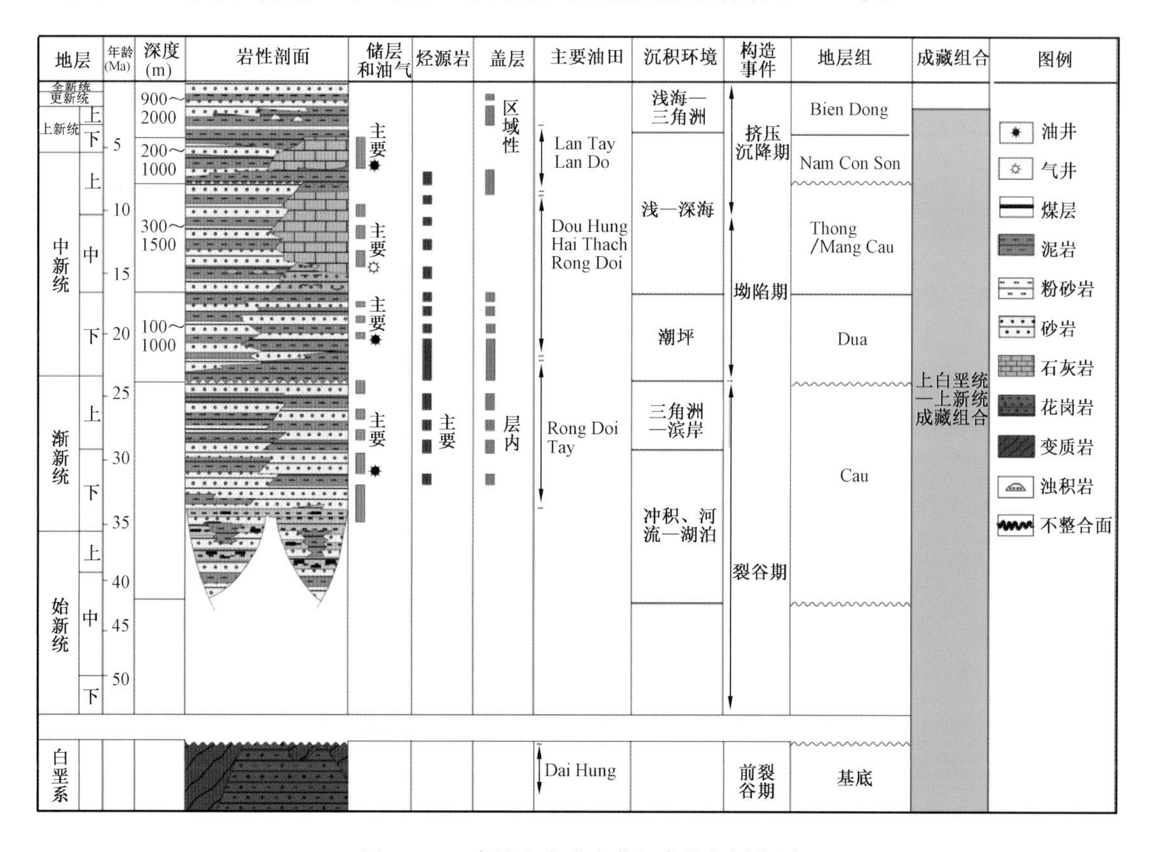

图 2-56　南昆山次盆成藏组合纵向划分图

九龙次盆两套成藏组合上白垩统—下渐新统成藏组合和上渐新统—上新统成藏组合主要分布在昆山—万安盆地北部,沿现今海岸线分布,即主要分布在冲积平原、扇三角洲、三角洲前缘、潮下带等形成的Ⅰ类储层发育区带和基底、潮间带、三角洲平原等形成的Ⅱ类储层发育区带。南昆山次盆上白垩统—上新统成藏组合分布在盆地中部和西南部,即主要分布在冲积平原、三角洲前缘、潮下带、生物礁、浊积扇等形成的Ⅰ类储层发育区带和基底、潮间带、三角洲平原、碳酸盐岩台地等形成的Ⅱ类储层发育区带和陆棚陆坡Ⅲ类储层发育区带(图 2-57)。

2. 成藏组合特征

1)九龙次盆成藏组合

(1)上白垩统—下渐新统构造—不整合成藏组合。

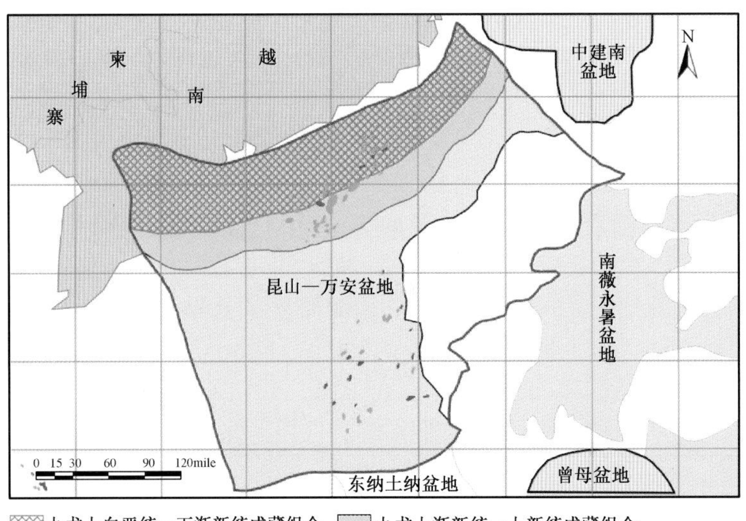

图 2－57　昆山—万安盆地成藏组合平面划分图

① 上白垩统—始新统构造—不整合成藏组合。

上白垩统—始新统构造—不整合成藏组合中已经发现 20 个油气藏，成藏组合的圈闭类型主要是构造—不整合圈闭。生储盖组合模式主要是上生下储式。这个成藏组合石油储量 27.1258×10^8bbl，占盆地石油储量 67%；天然气储量 2.7272×10^{12} ft^3，占盆地天然气储量 31%。

Bach Ho 油田和 Rong 油田中基底主要由 97Ma 到 178Ma 年的中侏罗世到中白垩世花岗岩、花岗闪长岩和石英花岗岩、酸性岩浆岩组成。钻井资料显示，部分花岗岩和花岗闪长岩发育于风化带中，碎裂岩、糜棱岩化带可达几百米厚，其中发育大量次生孔隙（如 Bach Ho 油田）。基底圈闭成为盆地已发现 2P 储量的最重要的储集空间。

本成藏组合中的圈闭形成于始新世，基底断裂开始发育第一阶段，大概在晚始新世，随后上始新统的碎屑岩和下渐新统 Tra Cu 组上覆于不整合面盖层。同裂谷沉积物与基底直接的横向联系为烃类从烃源岩到基底储层的运移提供了很好的通道。

② Tra Cu 成藏组合。

Tra Cu 成藏组合中已发现 6 个油气藏，该成藏组合中的圈闭类型主要是构造—不整合圈闭。生储盖组合模式主要是上生下储式。该成藏组合石油储量 5.03×10^8bbl，占盆地总石油储量的 12%；天然气储量 3.778×10^{12} ft^3，占盆地天然气储量的 44%。

该成藏组合位于 Rong 油田东部和 Bach Ho 油田，圈闭类型主要为下渐新统 Tra Cu 组碎屑岩披覆背斜。Tra Cu 组储层主要位于砂岩与泥岩互层的上部。该储层上覆地层为 Tra Cu 组黏土岩，或者储层上倾尖灭于 Tra Tan 组不整合和 Tra Tan 段典型的黏土岩。

（2）上渐新统—上新统构造—岩性—不整合成藏组合。

① Tra Tan 成藏组合。

Tra Tan 成藏组合中的圈闭类型主要是构造—岩性—不整合圈闭，生储盖组合模式主要是上生下储式。

（a）Tra Tan 岩性—构造成藏组合。Tra Tan 岩性—构造成藏组合中已发现 1 个油气藏，

Tra Tan 成藏组合是盆地中小型的成藏组合。储层主要位于 Tra Tan 组上部砂岩中。Tra Tan 下段和中段主要是黏土岩,2P 储量有限。储层主要发育于 Tra Tan 的顶部,盖层侧面密封来自 Tra Tan 组黏土岩。主要的地层封闭是背斜高点碎屑岩储层的上倾尖灭。这些背斜被正断层进一步分割形成构造圈闭。

(b)Tra Tan 构造成藏组合。Tra Tan 构造成藏组合已发现 6 个油气藏,为盆地的一个小型成藏组合。它主要发育在 Tra Tan 组上部砂岩较厚部位。由于 Tra Tan 下段和中段主要是黏土岩,潜在储量有限。Tra Tan 组上部储层平均厚度约为 8m。成藏组合主要位于 Rong 油田东部和 Ruby、Emerald 油田。主要圈闭包括广泛的背斜,这些背斜被交叉的正断层进一步分割形成构造圈闭。基底高部位 Tra Tan 组储层的披盖构造也是这个成藏组合常见的构造现象。

② Bach Ho 成藏组合。

Bach Ho 成藏组合中的圈闭类型主要是构造—岩性圈闭,生储盖组合模式主要是上生下储式。

(a)Bach Ho 岩性圈闭。Bach Ho 成藏组合中已发现 1 个油气藏,该成藏组合石油储量 2.6×10^{6}bbl,占盆地石油储量小于 1%;天然气储量 3.65×10^{9} bbl,占盆地天然气储量小于 1%。

该成藏组合主要发育于 Rong 油田。储层来自 Bach Ho 组薄的碎屑透镜体。储层上倾尖灭于基底隆起带和渐新世沉积物。储层有上 Bach Ho 组页岩形成的层内和区域盖层。砂岩透镜体上倾尖灭于渐新统和基底的黏土岩。

(b)Bach Ho 岩性—构造圈闭。Bach Ho 成藏组合中已发现 1 个岩性—构造圈闭,该成藏组合石油储量 7.75×10^{6}bbl,占盆地石油储量小于 1%;天然气储量 11.2×10^{9}bbl,占盆地天然气储量小于 1%。

该成藏组合主要发育于 Rong 油田。储层来自 Bach Ho 组薄的碎屑透镜体。主要圈闭类型为岩性—构造圈闭。岩性圈闭包括储层上倾尖灭于基底隆起带和渐新世沉积物。构造圈闭包括背斜被正断层分割形成的构造圈闭,这些断层可能形成于中中新世基底隆升和基底相关断层的再次活动过程中。这些断层为渐新世烃源岩油气的运移提供垂向运移通道。顶部盖层主要由 Bach Ho 组典型的厚层、区域广泛的海侵页岩形成。小范围盖层主要由互层页岩和黏土岩序列形成。侧向封闭是断层和砂岩上倾尖灭共同作用的结果。

(c)Bach Ho 构造圈闭。Bach Ho 成藏组合中已发现 21 个油气藏,该成藏组合石油储量 6.7463×10^{8}bbl,占盆地总百分数 17%;天然气储量 $1.54\times10^{12}ft^{3}$,占盆地总百分数 18%;凝析气储量 5×10^{6}bbl 油当量,占盆地总百分数 33%。

该成藏组合为盆地的一个小型成藏组合。储层以浅层中新世 Bach Ho 组,主要位于下部,Bach Ho 组泥岩和上覆 F. rotalia 页岩形成区域盖层。其主要的构造圈闭是早中新世盆地隆升形成的。在 Bach Ho 油田主要圈闭是由北北东走向的岩基地垒形成,这个地垒分为三大断块,并被 Bach Ho 组沉积物覆盖。在基底或者地垒高部构造沉积形成的背斜在 Rang Dong 油田,Rong 油田和 Ruby 油田也很常见。这种构造通常被基底相关正断层分割,这些断层通常形成构造封闭,但在部分区域也会成为油气垂向运移的通道。

(3)Con Son 成藏组合。

Con Son 成藏组合于 2007 年 6 月发现 1 个油气藏,其发现井为 Dong Do 1X 井,该井中新世 Con Son 组产能是 2500bbl/d。该成藏组合的圈闭类型主要是岩性圈闭,生储盖组合模式主要是上生下储式。该成藏组合石油储量 3.5×10^{6}bbl,占盆地石油储量小于 1%。

2)南昆山次盆上白垩统—上新统成藏组合

南昆山次盆上白垩统—上新统成藏组合,内部可以划分出若干小型成藏组合,各自特征如下:

(1)上白垩统基底构造成藏组合。

上白垩统基底构成藏组合中已发现2个油气藏,凝析油储量 1.2×10^{6}bbl,占盆地凝析油储量少于1%;天然气储量 47×10^{9}bbl,占盆地天然气储量少于1%。

(2)渐新统—中中新统构造—岩性成藏组合。

渐新统—中中新统构造—岩性成藏组合中已发现21个油气藏,石油储量 3.30×10^{8}bbl,占盆地石油储量83%;凝析油储量 1.15×10^{8}bbl,占盆地总量45%;天然气储量 $3.38\times10^{12}ft^{3}$,占盆地总量42%。

盆地现今最大的油气发现来自于这个成藏组合。储层来自始新世—渐新世Cau组和早中新世Dua组,为盆地分布最广的储层。中中新世Thong组和Mang Cau组河流相碎屑岩和浅海相砂岩和泥岩。

(3)中—上中新统地层成藏组合。

中—上中新统地层成藏组合中已发现4个油气藏,石油储量 1.5×10^{6}bbl,占盆地石油储量少于1%;凝析油储量 0.14×10^{8}bbl,占盆地凝析油储量5%;天然气储量 $2.079\times10^{12}ft^{3}$,占盆地天然气储量26%。

该成藏组合中的中中新世Mang Cau组和晚中新世Nam Con Son组储层包括碳酸盐岩地层。圈闭类型是地层圈闭,油气来自Cau组和Dua组含煤层烃源岩。大部分的圈闭发育在Nam Con Son组生物礁相灰岩中,且发育于构造高部位。碳酸盐岩地台发育在盆地边界,泥岩和致密碳酸盐岩作为盖层,Mang Cau组很有可能发育碳酸盐岩圈闭。

(4)中—上中新统构造成藏组合。

中—上中新统构造成藏组合中已发现5个油气藏,石油储量 0.65×10^{8}bbl,占盆地总石油储量16%;凝析油储量 1.26×10^{8}bbl,占盆地凝析油储量49%;天然气储量 $2.61\times10^{12}ft^{3}$,占盆地天然气储量32%。

该成藏组合中的储层主要是中中新世Thong组或Mang Cau组和晚中新世Nam Con Son组的浊积河道砂岩。圈闭以晚中新世发育的断块圈闭为主,油气来源于Cau组和Dua组煤质烃源岩,盆地层内页岩为盖层。

圈闭主要封存来自Cau组和Dau组煤质烃源岩的油气。圈闭主要受基底构造运动影响,中始新世至渐新世盆地初始裂谷期形成北东—南西向和南—北向的断裂系统,而圈闭形成于此断裂系统。圈闭类型包括不同挤压时期形成的褶皱、倾斜断块和反转背斜。至今最重要的发现来自南昆山次盆Dai Hung组基底高部位褶皱。圈闭可能发育叠置储层,比如Dai Hung组与Dua组砂岩叠置,Dua组砂岩又被Thong组和Mang Cau组钙质砂岩覆盖。

盖层主要是层内盖层,而Dua组和南昆山泥岩可能作为局部区域盖层,覆盖Dua组、Thong组和Mang Cau组地层。

断层相关构造圈闭的油气主要来自Cau组和Dau组煤质烃源岩。最好的储层发育于基底上部风化和断裂的花岗岩。最常见的圈闭来自构造高部位花岗岩类火成岩的侵入,其上部受到风化和断裂作用。中始新世至渐新世盆地初始裂谷期形成北东—南西向和南—北向的断裂系统，而圈闭形成于此断裂系统。

基底储层被 Cau 组或 Dau 组的泥岩和黏土岩覆盖，同时 Cau 组或 Dau 组的泥岩和黏土岩也是重要的烃源岩。

3. 勘探潜力评价

盆地内共划分 2 个成藏组合，发现油气藏 38 个，采用发现过程法对昆山—万安盆地的 2 个成藏组合进行了计算，待发现资源量为 228.51×10^8bbl 油当量（表 2－1）。

表 2－1　昆山—万安盆地待发现资源量表

盆地名称		成藏组合	石油（10^8bbl）	凝析油（10^8bbl）	天然气（$10^{12}ft^3$）	待发现油气当量（10^8bbl）
昆山—万安盆地	南昆山次盆	上白垩—上新统成藏组合	23.84	3.87	14.46	52.65
	九龙次盆	上渐新统—上新统成藏组合	123.13	14.49	4.20	144.86
		上白垩—下渐新统成藏组合	26.35	3.10	0.90	31.00
	小计		173.32	21.46	19.56	228.51

在盆地岩相古地理、烃源岩、储层、盖层和油气保存状况等综合研究的基础上，预测出昆山—万安盆地油气勘探有利区带（图 2－58），可划分为 2 类油气勘探有利区带。

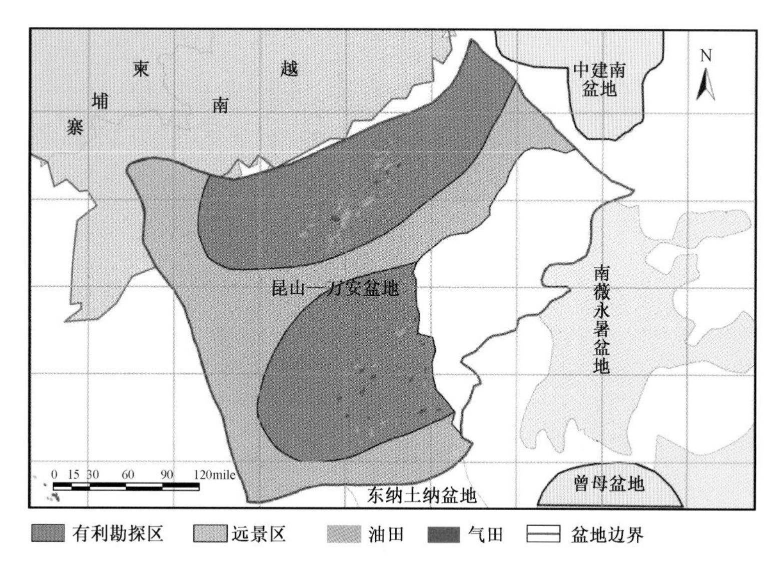

图 2－58　昆山—万安盆地油气勘探有利区分布

1）有利勘探区

烃源岩、储层、区域盖层均发育，油气保存条件好，这类地区为最有利的油气勘探地区。九龙次盆中部、南部和南昆山次盆中部和中西部地区等属此类勘探区。

九龙次盆中部、南部油气生储盖配置良好。九龙次盆烃源岩主要为渐新统暗色泥岩、黏土岩，累计厚度在 100～600m 以上，均为潜在的优质烃源岩；储层由上白垩统—始新统基底多裂缝火山岩以及上渐新统—上新统的三角洲前缘、潮下带砂岩层组成;盆地下渐新统和部分下中新统的泥岩为直接盖层。上渐新统和部分下中新统的泥岩为区域盖层。在九龙次盆这些区域已发现38个油气田,并均已建起油气工业基地。无论在沉积期生成和储存油气的性能上,还是沉积期后保存油气的条件上,该区是昆山—万安盆地继续发现新油气田的有利勘探领域。

南昆山次盆中部和中西部地区生储盖配置良好。烃源岩主要为渐新统暗色泥岩、黏土岩和中—上中新统暗色泥岩、黏土岩和暗色碳酸盐岩,累计厚度在200~800m以上,均为潜在的优质烃源岩;储层主要为上渐新统—下中新统的三角洲前缘和潮下带砂岩,中中新统台地碳酸盐岩、潮下带砂岩、浊积扇相浊积砂岩和上中新统三角洲前缘砂岩、浊积水道相浊积砂岩、生物礁灰岩等;盆地渐新统和中新统的泥岩为直接盖层。上新统泥岩为区域盖层。在南昆山次盆这些地区已发现25个油气田,并均已建起油气工业基地。优越的油气成藏条件决定了该地区是昆山—万安盆地继续发现新油气田的重要油气勘探开发区。

2)较有利勘探区

烃源岩、储层、区域盖层均较发育,保存条件亦较好。但是烃源岩厚度比好勘探区的薄、储层物性条件比好勘探区的稍差。九龙次盆西部和昆山隆起以及南昆山次盆的西部、最南部属此类勘探区。

昆山—万安盆地较有利勘探区的烃源岩主要为中—上中新统暗色泥岩、黏土岩和暗色碳酸盐岩,储层主要为渐新统三角洲平原砂岩、中—上中新统陆棚陆坡砂岩;九龙次盆的上渐新统—下中新统发育区域盖层,南昆山次盆上新统发育区域盖层,该区尚未发现油气田。这些地区油气生储盖条件和油气保存条件均较好,但是烃源岩厚度较薄,储层物性相对较差,具有一定油气勘探前景。

第三节　湄南盆地油气地质

一、油气勘探开发概况

1. 彭世洛次盆

1979年,在泰国第六次油气勘探招标中,彭世洛次盆S1和S2特许区块被授权给壳牌石油公司,揭开了彭世洛次盆油气勘探的序幕。此后,壳牌一直是该盆地勘探的主要参与者,直至2003年退出彭世洛次盆上游业务。在1982年的第二次野猫井钻探中发现了诗琳通(Sirikit)油田,它是最大、产量最多的油田。此后,到2004年中期,又钻了105口勘探井(包括野猫井和评价井),其中有95口井是壳牌公司单独钻探的。Sirikit油田2P储量达2.40×10^8bbl油当量,此后所有新发现的油田规模都很小,2P储量很少有超过1×10^6bbl油当量的。

在1981年第一口野猫井开钻之前,在S1区块已经有二维地震测线2350km,1981年6—9月,在盆地中北部的断背斜远景区钻了第一口野猫井Pratu Tao A01井,井深3609m。试井过程中由中新统砂岩日产油600bbl,石油密度31°API,外加天然气$2\times10^6ft^3$,最初认为是没有商业价值的,但1990年投入开发并具产能。

从1981年9月到12月,第二口野猫井Lan Krabu A01井钻至1957m深,发现了Sirikit油田。它钻在古构造高点,位于Prato Tao A01井向南大约26km的位置。Lan Krabu A01井的产层是上渐新统至中中新统Lan Krabu组三个小层,经测试产量达到5450bbl/d,原油密度40°。

此后陆续钻了六口井，在1982年经油气资源评价后，1983年1月正式投产。油田原始石油地质储量（OIIP）是2.90×10^8bbl油当量，最终2P储量是0.36×10^8bbl油当量。

1983年4月，在第9次招标会上，Major Grable Federal Oil Crop获得了5500km^{2}的MGF1区块特许权，它与S1区块相邻，位于它的西部。1984年1月，一个以北环国际实业股份有限公司为首的集团收购了该区块，并改名为NCⅡ。从1984年到1993年，该公司采集了二维地震测线1140km，完成了734km^{2}三维地震勘探，并钻了6口探井，由此发现了Bung Ya1（1984年）和Bung Muang1（1987年）两个油田，它们相隔不远，位于壳牌石油Sirikit油田西北方向10km处。在1993年，中国石油天然气集团公司（CNPC）的下属公司中美分公司收购了NCⅡ区块，并改名为NC。

1985年10月，PTTEP公司在S1区块获得25%的股份，实行了勘探和评价工作。1986年12月，BP公司在BP2区块钻了三口基准井，部分覆盖了彭世洛次盆的南端。1990年壳牌石油公司在S1区块又钻了超过65口探井，因此在Sirikit油田周围发现了10个小的卫星油气田，它们的2P储量都不超过1×10^6bbl油当量，但在Sirikit West和Bung Muang油田2P储量分别为1.5×10^6bbl油当量、1.3×10^6bbl油当量，这期间对Sirikit油田也做了进一步评价，储量有所增长。一直以来勘探活动都是基于二维地震资料，但是三维地震资料很好地解释了盆地复杂的断层模式。截至1990年壳牌石油公司采集了近19000km的二维地震测线。

1983年在Sirikit油田实施了第一次三维地震勘探，覆盖面积255km^2，次年，在Pratu Tao区域又覆盖面积430km^2，1988年S1区块北部Lam Khun区域覆盖80km^2，1994年在Sirikit油田东部更大范围的三维地震勘探完成面积180km^2，2000—2001年在Sirikit和Pratu Tao区间的空白区采集了500km^{2}的三维地震资料。

20世纪90年代在S1区块钻了15口探井，大多是新油气层探井，由此发现了两个油气远景区（图2－59）。第一个是前古近纪古潜山由古近—新近系湖相泥岩覆盖，它是在Sirikit油田于1900—1991年间由Lan Krabu F－15井发现的，之后这一区域原有井的深化评价并不理想，原因是对于3000m以下地层的地震资料不够精细。第二个是在中中新统Pratu Tao组浅部发现的，随后1998年在Lan Krabu D－13井射孔、试井结果日产1450bbl油当量，之后进一步评价使Sirikit油田的储量增加到8.00×10^8bbl油当量。除了这两个油气发现之后，1998年在Main Sirikit油田西北部Nong Makhaam C－01井发现了唯一的重要油气田。2000—2001年，在未钻探的较远区由包括4口野猫井在内的5口探井钻成，Naon Pluang A－1井和Wat Taen B－01井都有少量油气发现。

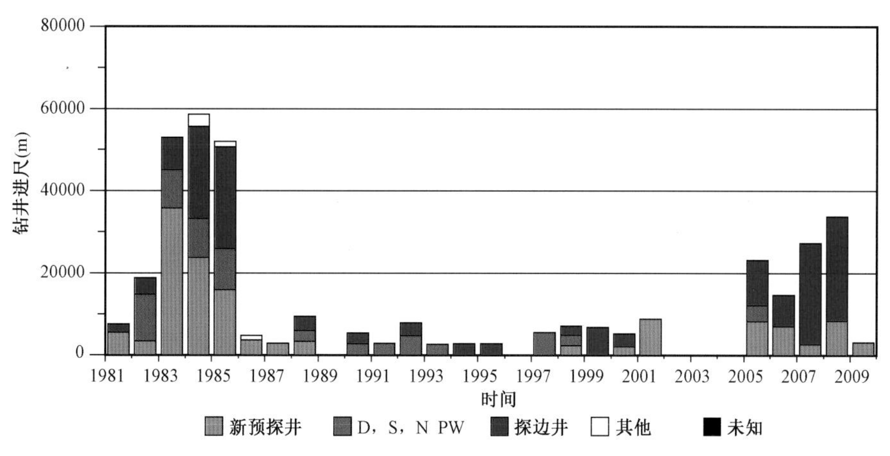

图2－59　彭世洛次盆探井钻探历史

Sirikit 油田和周围的边际油田到 2003 年末已经产油 1.47×10^{8}bbl、产天然气 $3430\times10^{8}ft^{3}$，自 1985 年以来石油产能一直保持在 2×10^{4}bbl/d、天然气产能保持在 $0.40\times10^{8}ft^{3}$/d，注水开发对于二次采油不太成功（图 2-60 和图 2-61）。最新的加密井钻探已经发现储层压力的急速骤减，2004 年产能已降至石油 1.70×10^{4}bbl/d、天然气 $0.55\times10^{8}ft^{3}$/d。1981—1982 年，壳牌石油公司在 Sirikit 油田产油 35100bbl。该油田的商业生产始于 1983 年 1 月，初期产能 5000bbl/d，所产原油名为 Phet，进一步的油气评价表明已有的地质模型是不充分的，需要通过更多调查研究来优化。1983—1984 年进行了三维地震勘探确认了油田南部和东南部的范围，由于油田以溶解气驱为主，所以起初的开发都是依靠加密井网，接下来在 1985—1986 年钻了大量开发井，使产量稳定在油 2×10^{4}bbl/d、气 $0.3\times10^{8}ft^{3}$/d。

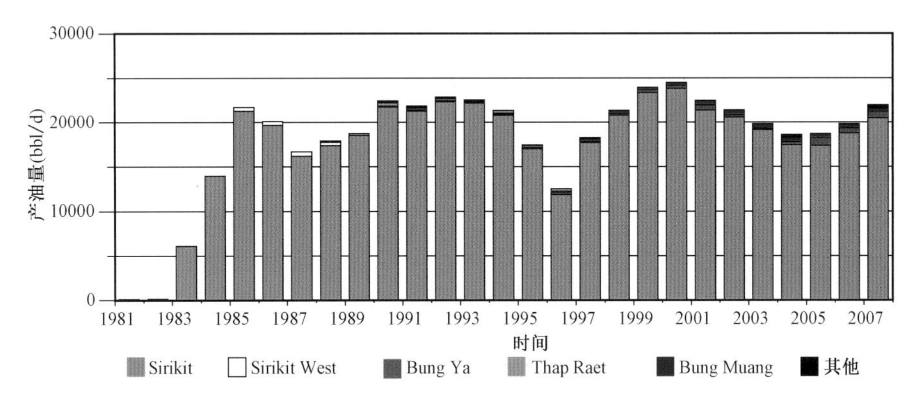

图 2-60　彭世洛次盆历年产油量统计

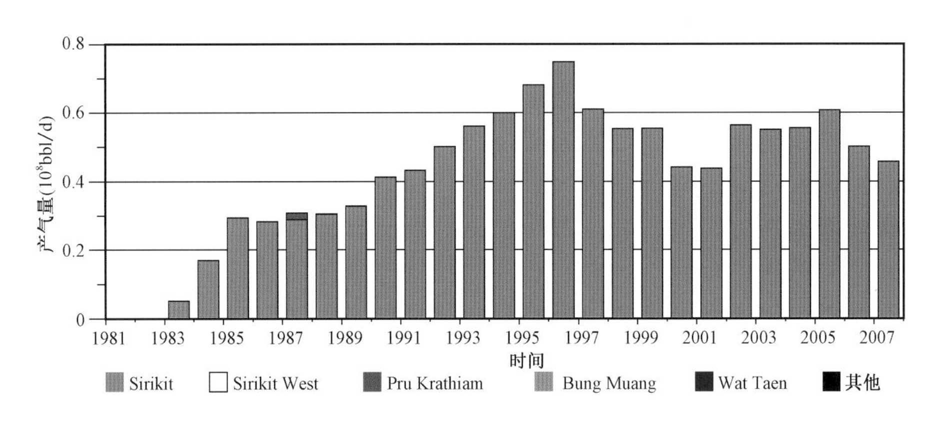

图 2-61　彭世洛次盆历年产气量统计

1986—1987 年由于油价持续走低，开发活动有所放缓，但整体没有多大影响，仅有部分推迟。Sirikit 油田在 1988 年又开始井网加密，到 1991 年已有 60 口加密井，1992 年由此达到产能峰值 2.22×10^{4}bbl/d，1991 年在 Lan Krabu F-15 井前古近系基底中有油气发现引发了对新油气区带的评价和开发。但对老井的深度开发不太成功，唯一的生产井 Lan Krabu F-15 井到 2001 年末产量为 1.2×10^{6}bbl，在 S1 区块通过井网加密和幕式开发使产能稳定在油 2×10^{4}bbl/d、气 $0.4\times10^{8}ft^{3}$/d。盆地第一口开发井 Pratu Tao1 井起初由于低渗透地层被定为无商业价值，但之后在 Wat Taen 和 Nong Tum 却成为商业油气生产区，开发成本 500000 美元，一个 $2km^{2}$的产区于 1989 年 3 月 24 日出租，1990 年 1 月正式投产。1991 年 9 月 NC Ⅱ 区块中北部的 Bung Muang 和 Bung Ya 油田以产量 550bbl/d 投产，1993 年 4 月，CNPC 下属公司接收该区块并改名为 NC，在几口评价井之后马上开始开发，至 2004 年在两个油田共钻了 30 口开发井，平均每年 2 ~ 6 口，产量为 960bbl/d。1993 年 Sirikit 油田产能开始下降，酸化增产开始实施并在之后几年适度持续。尽管采取了增产措施，但产量持续下降，所以随后的开发方案以注水开发作为二次采油技术来维持产率。一项试验区注水驱油试验 1996 年在 Sirikit 油田东侧开始实施，但由于注水井的供应能力欠缺，方案可行性难度较大，注水量远少于计划注水量，储层压力也很低。泰国第一口水平井 Lank Krabu F - 16 井钻于 1996 年，用于评估在 Sirikit 油田水平井的可行性，这口井水平段超过 1300m，但因为 Lan Krabu 组储层的净毛比太低而不太理想，在射孔的 260m 水平段中只有 700bbl/d 的产量，最终决定水平井在 Sirikit 油田不适用。注水驱油试验失败之后产量继续下降至低于 2×10^4bbl/d，1998 年大范围的加密井重新开始。

1998—2001 年间 Sirikit 油田共有 46 口井、Sirikit West 和 Thap Raet 油田 30 口钻成，这些井主要用于开发新发现的中中新统 Prato Tao 组浅部储层，产量上升到 2×10^4bbl/d，2000 年达到了产量高峰，产油 2.3×10^4bbl/d、气 0.44×10^8ft^3/d，这些油气有近一半是产自 Sirikit West 和 Thap Raet 油田的中中新统储层（图 2 - 60 和图 2 - 61）。2000—2001 年的钻井显示压力耗尽，比老井更快的产量下降，说明中中新统储层范围有限。2002—2003 年，在 Sirikit 油田、Nong Makham 油田、Pratu Tao 油田、Sirikit West 油田、Nong Tum 油田和 Thap Raet 油田钻了 40 口开发井，在中中新统 Pratu Tao 组储层应用阶段注水来提高产量，这也是壳牌石油公司退出泰国上游业务之前的最后一次钻探活动。PTTEP 公司在取得壳牌石油 S1 区块 75% 的收益之后，2004 年就开始钻了 2 口评价井和 9 口开发井，并表示在接下来的五年内预计投资 1 亿美元在 Sirikit 油田和周围的边际油田恢复下降的产量，2004 年中期的产量是产油 1.8×10^4bbl/d、气 0.55×10^8ft^3/d。

2. 湄南次盆

湄南次盆属于典型的三季节亚热带气候环境，分别是 5 至 10 月的雨季、11 月至来年 2 月寒冷的冬季和 3 至 5 月干燥高温的夏季。温度浮动范围从 2 月份最低 10℃ 到 4 月最高 32℃。

湄南次盆包含一系列低能量湖盆沉积环境主导下的岩相变化受限的半地堑，特别是在盆地中心，储层的岩相包括环绕着湖泊发育的三角洲、扇三角洲和冲积扇等，湖岸线垂向和平面展布受制于构造变化事件和气候循环，所以对于盆地构造演化的正确理解和详细解释将是油气勘探成功的关键所在。

湄南次盆以沿盆地两翼含砂序列到盆地中心含泥序列的岩相快速过渡为标志性特征。盆地西翼、东翼及中心都有各自不同的勘探潜力及风险。西翼拥有最大的构造，然而主要的风险是其盖层及与半地堑中心成熟烃源岩的距离。盆地中心勘探风险主要是储层质量，东翼的岩相复杂但拥有较好的构造条件，现已被确定为油气勘探最有利区块，然而后期发现储层难以预测且并未广泛发育。到 2005 年 11 月，有大约 10 ~ 12 口井完钻，钻探结果显示 Suphan Buri 和 Kamphaeng Saen 两个半地堑中心存在有效烃源岩，且它们的东西两翼均有少量原油聚集。东翼有很好的上部盖层，提供了未来勘探活动中可预见的广泛的储层。

尽管湄南次盆的油气勘探于 1967 年就已开始，但大规模的勘探活动是 1985—1989 年期间由 BP 石油公司进行的（图 2 - 62）。BP 石油公司对次盆中的近代的几个半地堑内的泛滥平原沉积进行了研究并进行了油气测试。勘探发现了两个小型商业油田，分别是 Neung 油田（位于 Kamphaeng Saen）和 Sawng 油田（位于 U Thong）。

湄南次盆的油气勘探初期，当时海湾地区石油被认为是属于围绕曼谷的含油区，BP 石油公司着手进行了详细的地震勘探地质调查并完钻四口浅层井，1969—1974 年间初探井 Wat - Sala Daeng1（垂深 1859m）显示为干井，该区块最终与 1976 年被放弃。1979 年，壳牌石油公司在泰国第六轮的投标中获得 S1 和 S2 区块的勘探许可，面积大约每个 10000km^2，S1 区块几乎

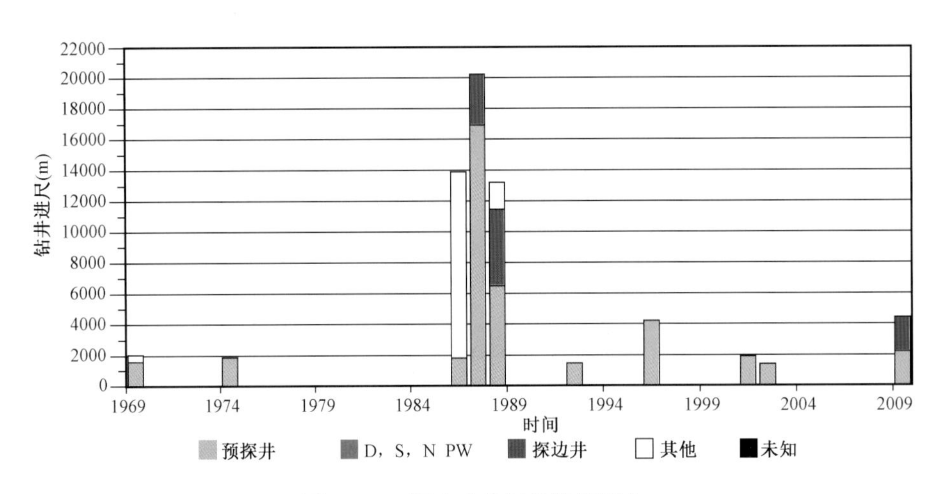

图 2－62　湄南次盆探井钻探历史

涵盖了整个 Phitsanulok 盆地北部，S2 区块涵盖了湄南盆地偏南的北半部分。壳牌石油公司在进行了一系列地质、地磁和地震的调查之后于 1982 年放弃了 S2 区块。BP 石油公司在 1985 年 2 月和 12 月分别获得了 BP1 区块(第 11 轮投标)和 BP2 区块(第 12 轮投标)，BP 石油公司随即公布了在两个联合面积大约 20000km^2 的区块内的积极的勘探计划，包括整个湄南盆地，BP2 区块于 1988 年 12 月被放弃。

1985—1989 年期间，BP 石油公司获取了总计测线长度 4600km 的二维地震资料并完钻约 40 口井，其中 23 口为浅层水井，5 口深层参数井，10 口初探井和两口评价井。该公司研究了几个半地堑，包括 Lad Yao、Sing Buri、Suphan Buri、Kamphaeng Saen、Ayutthaya 和 Thon Buri，近代的冲积层之下，两个分别被命名为 Neung 和 Sawng 的油田被发现。其中 Neung 油田位于 Kamphaeng Saen 半地堑而 Sawng(U Thong)油田处于 Suphan Buri 半地堑内。其他的地堑发现不含油，因为在盆地演化早期，缺乏深水稳定湖盆所沉积的有效泥质沉积物构成的烃源岩。

次盆中的 Kamphaeng Sean 和 Suphan Buri 半地堑都与西部边界断层有关，表现为弱水动力条件下良好的分层沉积和连续的泥岩段。剩下的半地堑与东部边界断层有关，断层被与泥岩间断存在的分选较差的河道砂和砾岩充填。研究显示西部半地堑存在发育较好的湖相泥岩序列，其足够的埋深为原油生成提供了条件。相比起来东部的半地堑缺少这样的有效烃源岩潜力的岩相序列。

BP 在 1992 年 12 月钻探了其最新的 BP－113 勘探井。该井钻探到垂深为 1425m 后仍然显示为干井故被放弃。它可能是针对 Suphan Buri 半地堑东北区域内地层成藏组合的一次钻探。

1994 年 7 月 1 日起，泰国国家石油公司获得 BP1 区块的所有权，并把该区块更名为 PTTEP1，随后 Kamphaeng Saen 和 U Thong 油田分别更名为 Neung 和 Sawng 油田。泰国国家石油公司在该区块钻探了 2 口井但都失败，随着区块的变化和续签，在 2001 年 PTTEP1 区块覆盖面积最终变为 21.28km^2。

2001 年 12 月至 2002 年 1 月，泰国国家石油公司钻探了名为 Sang Kajai 1(SKJ 1)的初探井，位于 Sawng(U Thong)油田北部约 4km 的地方。该井钻穿预测的中中新统砂岩储层，除了该井(SKJ 1)2002 年 2 月射孔后作为产油井且该油田 2002 年 6 月投入生产外，没有其他关于该井的更为详细的资料。2004 年 2 月 21 日，泰国国家石油公司获得 L53/43 和 L54/43 勘探区块，覆盖面积分别为 3968km^2 及 3987km^2。L53/43 区块围绕着 PTTEP1 区块，L54/43 区块处于 L53/43 区块东边，与其非常临近。

2005 年 6 月 1 日，泰国政府的第十九轮招标提供了 82 个岸上区块及 5 个海上区块，分别是位于湄南次盆南部区域的 L53/48 至 L56/48 区块及 L60/48 区块。

在泰国的石油公司都相当重视湄南次盆的油气勘探与开发工作。1991 年的 7—8 月，在一个把发现井和评价井完善成为生产井的试点开发项目指导下，BP 购买了 Neung(Kamphaeng Saen)和 Sawng(U Thong)两个正在运转的油田。在该项目的指导下，位于 Neung(Kamphaeng Saen)油田的开发井(BP－101)及位于 Sawng(U Thong)油田的开发井(BP－103)和评价井(BP－107)被改造成为生产井。到 1996，两个油田继续生产，达到或超过联合产出为大约 1200bbl/d 的目标。随后产量开始逐渐下滑。在 1989 年新的立法条例(Thailand Ⅲ)下这是非常经济的。BP 同时成为首个该法案下获得勘探开发特权的石油公司。

1994 年中期 BP 撤出后，泰国国家石油公司接管了这两个油田，Sawng(U Thong)油田在 1996 年产量在开始逐渐下滑，产量低于 900bbl/d，同时，Neung(Kamphaeng Saen)油田仅有一口井运作，产油 100～180bbl/d，1994 年开始产量递减到 2005 年中期只有 25bbl/d。1998 年 2 月，泰国国家石油公司开展了覆盖面积约 40km^2 的三维地震勘探，涵盖了以上的两个油田。随后，在 1999—2000 年期间，该公司完钻了名为 U Thong West 1 的评价开发井和三口位于 Sawng(U Thong)油田的开发井，即 U Thong 17/D5 到 D7 开发井。钻探活动帮助油田在 2001 年产量提升到 600bbl/d，之后，产量又呈现逐年递减，2005 年减少到 300bbl/d(图 2－63)。

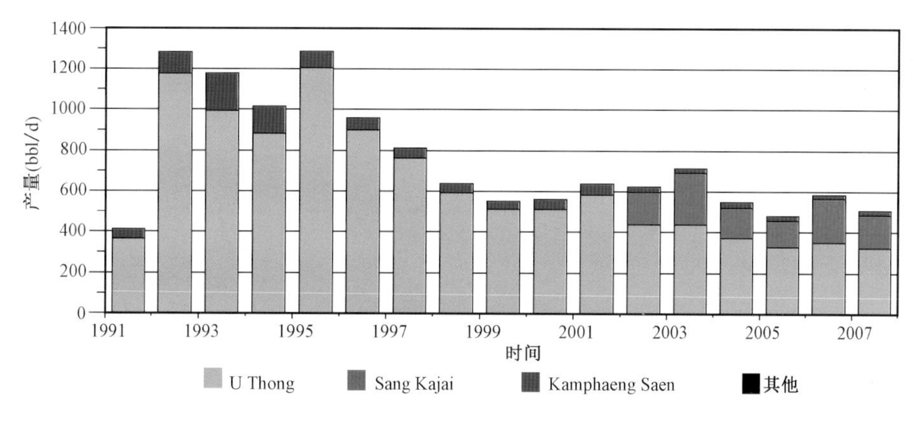

图 2－63　湄南次盆历年产油量统计

2002 年 6 月泰国国家石油公司买下运营中产量为 156bbl/d 的 Sang Kajai 油田，该油田 2002 年 6 月由垂深为 1902m 的 SKJ－IX 初探井发现，该井钻穿预测存在的中中新统砂岩储层。随后，2 月该井在 1864m 垂深处完成射孔并产油。

二、烃源岩

1. 彭世洛次盆

彭世洛次盆的主要烃源岩是上渐新统到中中新统 Chum Saeng 组富含有机质的湖相黏土岩，主要分布在彭世洛南部区域，即半深湖—深湖环境，基本上占据了湖盆中心，该烃源岩干酪根类型为Ⅱ型和Ⅲ型(图 2－64 和表 2－2)。在 Lan Krabu 组中河湖三角洲和湖泊边缘的黏土岩虽然也有较大的烃源岩潜力，但相对来说不甚重要。与湖相烃源岩相比，河湖相烃源岩具有较低的总有机碳含量(TOC)，较少的藻类成分和较高的镜质组反射率值(R_o)，而煤质边缘的沼泽烃源岩则具高 TOC 和高镜质组反射率值(图 2－65)。

图 2-64 湄南盆地烃源岩平面分布图

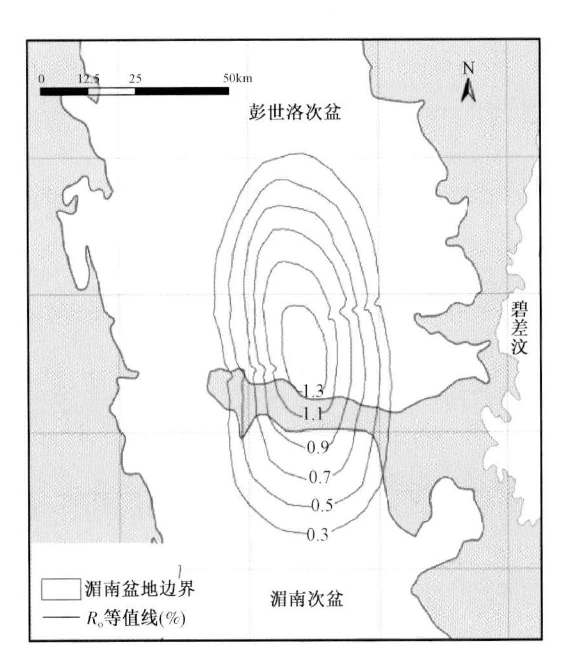

图 2-65 湄南盆地烃源岩 R_o 等值线图

表 2-2 彭世洛次盆烃源岩层表

烃源岩	岩性	年代地层
Chum Saeng 组	沥青黏土	上夏特阶—下兰哥阶
Phitsanulok 群	煤质黏土、沥青黏土	下夏特阶—全新统

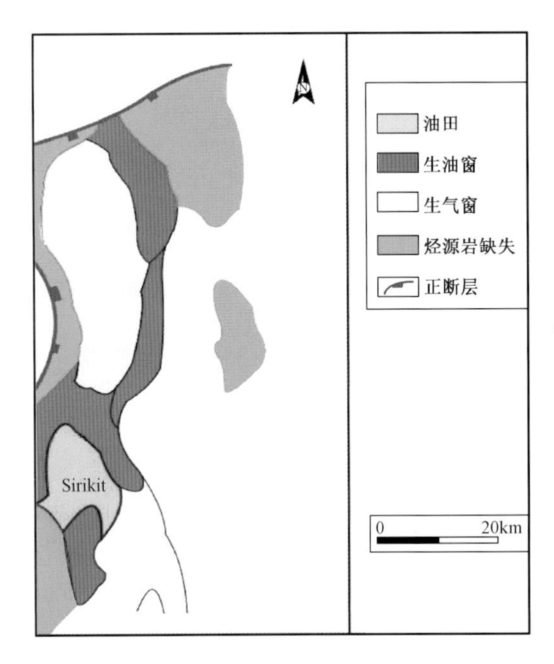

图 2-66 彭世洛次盆西北部上渐新统—中中新统 Chum Saeng 组烃源岩成熟度分布图

Chum Saeng 组(上渐新统至中中新统)是彭世洛次盆的主要烃源岩,岩性为富有机质的湖相黏土岩,形成于渐新世至中新世。烃源岩既包含Ⅱ型、Ⅲ型干酪根,还包含腐殖质,TOC 含量为 1.1% ~42%(图 2-66)。这类湖相烃源岩来源于藻类、细菌和高等植物有机物混合物。该层位优质的湖相烃源岩厚度普遍达到 400m,在素可泰坳陷甚至可以厚达 1000m。这类烃源岩油气产率可高达 $170kg/m^2$,平均值为 20 ~ $40kg/m^2$(图 2-67)。

这些烃源岩在彭世洛次盆已经规模化产出轻质(40°API)、含蜡、低硫、高凝石油。另外,在埋深浅于 1200m 的储层富集有重质(8° ~23°API)的生物降解油。

2. 湄南次盆

湄南次盆主要的烃源岩是上渐新统—下中新统湖相泥岩(图 2-68),总有机碳含量

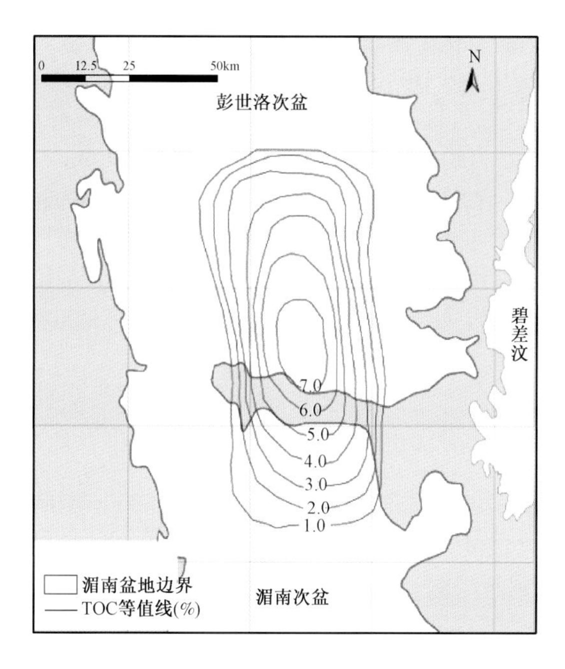

图 2-67　湄南盆地烃源岩 TOC 等值线图

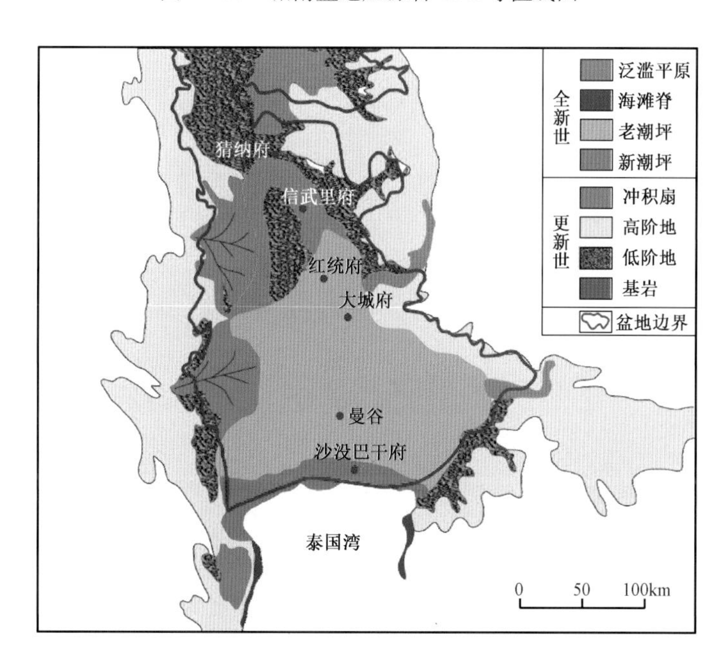

图 2-68　湄南次盆更新世/全新世沉积相图(据 Dheeradilok,1986,修改)

(TOC)为 1.2% ~6.9%,湄南次盆主要烃源岩的干酪根类型为典型的 Ⅰ 型,其有机质主要来源于淡水藻类以及不同数量的陆生植物细菌,大部分湖相烃源岩属于下中新统(表 2-3)。

表 2-3　湄南次盆烃源岩层表

烃源岩	岩性	年代地层
渐新统	泥岩	下夏特阶—上夏特阶
下中新统	泥岩	阿启坦阶—布尔迪加尔阶

BP 石油公司对湄南次盆 150 个湖相泥岩样品进行了地球化学分析，并利用热模型校准西部半地堑 5 口井。数据显示生油门限温度值为 110℃，生油高峰及排烃期在 120℃，以 4.5℃/100m 的区地温梯度计算，该温度区间主要处于埋深 1800～2000m，基于烃源岩的综合地球化学和孢粉学分析也印证了这一结论，显示生油窗位于 2000～2200m 埋深区间。

成熟烃源岩区域—埋深图表明湄南次盆 Suphan Buri 和 Kamphaeng Saen 半地堑生成了大量石油，足够对位于有效运移通道的油气远景区进行油气充注，同时也发现烃源岩段最大埋深只有 3000m，因此几乎没有天然气生成，油样低于 50ft^3/bbl 的气油比也确认了这一点。

三、储盖组合

1. 彭世洛次盆储盖组合

1）储层分布

彭世洛次盆的主要储层由上渐新统至中中新统 Lan Krabu 组中的入湖河口坝和水下分流河道砂岩组成，该组地层包含至少 4 个储层单元，盆地中有油气富集的储层存在于 K 和 L 两个单元中（图 2－80）。前古近纪基岩包含发生变质作用的沉积岩、固结的沉积物和火山岩，它们形成裂缝性储层并富集油气。在中中新统 Pratu Tao 组三角洲平原砂岩中也有油气富集，该层段砂岩具有中—好的储层物性（表 2－4）。

表 2－4　彭世洛次盆储集岩层表

储层	岩性	年代地层
基底岩层	变质岩	侏罗系—白垩系
Lan Krabu 组	砂岩	上夏特阶—下兰哥阶
PratuTao 组	砂岩	上兰哥阶—塞拉瓦尔阶
Phitsanulok 群	砂岩	下夏特阶—全新统

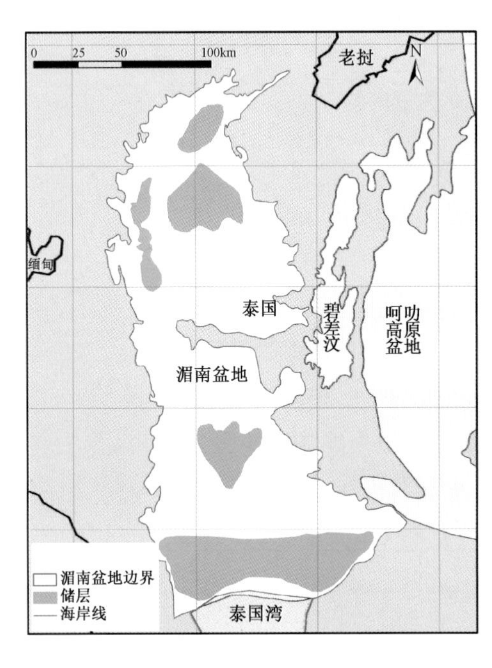

图 2－69　湄南盆地储层平面分布图

（1）Lan Krabu 组（上渐新统至中中新统）。

彭世洛次盆内 Lan Krabu 组河口坝和水下分流河道砂岩成为主要储层（图 2－69）。由于三角洲进积和湖泊湖侵的交替，该组地层至少包含 4 个储层单元，分别被同期异相的 Chum Saeng 组舌状黏土岩分隔，这 4 个储层单元从老到新分别为 M、L、K、D 砂岩段。K、L 砂岩段都包含多个在盆地中大面积分布的连续砂体，这两个砂岩段是该盆地的主要油气储层，岩性主要为石英岩屑砂岩，其母岩主要为变质岩和沉积岩，砂体厚度一般小于 7m，主要由横向连续的厚 2～3m 的河口坝砂体和横向不连续的水下分流河道砂体组成（图 2－70）。孔隙度变化范围为 2%～31%，平均值为 22%；渗透率高达 2000mD。

（2）Pratu Tao 组（中中新统）。

中中新统 Pratu Tao 组三角洲平原砂岩也是彭世洛次盆的油气储层，该组砂岩具有中—好储

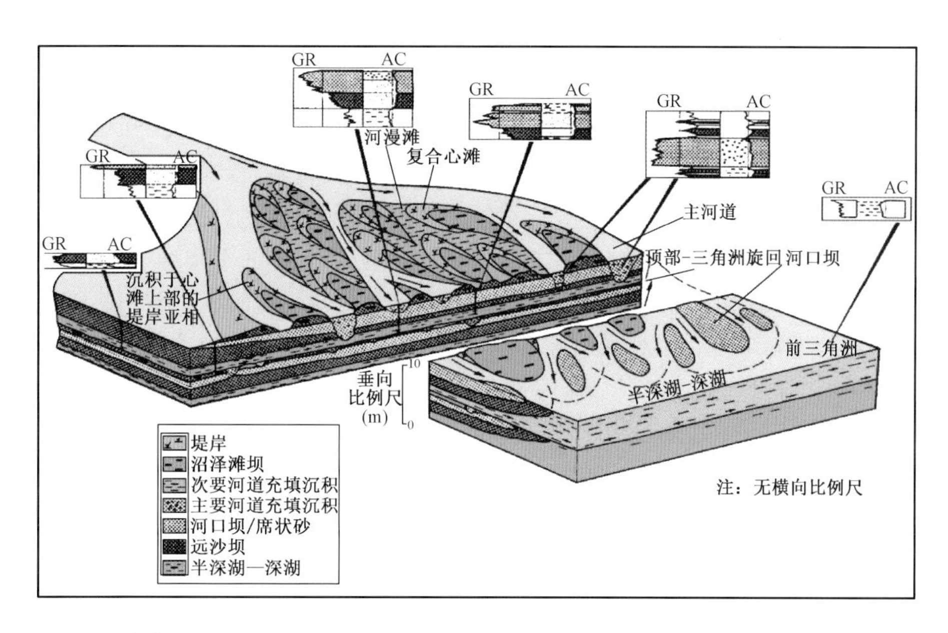

图 2-70　彭世洛次盆 Lan Krabu 组沉积模式图(建设性鸟足状湖泊三角洲,据 Flint 等修改,1988)

层物性,其保存条件主要依靠薄层、横向不连续的层内盖层。该组圈闭需要长距离的垂向油气运移来充注油气。

(3)前古近纪基岩。

前古近纪基岩包括变质作用沉积岩、固结沉积物和火山岩,该地层中古近—新近纪湖相泥岩封闭的古潜山圈闭,主要为裂缝性储层。Sirikit 油田就有这种类型的含油气储层。虽然截至目前这类储层的油气储量占盆地总储量的比例很小,但依然是 Lan Krabu 组储层开发完之后,未来主要的油气勘探目的层。

2)储层构型特征

彭世洛次盆的 Lan Krabu 组分为 K、L 和 M 段,还可进一步细分为准层序,每一段厚度为 10~20m。最上部的 K 段作为主要储层,厚达 320m,划分为 K_1—K_4 共四个小层,由地震解释认为 K_1^0、K_2^0、K_3^0 和 K_4^0 层位于反射层 E_1^0、E_2^0 之上。主储层是储层质量非均质性很强的河口坝和水下分流河道砂体。K_2^0 小层含有一个连续的前积式三角洲旋回地震相,其砂体厚度向南减薄;K_3^0 砂体在这个油田的南部更多,其标志着这个三角洲体系的最大进积。K_3^0 小层砂体在 Main Sirikit 油田南部更多,标志着最大的三角洲体系前积部分(图 2-82)。L 段上部的层间盖层以连续的强振幅反射为特征,但向北反射波逐渐减弱消失,同时由于在页岩中的三角洲砂岩楔状体使振幅发生变化。L 段的砂体厚 190m,可细分为 L_1—L_6 准层序,储层段主要为河道砂体,储层质量中等,在地震上它是连续的、强振幅的反射层。M 段 70m 厚,细分为 M_1—M_8 共八个储层质量由差到中等的准层序组成。砂岩物源方向为盆地北部,并且净地比和净厚度向 Main Sirikit 油田南部缩减(图 2-71)。

在 Main Sirikit 油田广布的黏土岩成为盖层,且因低声波速度和高 GR 值特征易于识别。湖侵期黏土岩底部的洪泛面是测井曲线上储层和盖层的关系界面。这个关系界面突出了储层砂岩的横向连续性,根据井数据和曲线关系识别出河口坝有较广泛的横向连续性,并且由油井生产数据反映出这些砂体具有连通性,形成了 $20km^2$ 的生产区。

根据观察相似的古今河口坝沉积,结合新井数据与三维地震数据,运用地层对比对 Sirikit

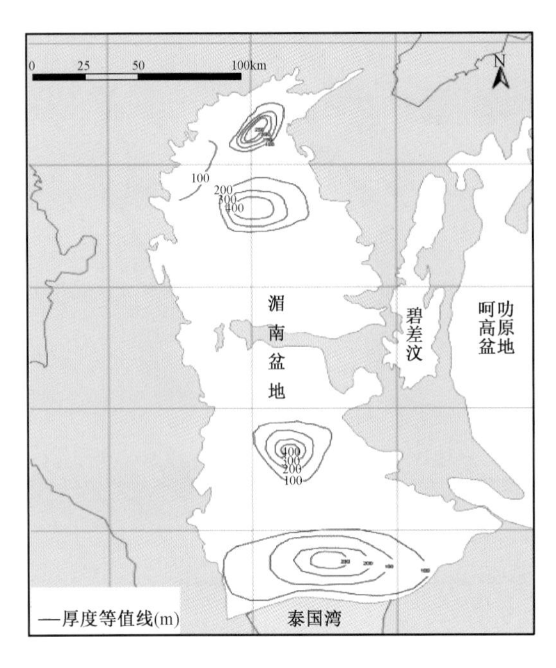

图 2-71　湄南盆地储层厚度等值线图

West 的 Lan Krabu 组 D 段建立模型。根据对比,砂岩沉积在河口坝上部,并向下倾约 0.5°延伸进入薄层(2~15m)层间砂岩和页岩中,这被称为异类岩石(或者非均质性),它代表了进积的河口坝的指状系列。这个非均质性较强的砂岩太薄而不能运用低分辨率的井下测井,但是可以在岩心中观察到,它们在井中的反映可以从 GR、CFD 和 CNL 曲线上的变化来判断。这个模型中运用的网格单元是 25m×25m×0.2m,所选的网格高度是为了容纳不连续的河口坝砂体倾斜,岩石物理的参数来自于测井和随机抽取的岩心数据。将这个模型按比例放大来代表一个单一的河口坝准层序。流体模型认为溶解气驱的油藏属于自然驱动机制。模拟的结果表明以岩石地层为依据的模型比年代地层模型的采收率高 2.6%,这两种情况下只有石油物理上定义的砂岩是有孔的。如果异类岩石部分用年代地层模型穿孔,那么在相同模型下,绝对采收率相对于没有穿孔的异类岩石提高了 1.7%。

Main Sirikit 油田的基岩裂缝油藏已经成功地运用三个断层,前古近纪顶部的地震层位和三口井的 FMS 测井模拟出来。Sirikit-D block、Sirikit West 和 Thap Raet 油田 Pradu Tao 组下部叠置的河道砂体厚度为 10~30m。上部砂体连通性较差,厚度为 5~10m。Lower Yom 组砂体是厚度 2~5m 的孤立砂体。Thap Raet 和 Sirikit West 有多个油柱叠置,比 Sirikit-D 构型和流体分布要更复杂。Sirikit West 和 Thap Raet 储层被断层所分割,断层成为遮挡条件。

3)储层性质

Lan Krabu 组砂岩粒度由细到粗,成分成熟度低,组分包含正长石和变质岩碎屑,储层质量随埋深加大而变差,储层物性下限埋深为 2500m。长石和岩屑的溶解形成次生孔隙,其他的成岩变化包括方解石、菱铁矿和高岭石胶结物的形成。储层质量的非均质性主要受颗粒大小影响,这是因为水下分流河道和河口坝砂岩有相似的矿物成分、结构特征和成岩演化史。

Main Sirikit 油田 Lan Krabu 组储层物性非均质性强。通过对三口井作孔隙度—渗透率交会图表明:① 河口坝连续砂岩和河道不连续砂岩值之间有重叠;② 河道砂体值紧密聚集在高值,河口坝砂岩值占据了低值区,显示其粒度更细、泥质含量更高;③ 相比一般渗透率 1mD 作为净砂岩的门限值,图上显示相对高的净砂层渗透率门限值;④ 图上反映净砂层孔隙度为 21%~30%、渗透率为 30~2000mD。

受储层埋深和沉积相影响,整个 Main Sirikit 油田储层段砂地比为 0.05~0.37,储层 K 段油气产量最大,其中三角洲砂岩砂地比为 0.25,薄层河口坝、泛滥平原砂岩砂地比 0.05~0.15。由于从 Lan Krabu 组薄层层内砂岩、页岩全段得到的电阻率曲线无法可靠地推断含烃饱和度,因此主要依据毛细管压力曲线来推测含烃饱和度。

Sirikit - D 区块、Sirikit West 油田和 Thap Raet 油田 Yom 组、Pradu Tao 组储层物性数据和 Sirikit West 的岩心分析数据表明:① 平均孔隙度 16% ~28%,最大孔隙度 33%;② 渗透率范围为 10mD 至几百毫达西,最大值超过 1D;③ 净毛比值范围为 0.15 ~0.7。

另外,依据当地净砂岩孔隙度门限值 13% 的标准,从储层 D 的最佳拟合曲线可以看出它应该是较好的净砂岩储层。Sirikit - D 是这三个地区中地质构造最简单、储层质量最好的区块。通过核磁共振测井已经证实了由岩心分析得出的束缚水饱和度,由此进一步证实了 Sirikit West 区块储层具有最高含烃饱和度。

彭世洛次盆上渐新统至中中新统 Chum Saeng 组的开阔湖相黏土岩给同沉积期的 Lan Krabu 组砂岩储层提供了保存条件,同时也成为基底岩层中古潜山圈闭裂缝储层的披覆盖层(表 2 -5)。

表 2 -5　彭世洛次盆盖层岩性表

盖层	岩性	年代地层
Lan Krabu 组	黏土岩	上夏特阶—下兰盖阶
Chum Saeng 组	黏土岩	上夏特阶—下兰盖阶
Phitsanulok 群	黏土岩	下夏特阶—全新统
Ping 组	黏土岩	中托尔托纳阶—全新统

上中新统至全新统 Ping 组黏土岩形成区域顶部盖层。彭世洛次盆的圈闭大多与断层有关,但由于沿走向的断层断距的快速变化以及横向和垂向的相变,使毗邻断层的遮挡作用范围有限。然而,断层面的泥岩涂抹使断层的封堵条件变好,并提高油气柱高度和圈闭高度。

2. 湄南次盆储盖组合

湄南次盆内主要储层为下—中中新统扇三角洲、冲积扇、湖盆三角洲及河道沉积的薄层砂岩(表 2 -6),半地堑西翼的扇三角洲和冲积扇沉积物分选差,粒度由砾岩、砂砾岩到砂岩、粉砂岩、泥岩;东翼的湖盆三角洲及河道沉积砂体的砂岩砂地比介于 0.15 ~0.30,孔隙度范围 10% ~25%,渗透率介于 85 ~1000mD。

表 2 -6　湄南次盆储集岩层表

储层	岩性	年代地层
下中新统	砂岩	阿基坦阶—波尔多阶
中中新统	砂岩	兰盖阶—中塞拉瓦莱阶

渐新统上部泥岩内的砂岩是盆地的潜在储层,已经在这类砂岩内发现了油气显示,这类砂岩胶结致密、物性较差。

湄南次盆沉积于最大洪泛期的中中新统泥岩为下伏的储层提供了区域性盖层;自盆地中心向东西两翼呈指状交错沉积的泥岩,提供了局部盖层及侧向遮挡;互层的泥岩为渐新统储层提供了潜在的层内盖层(表 2 -7)。

表 2 -7　湄南次盆盖层岩性表

盖层	岩性	年代地层
中中新统	泥岩	兰盖阶—中塞拉瓦莱阶

四、油气形成与运聚

1. 彭世洛次盆

1）含油气系统

彭世洛次盆已证实的含油气系统是“Chum Saeng—Lan Krabu 含油气系统”。由 Chum Saeng—Lan Krabu 含油气系统产出的原油属轻质原油，密度 40°API，含硫量低于 0.05%，含蜡量达到 15%，高凝点是 36℃。从 Lan Krabu 组储层段取得 12 个油样进行地球化学分析后表明，生成的石油来自于同样的烃源岩，是藻类、细菌和高等植物有机质的混合物，并反映出盆内石油还处于未成熟阶段（图 2－72）。

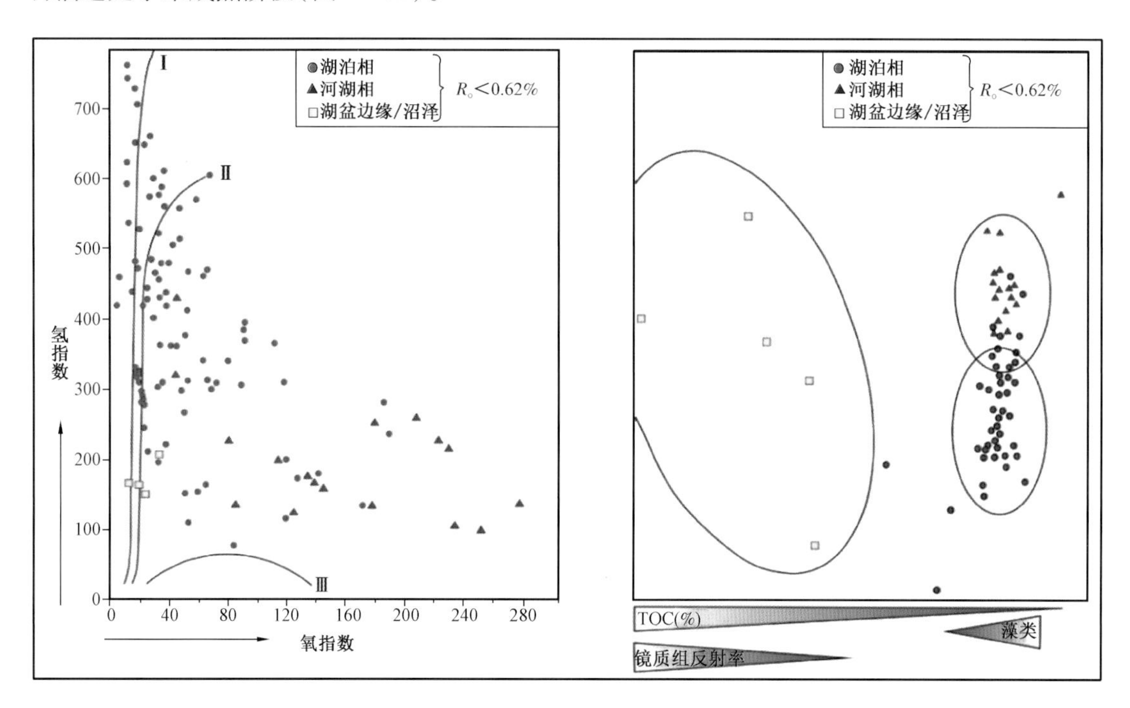

图 2－72　彭世洛次盆上渐新统—中中新统 Chum Saeng 组烃源岩 I_H/I_O 及显微组分分析图

次盆的上渐新统到中中新统 Chum Saeng 组半深湖—深湖相泥岩提供了主要烃源岩和盖层，储层是同时期的 Lan Krabu 组湖相三角洲砂体。最优质的烃源岩被认为是 Chum Saeng 组富藻有机物的湖相黏土岩，这种泥岩厚度普遍达到 400m，在素可泰坳陷更可达 1000m。油气聚集的圈闭类型以断层圈闭为主，受复杂的断层型式控制，毗邻断层的遮挡作用有限，但泥岩涂抹作用有效强化了封堵，使油气柱高度增高。大量油气聚集于古构造高点，如 Sirikit 高点和 Pru Krathiam 高点，它们形成时间早于盆内初次石油生成，其他油气聚集规模较小，分散富集在两翼位置，两翼的圈闭是由后期构造活动形成和先前存在圈闭遭受断层改造之后形成的（图 2－73）。油气运移以横向运移为主，盆地东翼密集的南北走向断层体系已经使油气运移偏向南、向北方向，在东部基本没有油气聚集。

2）圈闭特征

彭世洛次盆南部的 Main Sirikit 油田为向北走向的断背斜，它形成在彭世洛次盆南部同走向的基底之上，是渐渐世伸展、拉张断层复杂体的一部分，形成于程逸断裂带和湄滨河断裂带

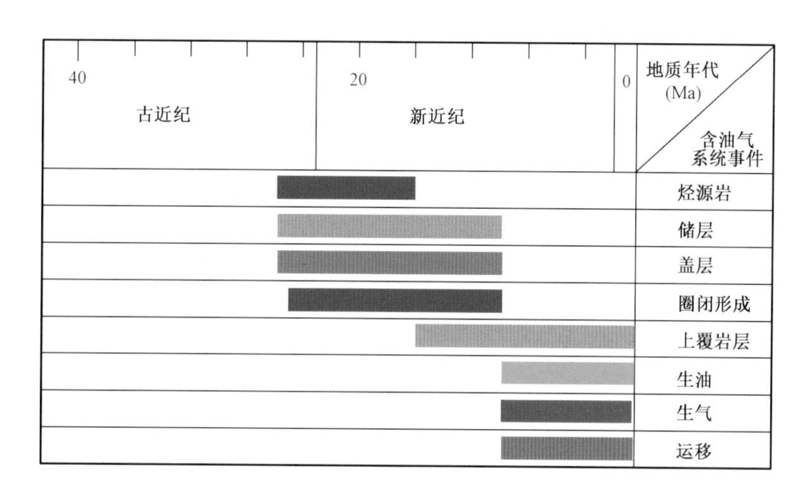

图 2-73 彭世洛次盆 Chum Saeng—Lan Krabu(!)含油气系统事件图

的张扭左旋剪切运动。基底断层作用在储层 Lan Krabu 组沉积时期一直持续但在晚中新世停歇。主断层呈铲状、走向南北向,经左旋走向滑移运动激活并改造。这次走向滑移运动发育了同向断裂与反向断裂、Reidel 剪切带,Reidel 剪切带呈典型的 S 形、西北走向,油气主要富集在断背斜上的构造圈闭中。

Main Sirikit 油田长 8km、宽 6km,主要构造倾向为北北西向,主要储层是 Lan Krabu 组 K 段,倾向东北东向、倾角 10°,赋存丰富石油和天然气,更深部的 L、M 段也可作为储层。Main Sirikit 油田的最顶部位于水下垂直深度 1350m 处,L 段顶部在 1550m 处。K 段的气油界面在 1555m、油水界面在 1641m,L 段油水界面位于 1930m 处。大部分的石油 2P 储量位于 K 段,油气边界厚度 86m,L 段没有气顶。油田西部高度断裂边缘流体接触面变化较多,很多正断层和走滑断层对储层进行分割,断层区几乎没有油气聚集。Cham Saeng 组湖泊相黏土岩与 Lan Krabu 砂岩交互沉积,并成为主要储层的盖层。"Main Clay"上覆在 K 段,位于油田顶部和东边,厚约 200m,而厚 20~50m 被称为"Upper Intermediate Seal"的层间盖层将 K 段和 L 段储层分隔开,厚 80~300m 的"Lower Clay"作为 M 段的顶部盖层。底部盖层至 M 段、Lan Krabu 组、顶部盖层至深部的 Sarabop 组储层是底部盖层段。Main Sirikit 油田与 Sirikit West 和 Sirikit East 油田、Thap Raet 油田被北西走向、北东走向断层所断开。Sirikit-D 区块是一个南北走向的断裂区,断层向西终止,地层向北、南、东倾斜,区块长 3500m、宽 250m。Thap Raet 油田包含 4 个断裂区,其中西南部的 2 个区块油气产量最大,延展区域约 2km×2km。Sirikit West 油田位于两个主要走滑断层的三角交会区,包含七个由向西倾断层构成的倾斜断块区。

3)油气聚集

由于彭世洛次盆连续构造演化阶段复杂,盆地内的圈闭形态通常也很复杂。盆地的大部分圈闭是通过断层封闭。大部分已探明的油气位于 Sirikit 和 Pru Krathiam 构造高点,同时也是该盆地最先发现油气的构造位置。其余的油气藏体积小,主要分散在盆地东侧(图 2-74 和图 2-75)。这些圈闭的形成受后期构造活动作用,或是早期的圈闭在后期的构造活动中遭受破坏后保留和残存下来。

彭世洛次盆的大部分地区烃源岩都是不成熟的,成熟烃源岩主要发育在盆地的北部。研究表明,油气生成于地下 4000m 或更深的位置。现在素可泰坳陷主要的烃源岩位于坳陷的中心位置处于生气窗阶段,而坳陷的侧翼处于生油窗阶段。鉴定并获得了成熟的烃源灶是盆地评

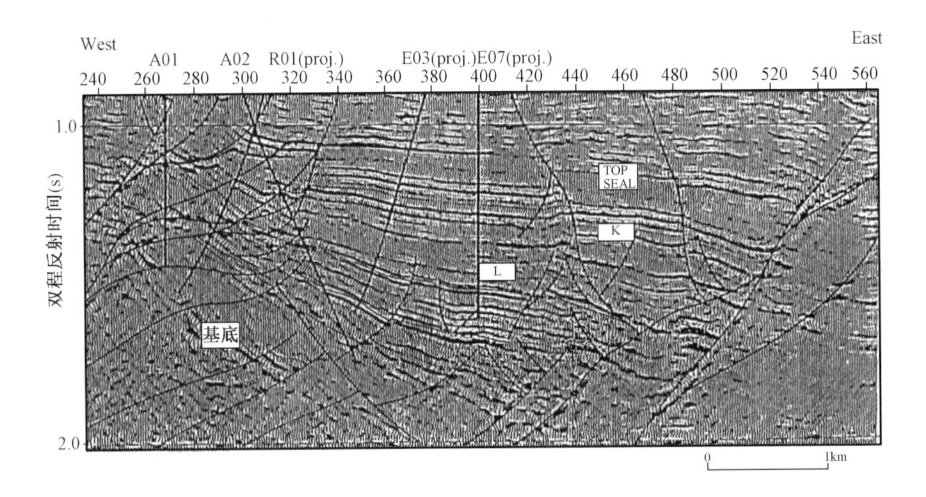

图 2-74　彭世洛次盆东西向三维地震 346 测线地震剖面(测线位置见图 2-25)

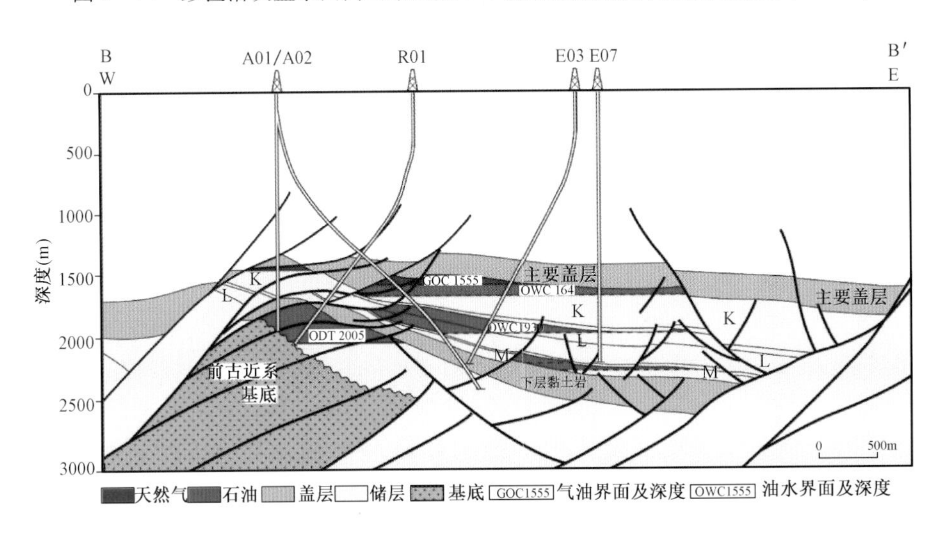

图 2-75　彭世洛次盆东西向三维地震 346 测线地震解释剖面

(包括 Main Sirikit 油田主要储层、油气藏、流体界面、盖层和断层;据 Brooks,1987,修改)

估和分级的一个重要因素。

截至 2004 年 8 月,Sirikit 油田是盆地最大的油田。该油田毗邻素可泰盆地南部,其主要的储层与现今生烃灶接触的面积可以达到 14 ~ 21km^2。与油田的探明储量和预测可能储量 8 × 10^8bbl 相比,这个生烃灶相对较小(油气初始生成的位置)。这凸显了湖相烃源岩高效的生烃能力。结合 Bal 等 1992 年的研究,综合考虑面积达 800km^{2}烃源岩,预计该盆地可以产出数十亿桶石油。

油气运移以横向运移为主,盆地东翼密集的南北走向断层体系已经使油气运移偏向南、向北方向,于是在东部基本没有油气聚集。垂向的运移主要是沿着深层断层面,主要发生在断层活动时期。

2. 湄南次盆

1)含油气系统

湄南次盆内证实的含油气系统是"上渐新统—中中新统(!)含油气系统"(图 2-76)。上渐新统—下中新统湖相泥岩是主要烃源岩，下—中中新统扇三角洲、冲积扇、湖盆三角洲及河道相薄层砂岩构成了主要储层。

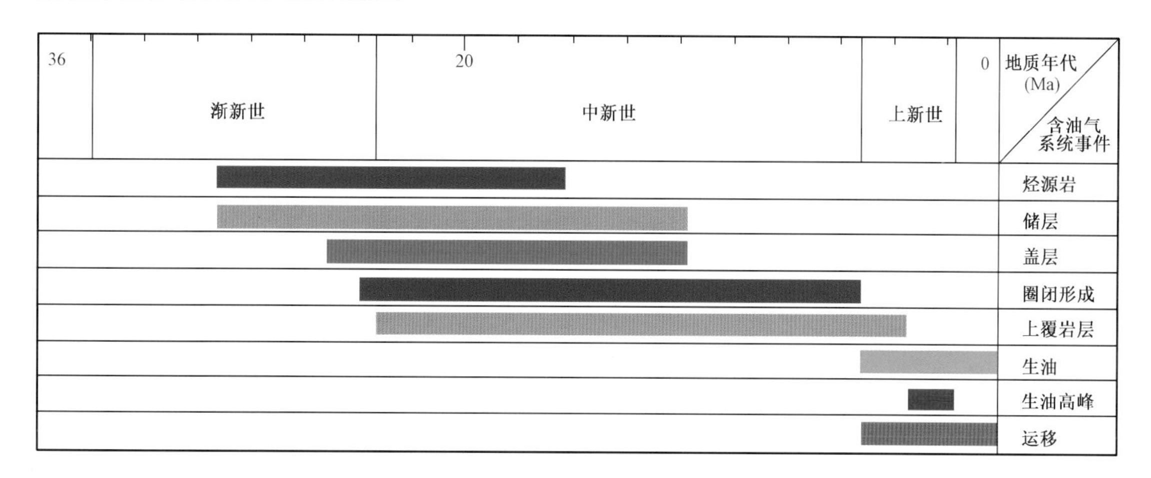

图 2－76　湄南次盆上渐新统—中中新统(！)含油气系统事件图

湄南次盆内油气生成于上渐新统—下中新统湖盆泥岩，其总有机碳含量(TOC)为 1.2%～6.9%，干酪根类型为典型的Ⅰ型，其有机质主要来源于淡水藻类以及不同数量的陆生植物细菌，大部分湖相烃源岩属于下中新统。生成的石油高含蜡(15%～46%)、低含硫、密度 25°～34°API、高凝点(39℃)，稳定碳同位素研究显示有机质来源是藻类和高等植物，该结论被高浓度的 18－α－奥利烷的存在而进一步证实，同时也表明有机质来源是湖泊—冲积环境和湖盆三角洲环境的高等植物。

沉积于最大洪泛期的中中新统泥岩成为下伏储层的顶部区域性盖层；自盆地中心向东西两翼呈指状交错沉积的泥岩，提供了局部盖层及侧向遮挡。盆地内主要构造和圈闭在晚渐新世就已形成，油气开始生成时间是早上新世并持续到今天，断层和沿翼部的过渡层成为油气的有效运移通道。

2)圈闭特征

湄南次盆圈闭由褶皱和断层共同形成，主要是断块圈闭和滚动背斜圈闭，还有岩性上倾尖灭圈闭。进入这些圈闭的油气运移主要受断层、已成熟烃源岩以及储层砂岩的指状交错程度控制。

3)油气聚集

湄南次盆内烃源岩成熟度指数显示生油窗位于 2000～2200m 埋深区间，这表明半地堑中央部位的上渐新统—下中新统烃源岩只在早上新世达到有效埋藏深度，上新世同时也是湄南盆地下部地层沉积时间段，此后，石油生成一直持续到现在。

西部半地堑发育较大规模的边界断层成因的反转构造，断层成为有效运移通道。虽然它是盆地内最大的翻转结构，但其实际闭合面积大小还受顶部盖层空间分布的控制，这类与反转构造相关的圈闭在 Suphan Buri 半地堑发现富集油气并且产量很大，但是在 Kamphaeng Saen 半地堑这类圈闭却没有油气发现，原因是缺乏有效运移以及有效盖层(图 2－77 和图 2－78)。

东部半地堑包含中等到小型规模、高角度正断层成因的构造，沿着翼部向上的油气运移可以有效地对这些构造进行油气充注。然而，东部缺乏有效的反向断层去构成良好圈闭，而且储层砂岩空间展布有限，这些储层在 Kamphaeng Saen 半地堑内的隐蔽圈闭中有油气富集且产量可观(图 2－79 和图 2－80)。

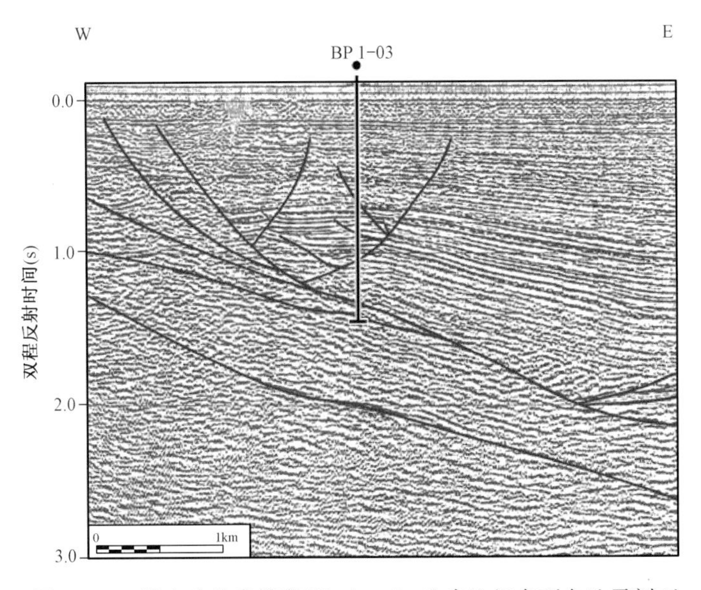

图 2 - 77　湄南次盆素攀府(Suphan Buri)半地堑东西向地震剖面

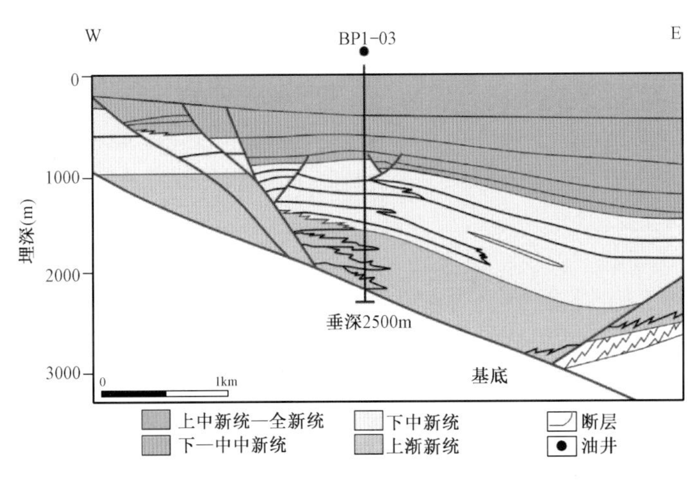

图 2 - 78　湄南次盆素攀府(Suphan Buri)半地堑东西向地震解释剖面

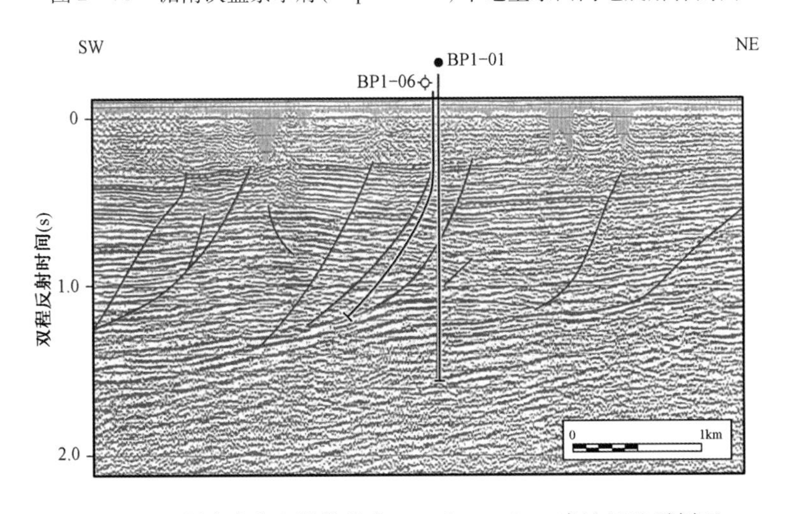

图 2 - 79　湄南次盆东翼佛统府 Kamphaeng Saen 半地堑地震剖面

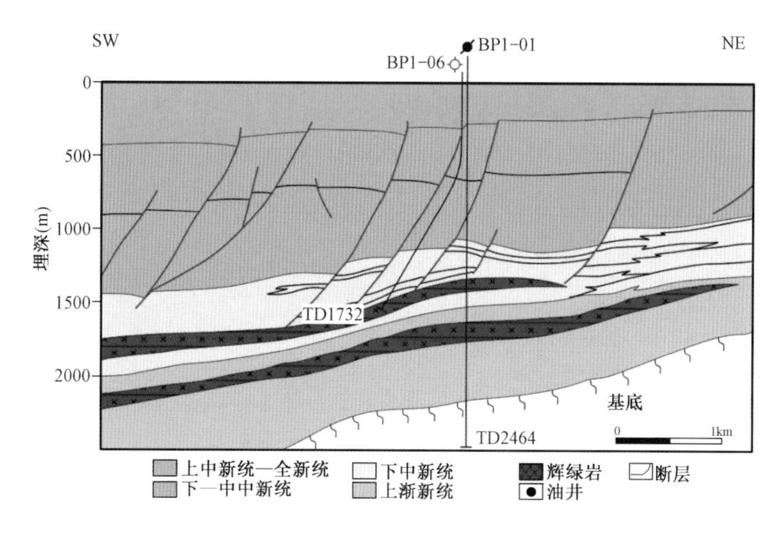

图 2 - 80　湄南次盆东翼佛统府 Kamphaeng Saen 半地堑地震解释剖面

湄南次盆内主要构造和圈闭在晚渐新世就已形成,因为几乎所有的断层尖灭于中中新统地层顶部。

五、勘探潜力评价

1. 成藏组合

1)彭世洛次盆

彭世洛次盆成藏组合的划分主要基于纵向上储层、盖层的沉积关系,强调区域性盖层的边界作用,并结合岩相古地理分布特征确定平面分布范围。次盆内上渐新统扇三角洲相 Sarabop 组砾岩、砂岩和冲积平原相 Nong Bua 组砂岩成为彭世洛次盆底部的主要储层,上覆的 Lan Krabu 组砂岩和 Chum Saeng 组泥岩、页岩楔状交互沉积,这组泥页岩成为层内的主要盖层。中中新统 Pratu Tao 组砂岩储层夹在 Yom 组泥岩盖层之内,封盖性已经很好,但这组盖层不是区域性盖层。最上部的冲积扇相 Ping 组泥岩在盆地挤压阶段广泛发育,因为沉积地形平缓、剥蚀微弱,从而形成了中—厚层的区域性盖层。

综合盆地由下至上的储盖沉积关系,在彭世洛次盆 Chum Saeng—Lan Krabu 含油气系统中,以区域性盖层为界限在纵向上划分出上渐新统—上新统成藏组合;平面上主要分布在彭世洛次盆中北部的扇三角洲/冲积扇和河流三角洲沉积区域(图 2 - 81)。

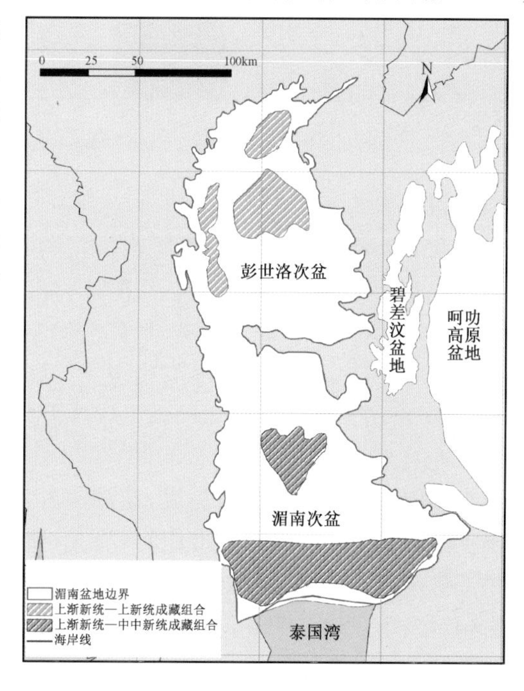

图 2 - 81　湄南盆地成藏组合平面分布图

上渐新统—上新统成藏组合在平面上主要分布在彭世洛次盆的中部和北部,呈南北向展布,这个区域也是油气田的主要分布区,像诗琳通(Sirikit)等高产量油气田就位于该成藏组合(图2-82)。它的主力储盖组合为下—中中新统Lan Krabu组储层、同期异相的Chum Saeng组盖层(25.3—15.6Ma),它们的组合形式是特殊的楔状相互交错样式,富集了整个盆地的大部分油气储量,同时Chum Saeng组又是含油气系统的主力烃源岩。此外,中—上中新统Pradu Tao组和Yom组也构成有效储盖组合关系,垂向上上覆于Lan Krabu组,平面上主要分布于彭世洛次盆的北端,虽然有油气富集,但是所占比例不大。

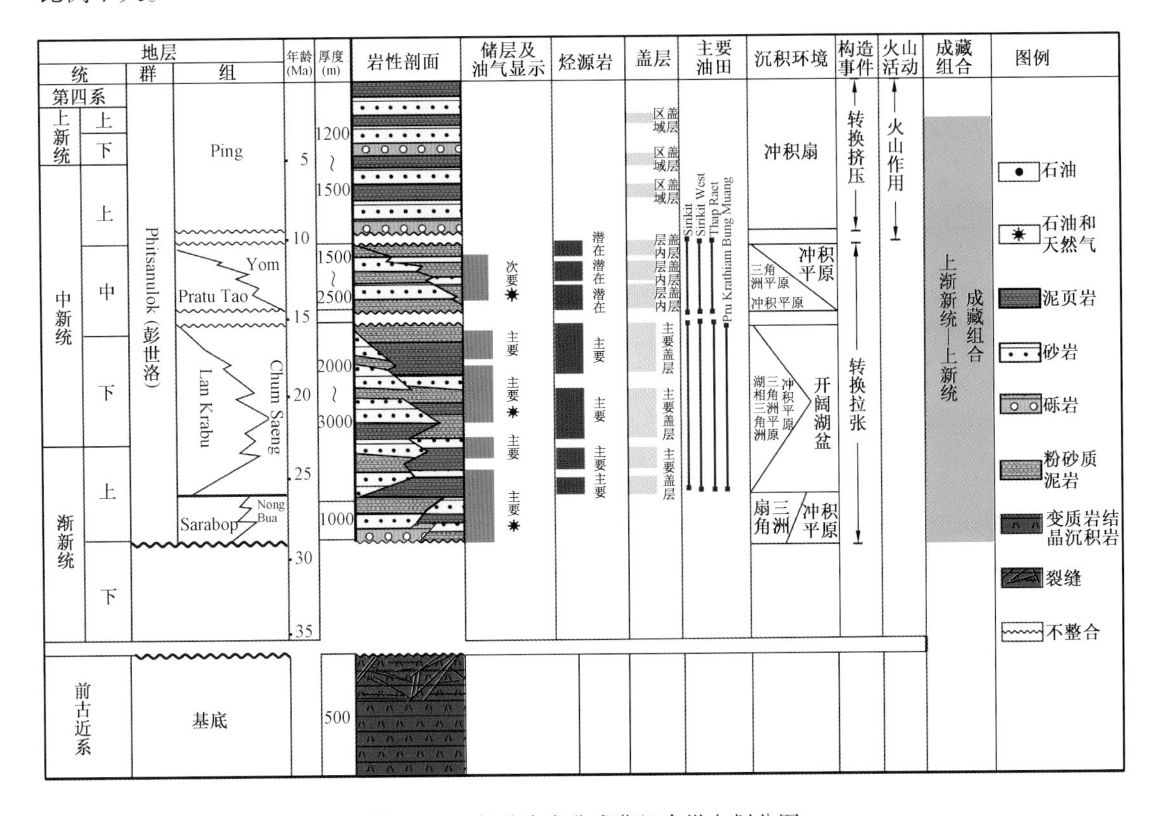

图2-82 彭世洛次盆成藏组合纵向划分图

2)湄南次盆

在湄南次盆,纵向上上渐新统扇三角洲砂岩、砾岩厚度太薄,由于火山岩的侵入作用使它的物性变差,无法成为主力储层,只能作为潜在储层。上覆的泥页岩厚度较大,成为较厚的层内盖层,但也受火山岩侵入影响,封盖性并不理想;下—中中新统沉积了主要的河流三角洲、河流相砂岩,是最主要的储层,厚度也很大,其中也有薄互层的泥岩作为层内盖层。湄南次盆面积最广、厚度最大的区域性盖层就是中中新统泥岩盖层,它就上覆在主要储层之上,储盖匹配良好。

在纵向上以区域性盖层为界,在湄南次盆的"上渐新统—中中新统(!)含油气系统"中,划分出上渐新统—中中新统成藏组合(图2-83);在平面上这一成藏组合主要分布在湄南次盆的中部和南部,即河流三角洲、河流相沉积区域(图2-81)。在上渐新统—中中新统成藏组合内目前只发现少数油田。

上渐新统—中中新统成藏组合是湄南次盆内已证实的成藏组合,下—中中新统冲积扇及湖盆三角洲相砂岩构成其储层,圈闭由沿半地堑西侧边缘的褶皱和断层共同封闭形成,主要是

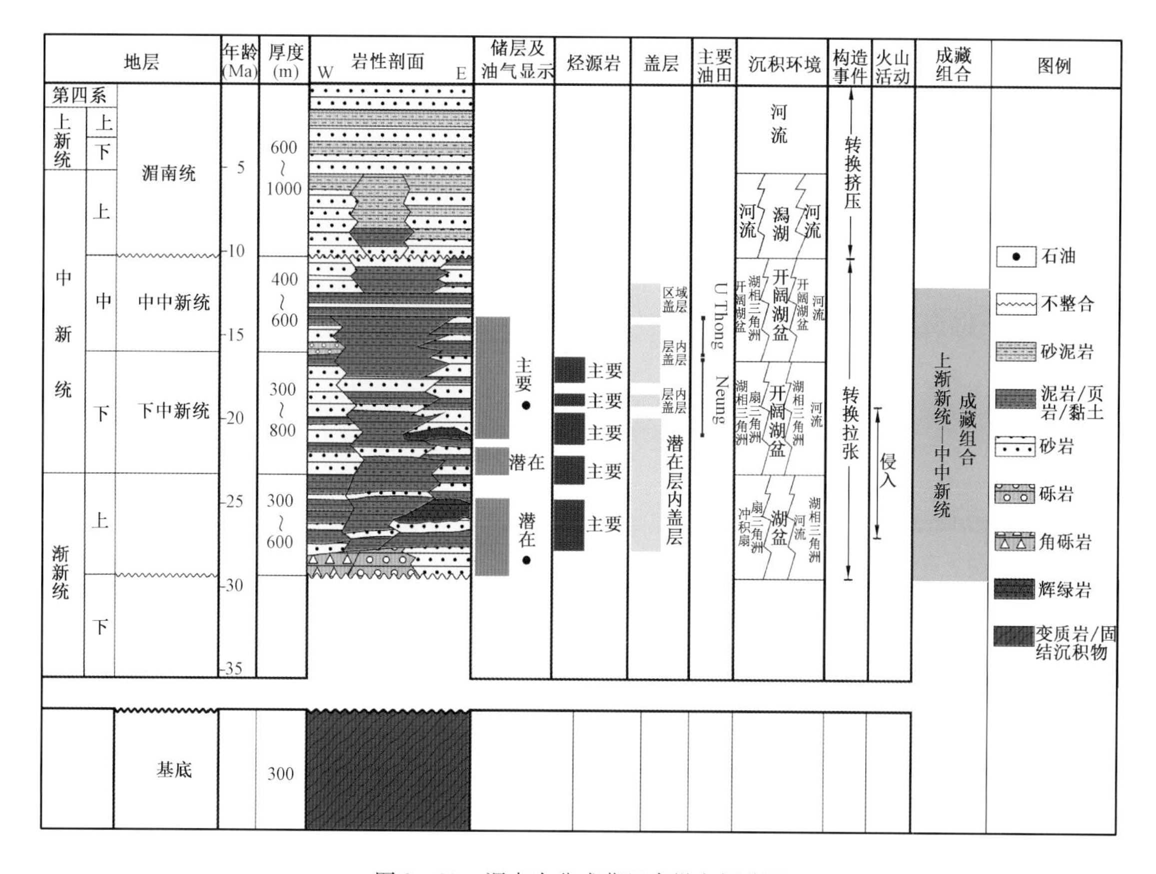

图 2-83 湄南次盆成藏组合纵向划分图

断块圈闭和滚动背斜圈闭，还有一些岩性上倾尖灭圈闭，进入这些圈闭的油气运移主要受断层、已成熟烃源岩与储层砂岩的指状交错程度控制。该成藏组合在 Suphan Buri 半地堑有丰富的油气产量，而在 Kamphaeng Saen 半地堑西部烃源岩很少发育，储层质量也很差。

上渐新统—中中新统成藏组合内现已发现 13 个油气田，其中石油 2P 储量为 31.7×10^{6}bbl，天然气 2P 储量为 2.5×10^{9}ft^{3}。

2. 勘探潜力评价

彭世洛次盆目前已发现 34 个油气田，主要集中在素可泰府、彭世洛府和甘烹碧府边界处，以上渐新统—上新统成藏组合为主，采用发现过程法预测该次盆待发现资源量为 6.28×10^{8}bbl 油当量。湄南盆地上渐新统—中中新统成藏组合已经发现了 13 个油藏，采用发现过程法预测该次盆待发现资源量为 0.82×10^{8}bbl 油当量（表 2-8）。

表 2-8 湄南盆地上渐新统—上新统成藏组合待发现资源量统计表

盆地	P_{95}	P_{50}	P_{5}	期望值
彭世洛次盆(10^{8}bbl)	4.26	6.28	8.73	—
湄南次盆(10^{8}bbl)	0.71	0.81	0.96	0.82

彭世洛次盆内的上渐新统—上新统成藏组合为下—中中新统 Lan Krabu 组储层、同期异相的 Chum Saeng 组盖层，该组合类型具有特殊的楔状相互交错样式，富集了整个次盆地的大

部分油气储量(图2-82);盆内油气主要源自上渐新统—下中新统湖盆泥岩,其总有机碳含量(TOC)为1.2%~6.9%,干酪根类型为典型的Ⅰ型;成藏组合主要构造和圈闭在晚渐新世就已形成,断层和沿翼部的过渡层成为油气的有效运移通道。整体而言,该成藏组合的成藏条件也是比较优越的,另外结合最近两年的油气发现情况,在湄南次盆北部靠近碧差汶府区域今后可能会有中等到大规模的油气发现。

综合上述研究成果,尤其是整合各期岩相古地理展布、烃源岩与储层发育条件、圈闭发育特征等资料,彭世洛次盆中部带状区域及北部区域,以及湄南次盆的中部地区,为有利油气勘探潜力区;彭世洛次盆的西部地区以及湄南次盆的南部为较有利油气勘探潜力区(图2-84)。

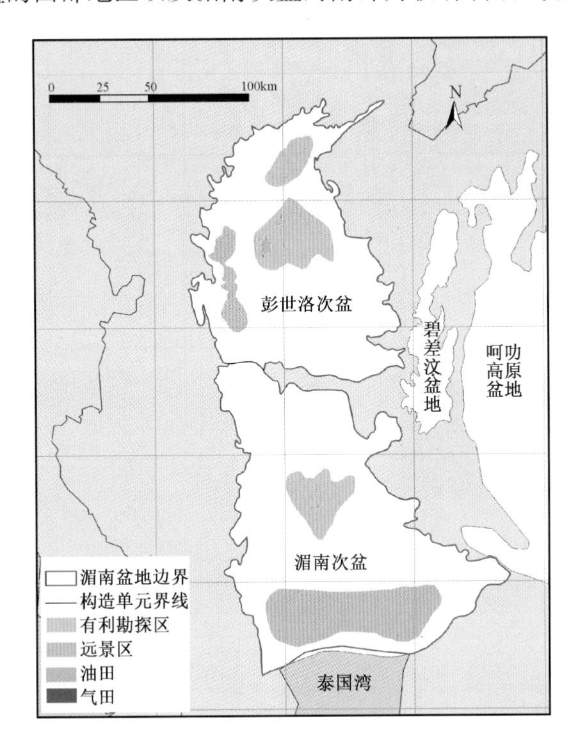

图2-84　湄南盆地有利油气勘探区分布图

第三章 中南半岛陆内裂谷油气地质

第一节 构造沉积演化

一、构造分区及盆地分布

中南半岛陆内裂谷发育于巽他陆块内部，主要包括呵叻盆地和呵叻高原盆地，面积约为 $40\times10^4km^2$。

呵叻盆地位于柬埔寨西部和越南南部陆上及近海，分为三个次级构造单元，即洞里萨（Tonle Sap）次盆、磅逊（Kompong Som）次盆、呵叻隆起（Khorat Swell）。其中位于柬埔寨西北部地区的洞里萨次盆，是以洞里萨湖为中心的柬埔寨最大的第四纪沉积盆地；磅逊次盆位于西柬埔寨和越南陆上和近海部位，也叫 Panjang 盆地；呵叻隆起是一个盆地内的基底，它把南昆山次盆、九龙次盆与下沉的泰国湾和马利盆地分隔开来，构造上呈向南倾斜的一个单斜层，其在古近—新近纪时期周期性地给毗邻盆地提供物源（图 3－1）。

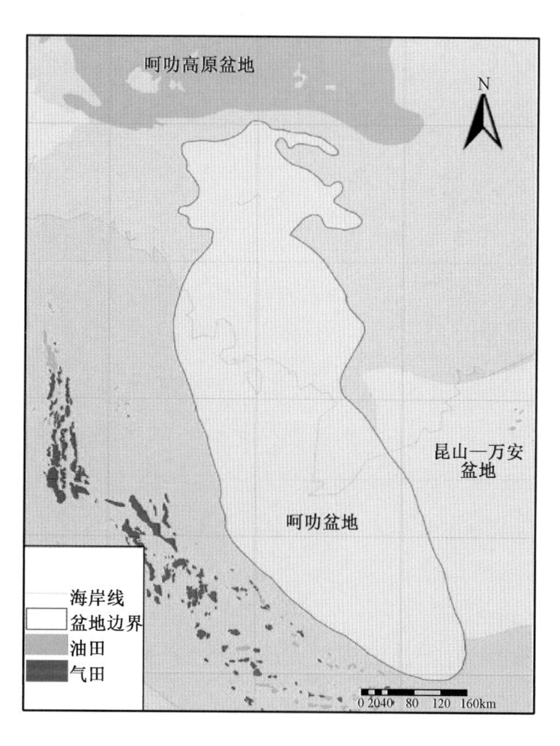

图 3－1 呵叻盆地位置图

呵叻高原盆地（Khorat Plateau）是一个大型陆内克拉通坳陷盆地。位于横跨泰国东北部、老挝及柬埔寨的呵叻高原内，盆地大部分区域位于泰国东北部，另有少部分区域位于老挝、柬埔寨境内，总面积 $224970km^2$。盆地西部边缘为 Loei－Pechabun 褶皱带，东部以 Annamitic 褶皱带为界（图 3－2）。

二、构造沉积演化

该区经历了短暂的裂谷沉降期、缓慢的坳陷沉降期，普遍发育石炭系、二叠系、三叠系、侏罗系、白垩系、古近系和新近系，地层较老，但沉积厚度不大。

1. 呵叻盆地构造沉积演化

1）区域构造背景

呵叻盆地大地构造上属印支地块，它是由一些具有前寒武系结晶基底的地块在古生代从澳大利亚（冈瓦纳大陆）边缘分离出来，向北漂移，直到中生代早期和华南地块碰撞缝合形成。

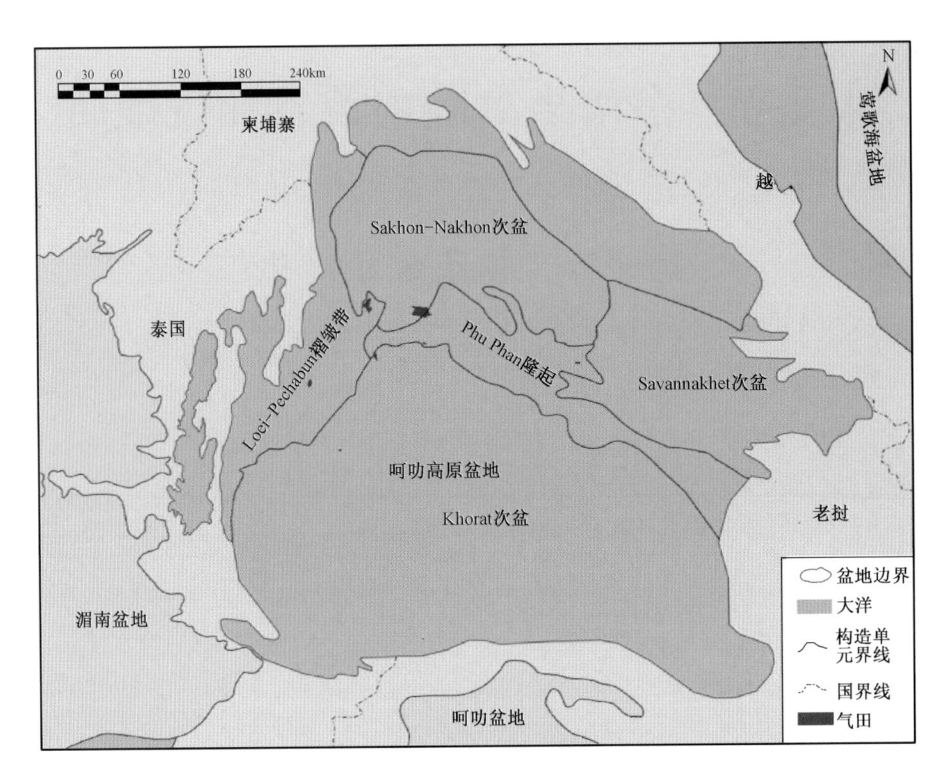

图3-2 呵叻高原盆地位置及构造单元划分图

在中生代(印支期)形成的褶皱带构成了柬埔寨的三个局部隆起区:(1)北部隆起区,包括西部的加里东期伦拜克和阿朗契亚地块,以及其东北部的元古宙—早古生代昆高地块的一部分;(2)中部隆起区,包括古生代三隆地块和晋洛克地块;(3)南部隆起区,包括拜林地块、普里亚地块和塔森地块。这些隆起区构成许多中生代沉积盆地的边界,主要盆地包括北部呵叻台向斜,中部洞里萨和波列山间槽地以及南部磅逊山间槽地,形成了呵叻盆地的主体部分(图3-3)。

呵叻盆地总体上以古生界的结晶变质岩为基底,在晚二叠世—中侏罗世发生裂陷,形成大量的断层,并伴随大量的岩浆活动,之后接受沉积。新生界在洞里萨次盆和柬埔寨陆架上沉积较厚。

洞里萨次盆的基底是由古生代变形和变质的岩石组成,基底岩石在盆地边缘出露。在盆地的大部分地区,第四纪沉积物覆盖在中生界超过4000m厚度的陆源沉积物之上。有些呈北西—南东向深大断裂穿越洞里萨湖,构成了滨河(梅平)缝合带的一部分。洞里萨次盆在中三叠世之前沉降缓慢,在盆地的裂谷期的晚三叠世到中侏罗世发生快速沉降,之后又缓慢沉降(图3-3)。

磅逊次盆位于中南半岛的南部印支板块边界,古特提斯缝合带东侧,其西面是泰国湾盆地。磅逊次盆属于中—古生代盆地,石炭纪—二叠纪为板内克拉通盆地,晚三叠世由于北部抬升逐渐转换为板块边缘,受构造运动的多期改造变成陆内裂谷盆地。

磅逊次盆的构造有3个明显的特点(图3-4):① 走向为NNW—SSE(近似南北)向,平面形态呈不规则长椭圆状,南北向长,东西向短;② 由西向东呈带状隆、凹相间分布;③ 南北向发育的凹槽及隆起,隆起上有多个高点,凹槽内有多个沉积中心。磅逊次盆可以划分四个构造

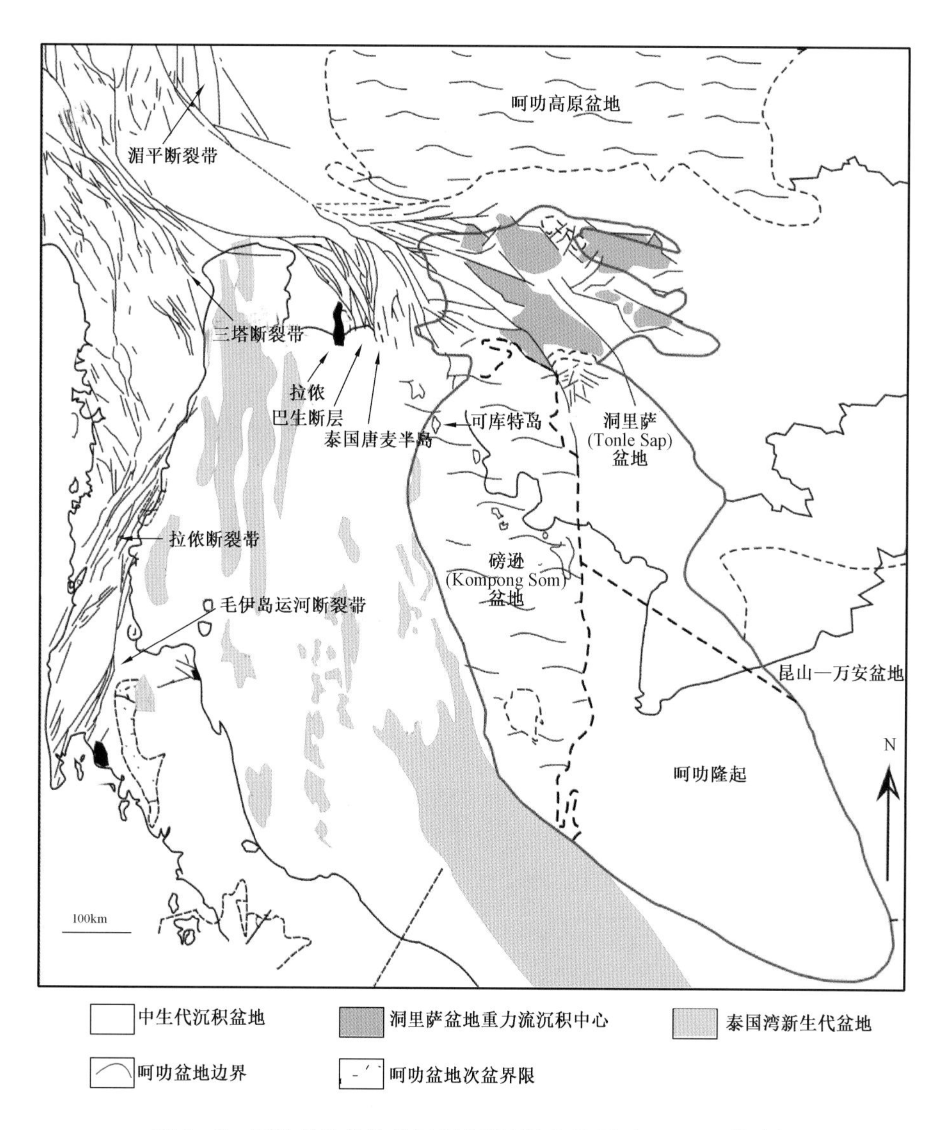

图 3-3 呵叻盆地构造单元划分图(据 C. K. Morley,2013,修改)

单元:① 东部重力低值带为磅逊次盆东部凹陷,主要发育较厚的中生界及上古生界地层;② 中东部的重力高值带为威岛隆起,主要发育较薄的中生界地层;③ 中西部的重力低值带为高棉海槽,主要发育较厚的新生界地层;④ 西部的重力高值带为那拉提瓦隆起,中生界和上古生界地层缺失,主要发育较薄的新生界地层。

2)沉积地层演化

呵叻盆地在早石炭世—中侏罗世主要发育海相沉积,期间有浅海相、碳酸盐岩台地相、三角洲—滨岸相的交替发育;从晚侏罗世开始转为以陆相为主的沉积,发育河流—湖泊相、湖泊三角洲相。盆地整体构造上先断陷后坳陷,沉积环境由海相逐渐过渡为陆相(图 3-5)。

呵叻盆地的前寒武系—中古生界杂岩经受了区域变质和接触变质,并被许多侵入体所穿切。这些杂岩构成了一些大型构造坳陷的结晶基底或褶皱基底,而坳陷中巨厚的低级变质沉积岩则为油气勘查提供了有利区。

二叠系发育碳酸盐岩。碳酸盐岩发育层系的典型剖面为:下部为底砾岩,向上递变为粗粒

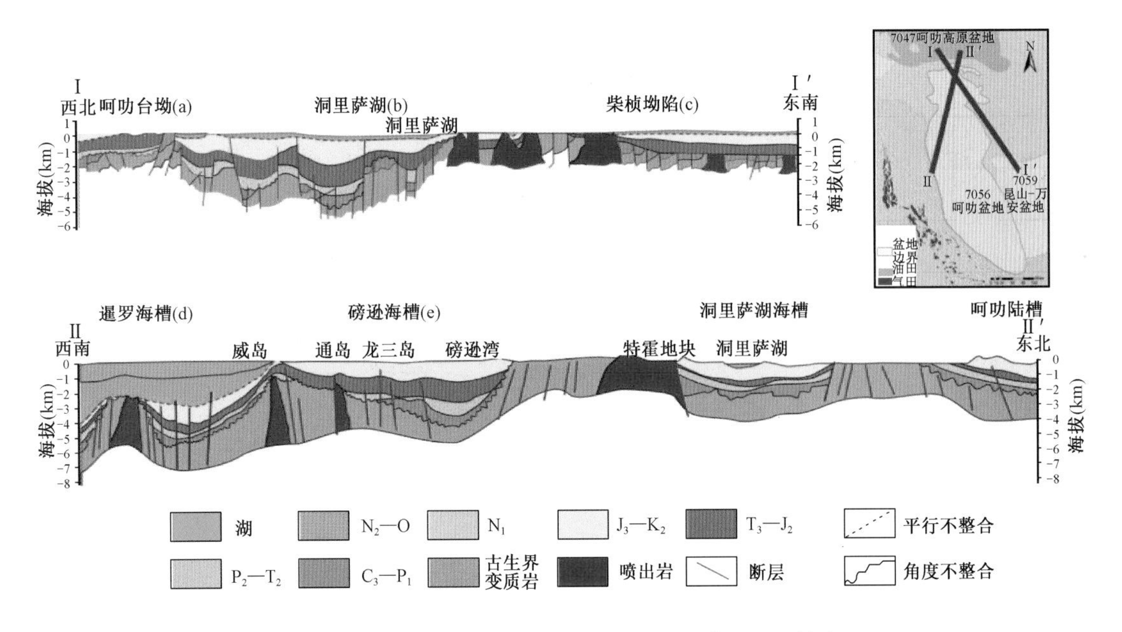

图 3-4　呵叻盆地地质剖面图(据 Vysotsky 等,1994,修改)

钙质砂岩夹少量砾岩,其上是含大量化石的钙质砂岩和石灰岩。层序中部一般由含大量各种化石的生物灰岩组成,其上再次出现碎屑物质,石灰岩中往往含有泥灰岩、钙质页岩和砂岩夹层。二叠系岩层厚 400~800m。这些碳酸盐岩发生了强烈褶皱,部分岩石在侵入体的作用下发生了接触变质,形成白色粗粒糖粒状大理岩。

中—下三叠统主要为陆源性岩石。该层序下部为底砾岩和砂岩,其上覆盖着泥灰岩—页岩;上部由砂岩、页岩和砾岩组成。总厚度 1000~2000m。红色陆源岩石呈孤立露头出露于沉积坳陷两翼,岩层倾角为 7°~15°;这些陆源岩石呈不整合覆盖于老地层之上,其沉积时代为晚三叠世至早—中侏罗世,下、中三叠统岩石受到强烈褶皱,并以中级变质作用为特征。这些岩石被大量的以花岗岩为主的侵入体切穿,侵入体侵入的时期主要为印支期,少量加里东期和海西期。

白垩系—上侏罗统主要为砂岩层层序,总厚度约 1000m。该套层序分布广泛,在博科地块象山山脉南部(侣格达湾)出露的剖面最完整。该剖面底部为含石膏夹层的粉砂岩和绿色泥页岩,相当于红色陆源岩石。这些岩石被“Gres Superieurs”上覆,由以下单元构成:

(1)底部的石英质砂岩夹砾岩层(厚 250~300m);

(2)粗粒、泥质砂岩和较稀少的细粒砂岩以及绿色泥页岩和粉砂岩(厚 100~200m);

(3)泥质砂岩和绿色泥页岩夹少量砾岩层(厚 150m);

(4)细粒、泥质砂岩夹绿色和深红—红色泥页岩透镜体,夹角砾岩层(厚 100m);

(5)与块状砂岩互层的泥质砂岩及绿色泥页岩(厚 200m);

(6)白色石英砂岩,夹少量泥页岩和泥质砂岩(厚 150m)。

洞里萨湖西北岸的砂岩中含有许多与陆源和火山碎屑相混杂的火山成因碎屑。在暹粒地区还发现了凝灰岩和凝灰质角砾岩。

在盆地的陆地上,新生界是以第四系为主的地层,目前柬埔寨大部分地区为第四系松散砂

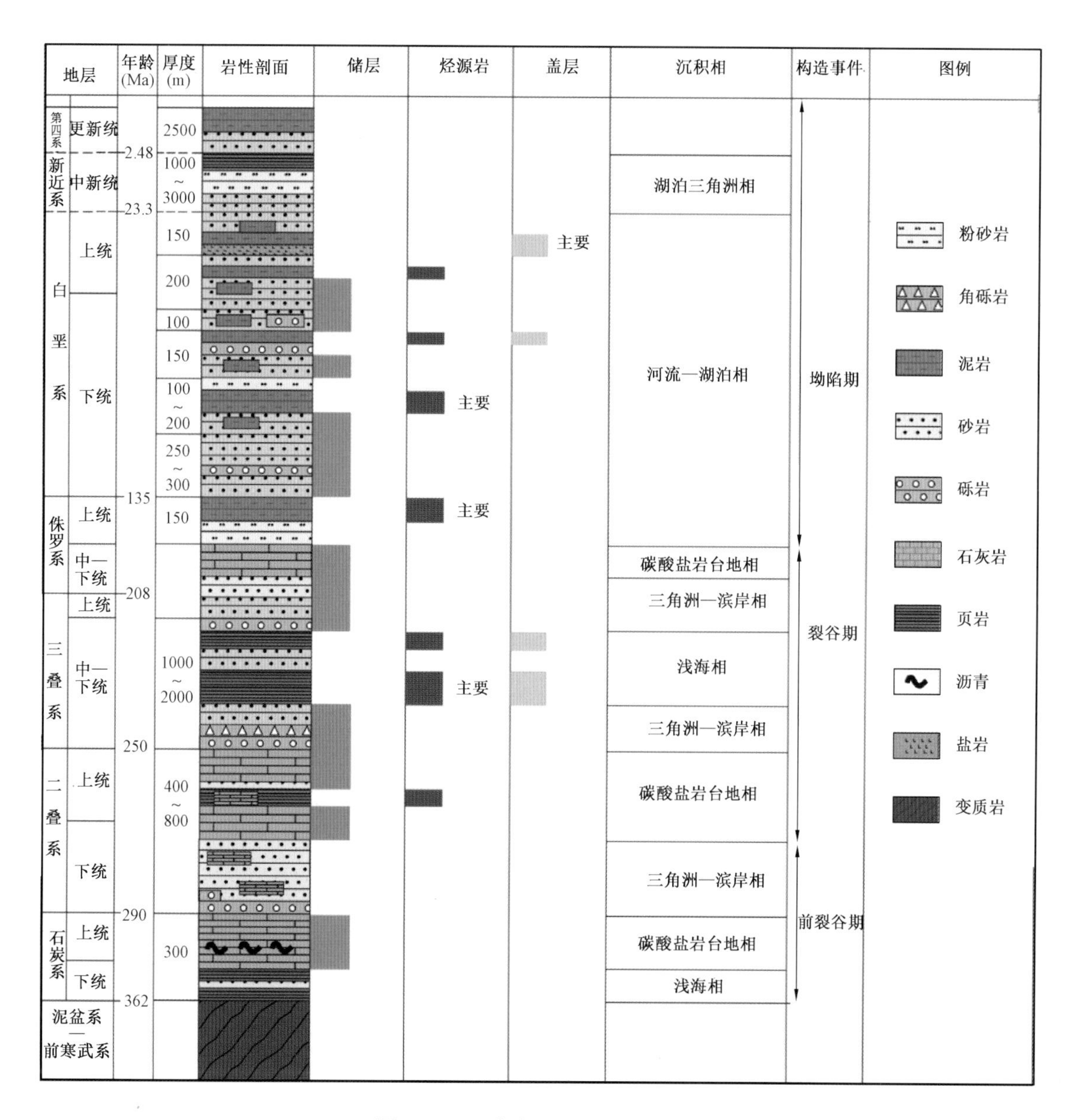

图 3－5　呵叻盆地地层综合柱状图

和黏土所覆盖，覆盖层厚度达 250m 左右。在盆地陆架区域，新生界由厚约 6000m 的陆源岩石组成。古近系产于局部发育的地堑状坳陷内，以海陆交互相砂岩、粉砂岩、页岩和煤层组成，厚度可达 2000～3000m。发育最广泛的中新统由互层的砂岩、粉砂岩和页岩组成，常常为三角洲成因，厚度可从 1000m（隆起区）到 3000m（地堑中），局部可见碳酸盐岩。上新统为海陆交互相砂岩、粉砂岩和泥页岩，夹有煤层和碳酸盐岩。上新统—更新统的玄武岩也广泛分布（图 3－5）。

2. 呵叻高原盆地构造沉积演化

1）构造演化

呵叻高原盆地发育不同类型的构造，进而形成各类圈闭。从图 3－2 和图 3－6 可以看出，盆地可大致上分为 Loei－pechabun 褶皱带、Khorat 次盆、Phu Phan 隆起、Sakhon－Nakhon 次盆以及 Savannakhet 次盆几个构造单元，其中，Khorat 次盆是最大的构造单元。

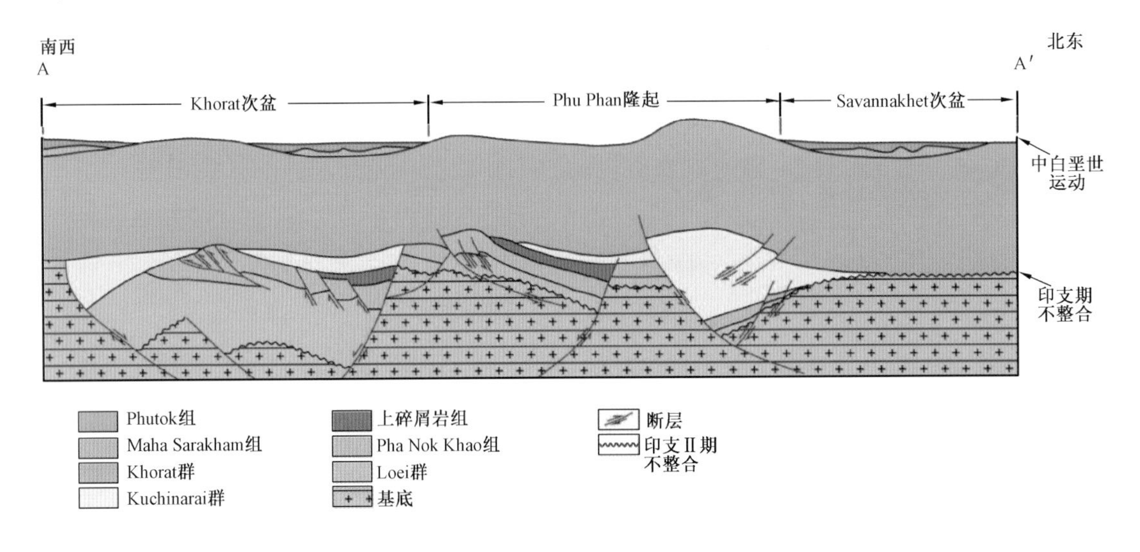

图 3－6　过呵叻高原盆地近南北向地质剖面

在北东—南西向地质剖面图上，呵叻高原盆地基底断裂发育，可见逆冲推覆构造，形成构造、地层等圈闭类型。部分地区地层缺失，地层不整合和角度不整合发育，有利于油气运移和聚集。盆地内白垩纪发育厚层 Khorat 群，可以作为很好的区域性盖层，对油气保存具有重要作用。整个盆地呈现出北高南低的构造形态，对盆地物源起到重要的控制作用。

最新的资料显示，呵叻高原盆地近年来油气有了较大的发现，加强对盆地内构造特征的认识，对油气勘探与开发具有重要的指导意义。

呵叻高原盆地的形成演化经历了长期而又复杂的过程，总体上可以分为以下 5 个阶段：晚石炭世—早三叠世裂谷运动初期；早三叠世—中三叠世印支Ⅰ期造山运动期；中三叠世—晚三叠世主要裂谷运动期；晚三叠世—早侏罗世印支Ⅱ期造山运动期；中侏罗世—晚白垩世坳陷作用热沉降期（图 3－7）。

（1）晚石炭世—早三叠世裂谷运动初期。在晚石炭世至早二叠世，裂谷作用的结果在盆地内形成一系列受基底控制的半地堑、地堑、地垒、滚动断块、门式断层以及雁列式断层。在地震剖面上同时观测到同向断层和反向断层。断层走向以北西—南东向为主，断距可达 120km。在晚石炭世—早三叠世期间所形成的构造没有一个固定的展布方向。从对盆地内丰富的地震剖面资料观察的结果来看，断层可能的展布方向有北北东向、南南西向、南西向、正北向或正南向。由于大多数构造在随后的构造事件中重新活动，因此其展布方向更加难以确定。

（2）早三叠世—中三叠世印支Ⅰ期造山运动期。在这期构造活动中，Sraburi 群经历了挤压逆冲、褶皱以及深度侵蚀作用。在此期间逆冲断层的形成可能是薄皮逆冲断层向下与低角度逆冲断层和拆离断层叠合。相应的，该时期形成的逆冲断层为无根逆冲断层。据前人资料表明，在逆冲挤压作用强烈的地区，Saraburi 群沉积呈叠瓦扇状展布。

（3）中三叠世—晚三叠世主要裂谷运动期。随着早—中三叠世印支运动Ⅰ期的抬升及侵蚀作用，进一步的裂谷作用在盆地内形成了一系列半地堑盆地，这些半地堑盆地成为了三叠系 Kuchinarai 群沉积的中心。

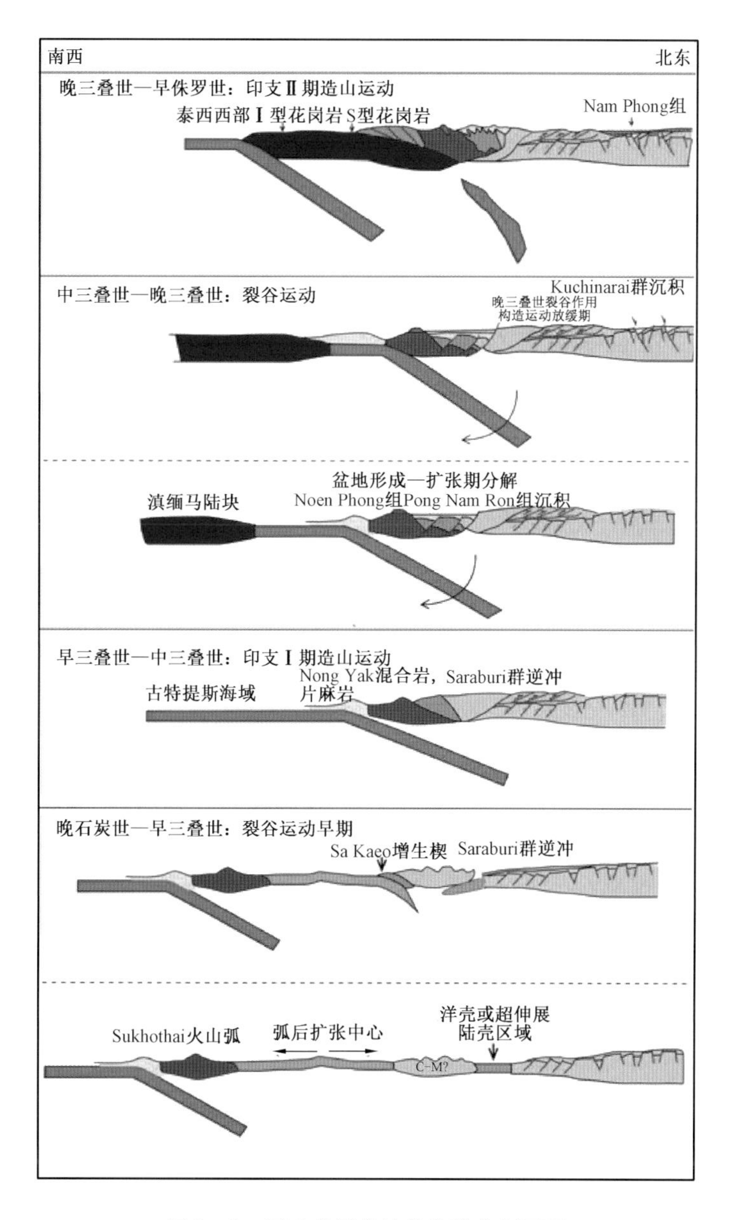

图3-7　呵叻高原盆地构造演化剖面图

(4)晚三叠世—早侏罗世印支Ⅱ期造山运动期。随着晚三叠世印支运动Ⅱ期印支板块与Shan-Thai微大陆的碰撞,导致盆地内许多早期形成构造的反转、抬升以及侵蚀。在此期间,以反向下倾—滑动为主的应力体系使得正断层和晚三叠世末形成的半地堑发生反转。研究表明正断层的反转与Phu Horm和Dong Mun地区大型断层传播褶皱的发育演化有关。支撑褶皱和折弯褶皱沿着盆地边界断层发育。同时,逆冲推覆距离达30~600m的大型薄皮、无根逆冲断层也发育。多数构造经历抬升、侵蚀最终被夷平。

(5)中侏罗世—晚白垩世坳陷作用热沉降期。从中侏罗世开始,呵叻高原盆地经历了坳陷作用热沉降期。在这期运动事件中,变形作用始于深部并沿着先期存在的各向异性逐渐向上传播。结果导致了与断层传播褶皱形成相关的薄皮逆冲断层重新开始活动。沿着半地堑边界断层的反向滑动导致了Phu Phan隆起的形成。

2)沉积地层

呵叻高原盆地的地层主要由晚泥盆世—晚二叠世的浅海沉积物以及三叠纪—晚白垩世的河湖相沉积物组成，其中盆地内烃源岩层段来自于晚石炭世—早三叠世沉积的地层单元，主要烃源岩段为二叠系上碎屑岩段和下碎屑岩段以及中三叠统。储层主要来自于二叠纪—三叠纪沉积的地层单元，尤其以二叠系发育的白云岩储层为主，是目前油气产出的重点层段。盖层主要的发育层层段是二叠系致密灰岩段上碎屑岩段发育的厚层泥岩段以及三叠发育的以膏岩盐为主的区域性盖层(图3－8)。

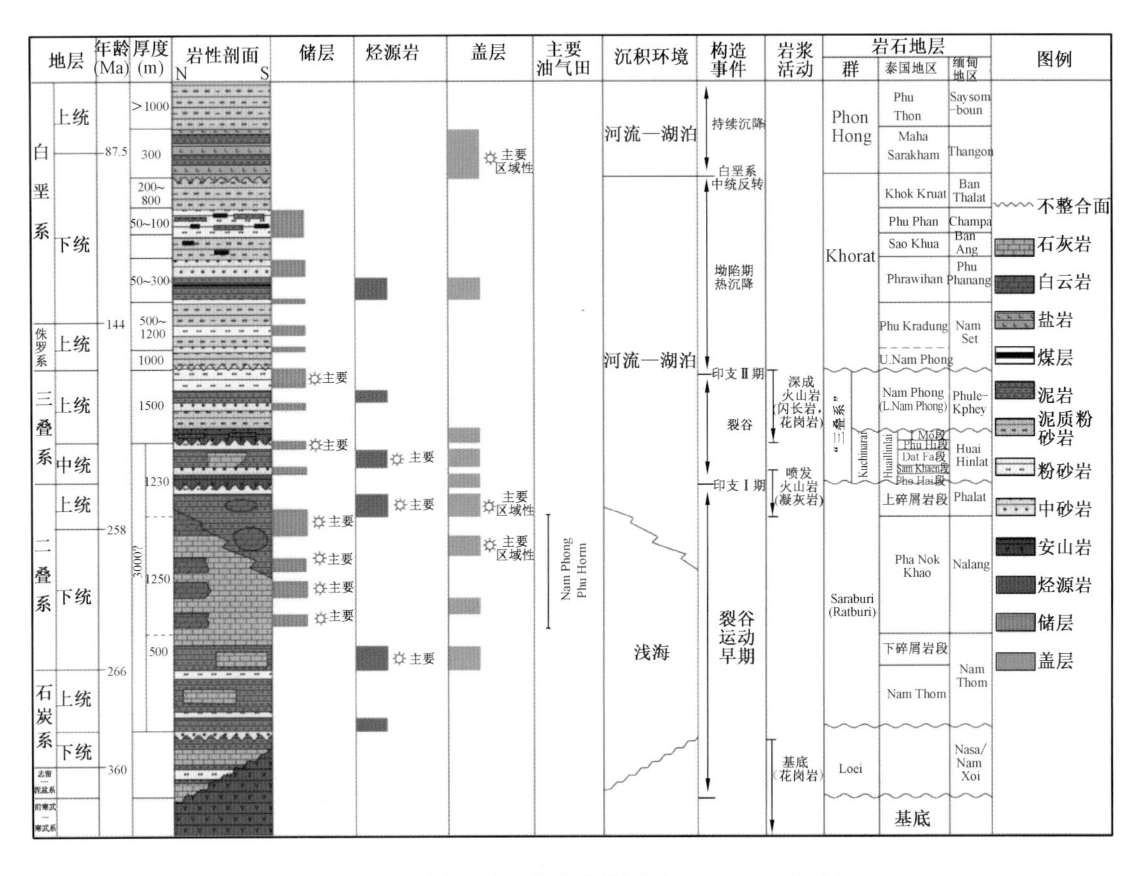

图3－8 呵叻高原盆地综合柱状图(据IHS,2014修改)

第二节 呵叻盆地油气地质

一、油气勘探开发概况

呵叻盆地石油地质勘探程度低，缺乏地震、钻井资料。近年来，在洞里萨次盆和磅逊次盆中进行了以二维地震为主的勘探活动。通过对卫星重力、遥感、地震等资料的分析，对呵叻盆地的构造、沉积以及石油地质特征有了初步的认识。

洞里萨次盆油气勘探历史较短。1998年5月，日本国家石油公司(JNOC)与休斯敦的LCT Co公司一起，在洞里萨河和湄公河盆地首次完成了21675km长的航空重力和磁力测定。

这些数据采集开始于 1997 年 4 月,但由于空难,在 1997 年 5 月被遗弃。随后在 1998 年重新开始进行采集,并于 1998 年 10 月公开这些数据。

2000 年初,大量的外国石油公司造访金边,其中三家石油公司(Russianbased Yukos, U. K. based Harrods Energy 和 U. S. based Anadarko Petroleum)拟单独申请洞里萨次盆的五块最具勘探潜力的区块(11、12、13、14 和 26 区块)。

2008 年,在和 CNPA 达成协议以后,PGS(Petroleum Geo - Services)开始了柬埔寨王国陆上首次地震调查。研究区主要集中在洞里萨次盆,地震测线从北边的马德望延伸到南边的菩萨地区的东南部,全程 50km。本次地震采集项目主要地球物理和地质目标是:① 确认重力低和深度—基地模型的存在;② 确认潜在的石油系统和更好地了解盆地的构造演化。这些二维地震剖面解释用来约束随后的重磁数据的二次解释,以帮助优选有利的油气勘探目标区。

二、烃源岩

呵叻盆地烃源岩主要为晚三叠世—侏罗纪的泥页岩,不同的地区烃源岩有所差异。

洞里萨次盆烃源岩在距今 2000 ~ 3500 年之间到达"生油窗",这个区域包括三叠世—侏罗世期间的海相地层,这很可能是本区油气的主要来源。晚热解带内的晚石炭世—中三叠世岩石可能产天然气,并已运移到包活上覆的中生代地层和晚石炭世—二叠纪的碳酸盐岩的储层内(图 3 -9)。

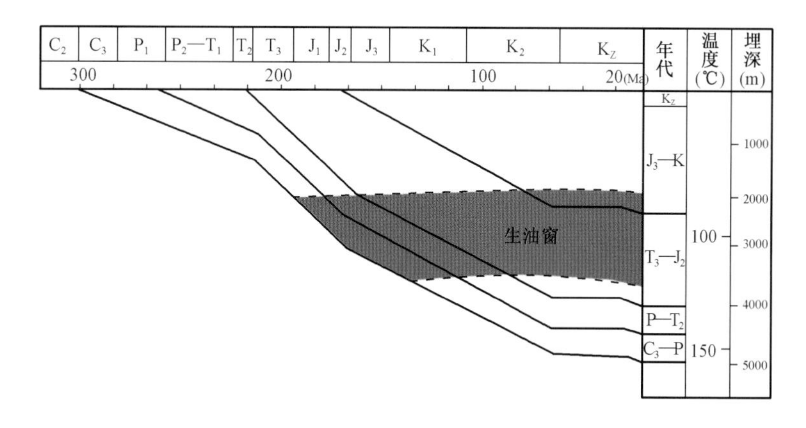

图 3 -9　洞里萨次盆埋藏史图(据 Vysotsky,1994,修改)

磅逊次盆烃类生成与广泛发育的互层粉砂岩和泥页岩有关。通过 Rock - Eval 热解法对磅逊地区的烃源岩潜力和转化作了分析。温度资料表明,晚侏罗世—白垩纪已进入深热解早中期阶段(MCI),即它们刚进入到油气形成的主要阶段,三叠纪—侏罗纪地层处在此阶段。

三、储盖组合

呵叻盆地潜在的储层位于中生代地层和石炭纪晚期以及二叠纪时期沉积的碳酸盐岩。其中,磅逊次盆产层的时代为渐新世—上新世晚期,产出深度为 1000 ~ 3000m 。

呵叻盆地盖层以白垩纪的泥页岩和膏盐岩为主。其中,洞里萨次盆在白垩纪期间沉积的含盐系地层为油气良好的盖层。磅逊次盆沉积盖层由晚三叠世—白垩纪的印支造山运动的复合岩组成。

四、油气形成与运聚

呵叻盆地发育一套石炭纪—白垩纪含油气系统。盆地内主要烃源岩发育于中三叠统至白垩系,也发育少量的二叠系烃源岩。对于盆地大部分地区,晚三叠世—侏罗纪可能为油气形成的主要阶段。烃源岩岩性主要为泥页岩,少量为裂谷复合岩。储层主要包括晚石炭世—二叠纪的碳酸盐岩储层和中生代的地层。盖层有晚三叠世—白垩纪复合岩、白垩纪的含盐层段等。盆地中隆起区发育油气圈闭,大多数隆起与印支运动有关。

油气生成以后可以运移到中生代地层和下伏的晚石炭世—二叠纪碳酸盐岩储层中,总体形成上生下储的含油气系统。其中,石炭纪—二叠纪地层单元是以天然气和凝析油为主的聚集。在深成热解后期,在区域范围可能已经生成天然气,这些天然气运移到区内较广泛分布的储层中,包括上覆中生代的地层和石炭纪晚期到二叠纪的碳酸盐岩储层(图3-10)。

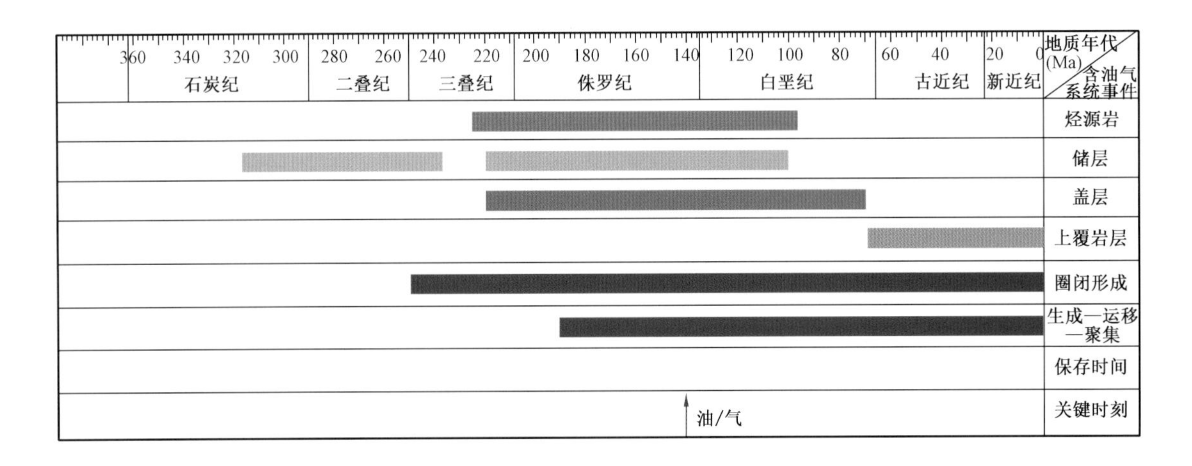

图3-10 呵叻盆地石炭纪—白垩纪含油气系统事件图

五、勘探潜力评价

1. 成藏组合

呵叻盆地内的成藏组合主要有石炭系—白垩系构造—岩性成藏组合。这一成藏组合是呵叻盆地内预测的成藏组合类型。烃源岩来自于晚二叠世—晚白垩世的沉积地层,储层主要来自于早石炭世—早白垩世沉积的地层单元。盖层主要发育于白垩纪地层中(图3-11)。

呵叻盆地的石炭系—白垩系成藏组合主要分布在盆地北部的洞里萨湖盆、西部的磅逊坳陷、南部的呵叻隆起(图3-12),主要发育在浅海相、碳酸盐岩台地相、三角洲—滨岸相、河流—湖泊相等储层发育区。成藏组合发育区周围多为古隆起区,可以为坳陷区提供大量的物源。盆地中断层、隆起发育,构造复杂。成藏组合类型以构造—岩性成藏组合为主。

2. 勘探潜力评价

目前呵叻盆地暂未发现油气田,故采用类比法开展资源评价。结果表明呵叻盆地石炭系—白垩系构造—岩性成藏组合待发现油气当量7.78×10^8bbl,其中石油0.44×10^8bbl,凝析

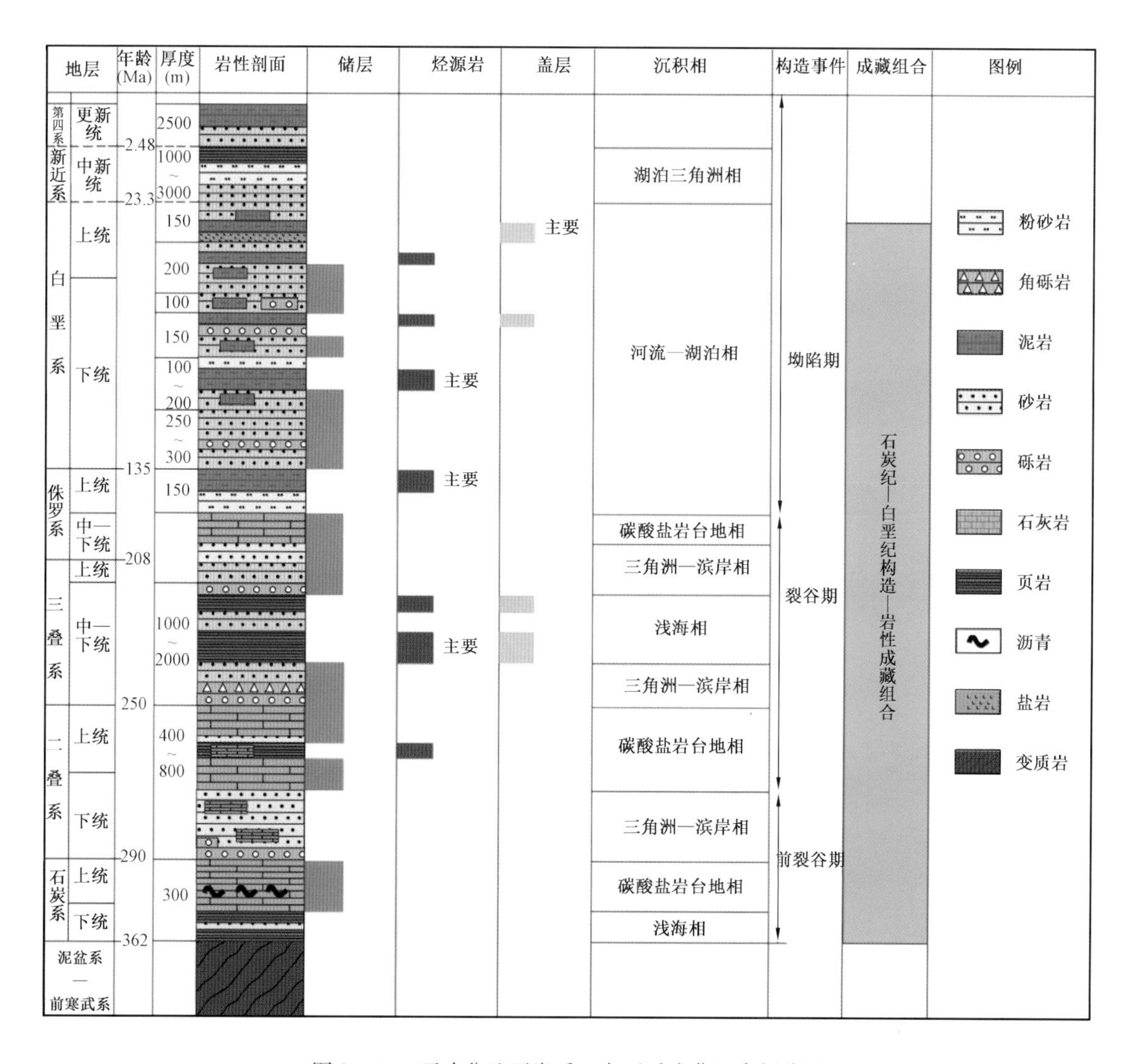

图 3-11 呵叻盆地石炭系—白垩系成藏组合划分图

油 0.20×10^8bbl,天然气 $4.14\times10^{12}ft^3$。

洞里萨次盆的基底由变形、变质的古生代岩石构成,其上发育由厚度超过4000m 的陆源中生代沉积岩和第四纪沉积物。晚三叠世—侏罗纪的海相地层中发育烃源岩,可能位于 2000~2500m 生油窗内,晚石炭世—二叠纪的碳酸盐岩和中生代砂岩为重要的储层;白垩纪含盐层系是油气的良好盖层。洞里萨湖、杜里日和克伦坳陷可以作为最重要的远景区。

磅逊次盆的上石炭统—下二叠统由厚达 1000m 陆源碎屑岩及海相碳酸盐岩组成;上二叠统—中三叠统碎屑岩、碳酸盐岩和火山碎屑岩厚达 800~1000m,充填局部裂谷;上三叠统—中侏罗统以陆源物质为主(厚达 1500m),广泛发育海进粉砂岩和泥页岩;上侏罗统—白垩系以陆相为主,厚达 1500m,在山间坳陷发育期间沉积。三叠纪—侏罗纪烃源岩已进入油气生成的主要阶段。盆地的石炭统—三叠系亦生成天然气和凝析油。盖层由晚三叠世—白垩纪的印支造山运动的复合岩组成。因此,磅逊次盆可以作为含油气远景区。

磅逊次盆中的威岛隆起,西侧为高棉海槽深凹,东北侧也发育一个深凹,两个凹陷为有利生烃带,向威岛隆起双向供烃,因此威岛隆起为潜在的油气勘探有利区带(图 3-13)。

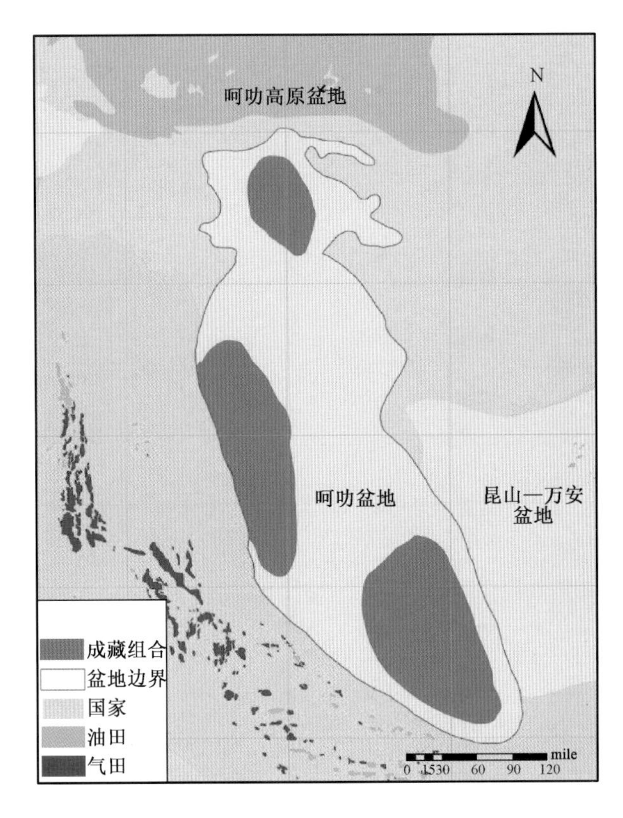

图 3－12　呵叻盆地成藏组合平面分布图

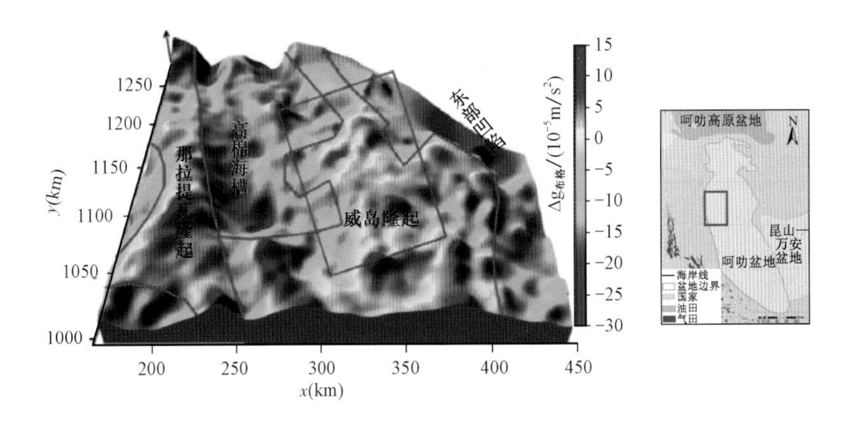

图 3－13　磅逊次盆有利区预测

（图示为研究区基底的形态，背景值为布格重力异常，据张科修改，2013 年）

呵叻隆起主要位于越南南部和越南近海海域，勘探开发资料很少。呵叻隆起左边与泰国湾盆地相接，右邻昆山—万安盆地。泰国湾盆地和昆山—万安盆地具有很好的油气显示。据构造与沉积背景等类比法，呵叻隆起可能也赋存大量的油气。

综合区域资料、相关盆地的数据以及呵叻盆地石油地质特征，呵叻盆地潜在的油气勘探有利区主要位于呵叻盆地南部的呵叻隆起区、西部磅逊次盆区以及北部洞北部洞里萨湖盆区（图 3－14）。

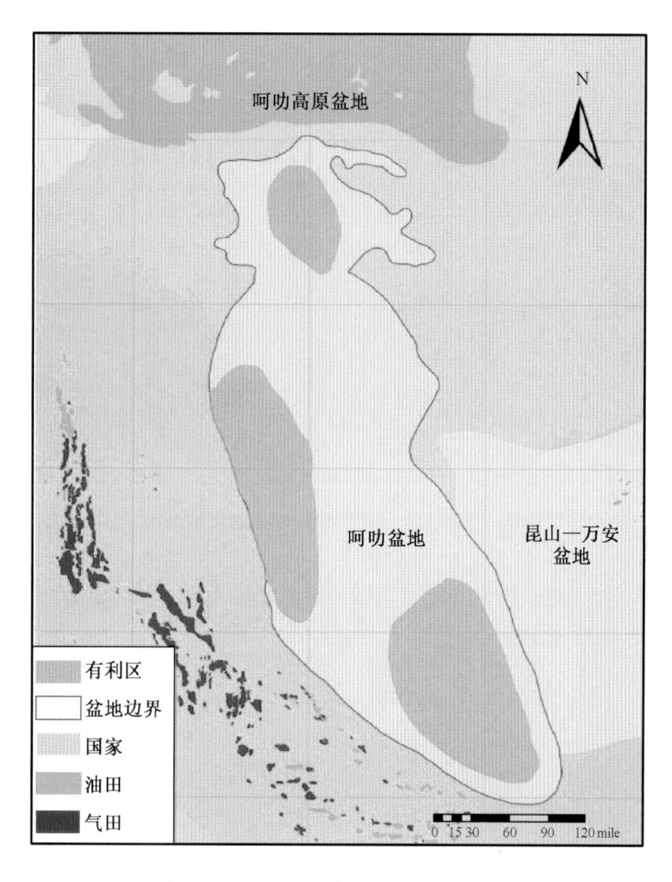

图 3－14　呵叻盆地有利区平面图

第三节　呵叻高原盆地油气地质

一、油气勘探开发概况

呵叻高原盆地的勘探活动始于 20 世纪 60 年代早期。截至目前，盆地内取得重大发现包括以 Nam Phong 1 井为代表的 Nam Phong 气田和以 Phu Horm 1 井代表的 Phu Horm 气田。自 1961 年开始勘探以来，已经钻探了 23 口新油田预探井以及 11 口其他类型探井，盆地面积为 224970km^2，勘探许可面积为 86038km^2。共有二维地震 30600km，地震覆盖密度为 7.4km/km^2。共有探井 34 口，最大井深（TD）为 4510m（图 3－15）。第一个勘探发现是 1982 年发现的 Nam Phong 气田，储量为 0.72×10^8bbl 油当量；最大的天然气发现是 1984 年发现的 Phu Horm 气田，储量达 0.56×10^{12}ft^3（图 3－16）。目前，盆地共取得了 7 个发现，探明石油 2P 储量为 4×10^6bbl，天然气 2P 储量为 1.21×10^{12}ft^3，盆地可采油气当量为 2.05×10^8bbl。累计探井成功率为 30.4%，石油资源丰度为 17bbl/km^2，天然气为 5×10^6ft^3/km^2，平均为 910bbl 油当量/km^2。

由于呵叻高原盆地仍处于勘探阶段，盆地实际开发井 7 口，均为天然气生产井。至 2006 年，据资料显示有 1 个油田生产石油和凝析油，日产 20×10^4bbl/d，2 个气田产天然气，日产 36.8×10^6ft^3/d；2007 年，亦有 1 个油田生产石油和凝析油，日产 50×10^4bbl/d，2 个气田产天然气，日产 121.2×10^6ft^3/d（图 3－17 和图 3－18）。

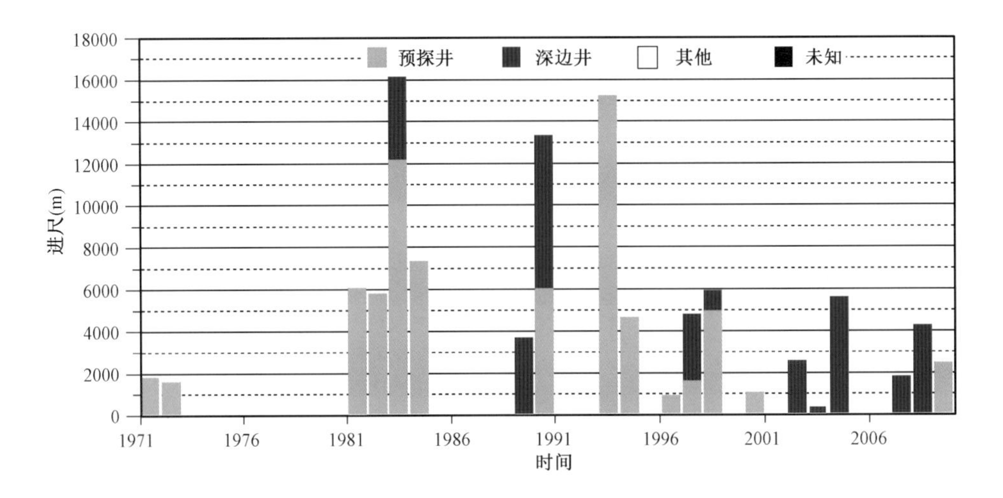

图 3－15　呵叻高原盆地历年勘探进尺图

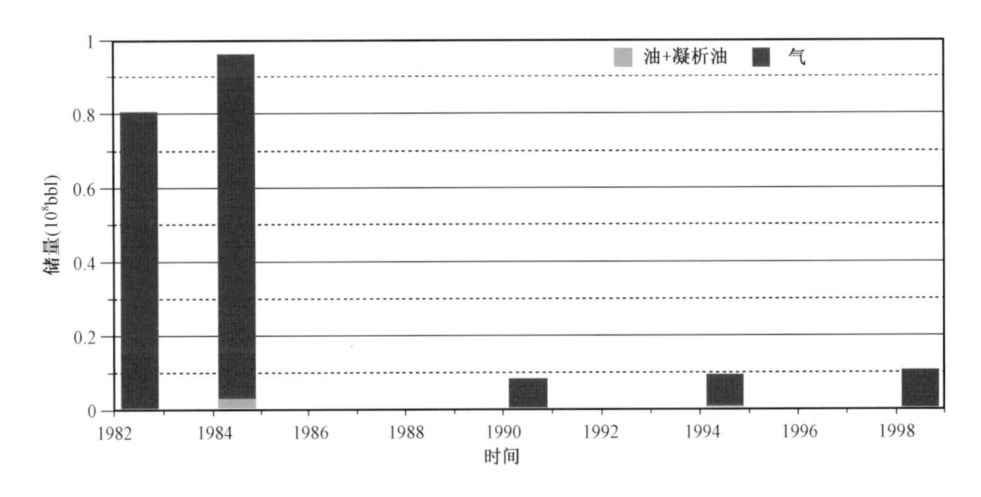

图 3－16　呵叻高原盆地历年发现储量图

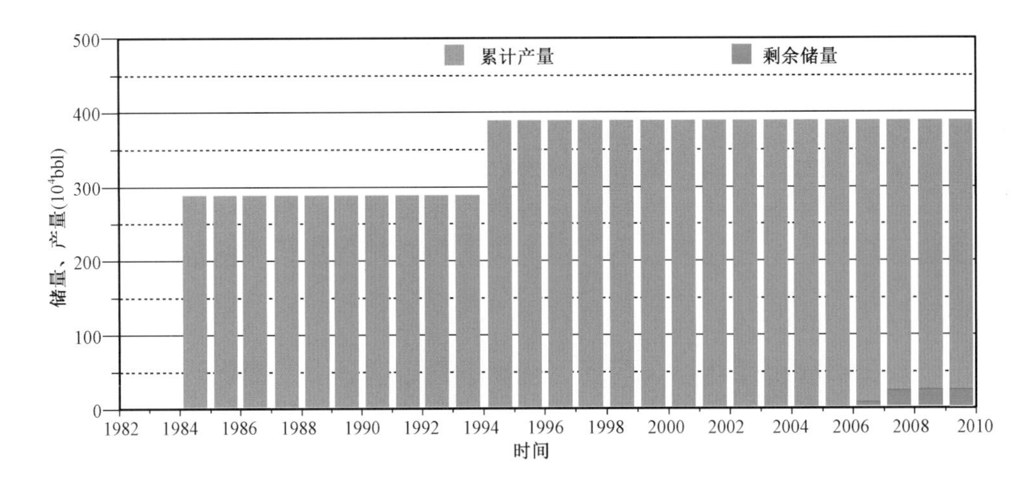

图 3－17　呵叻高原盆地历年累计石油储量及产量图

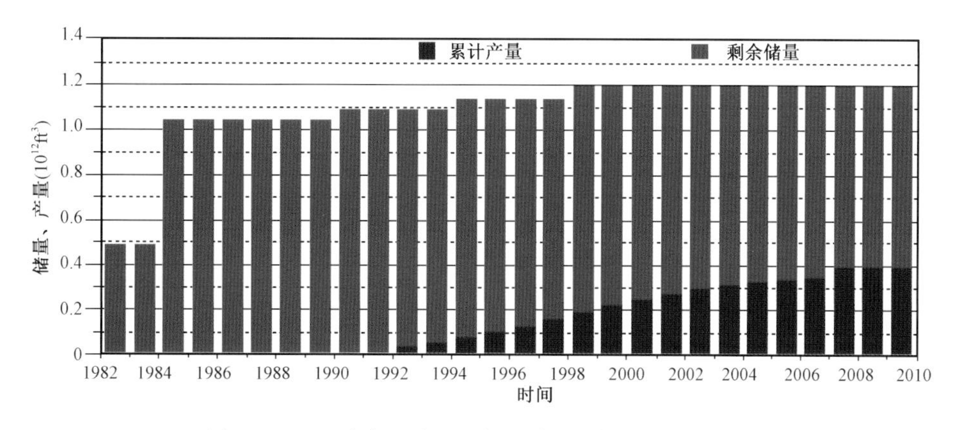

图 3-18　呵叻高原盆地历年累计天然气储量及产量图

截至 2010 年,呵叻高原盆地累计产石油和凝析油 30×10^4bbl,天然气 $0.40\times10^{12}ft^3$,剩余 2P 储量为石油和凝析油共 360×10^4bbl,天然气 $0.81\times10^{12}ft^3$。随着勘探的深入,据 2014 年最新油田报告数据显示,呵叻高原盆地已发现油气 2P 储量为 1.76×10^8bbl,其中天然气 2P 储量为 $0.98\times10^{12}ft^3$,石油总 2P 储量油当量为 751×10^4bbl。

二、烃源岩

1. 主要烃源岩

1)二叠系 Saraburi 群烃源岩

前期研究表明在老挝万象地区 Loei 群的露头研究中识别出总有机碳含量(TOC)高达 0.8% 的煤层段。同时在该地区的 Saraburi 群上碎屑岩组中也识别出烃源岩,该地层的黏土岩和煤的源岩潜力中等—好,研究表明盆地西南部受沉积相影响总有机碳含量较高,可达 7.3%,干酪根以Ⅱ—Ⅲ型为主。从地震剖面上来看这些烃源岩侧向延伸较远且厚度较大,在盆地的西部,Khorat 次盆、Phu Phan 隆起和 Sakhon - Nakhon 次盆均有分布,在盆地东部 Savannakhet 次盆则由于剥蚀作用而缺失(图 3-19 和图 3-20)。

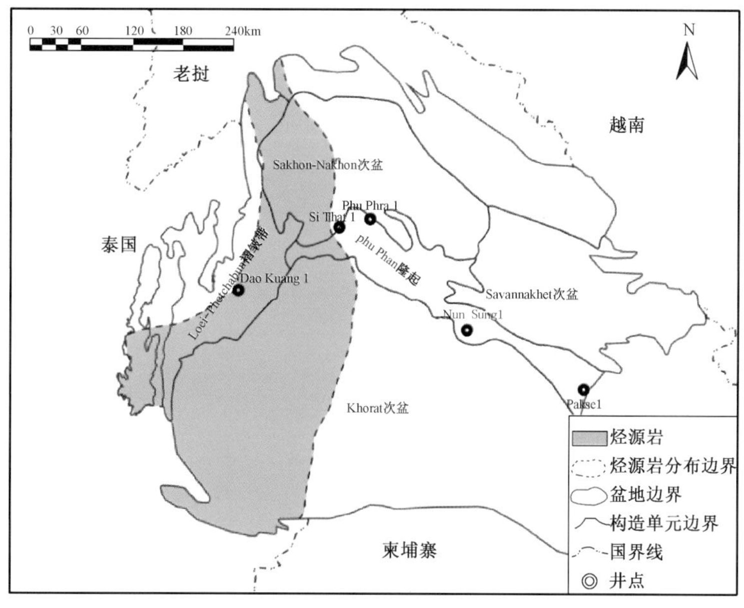

图 3-19　呵叻高原盆地二叠系 Saraburi 群上碎屑岩组烃源岩分布图

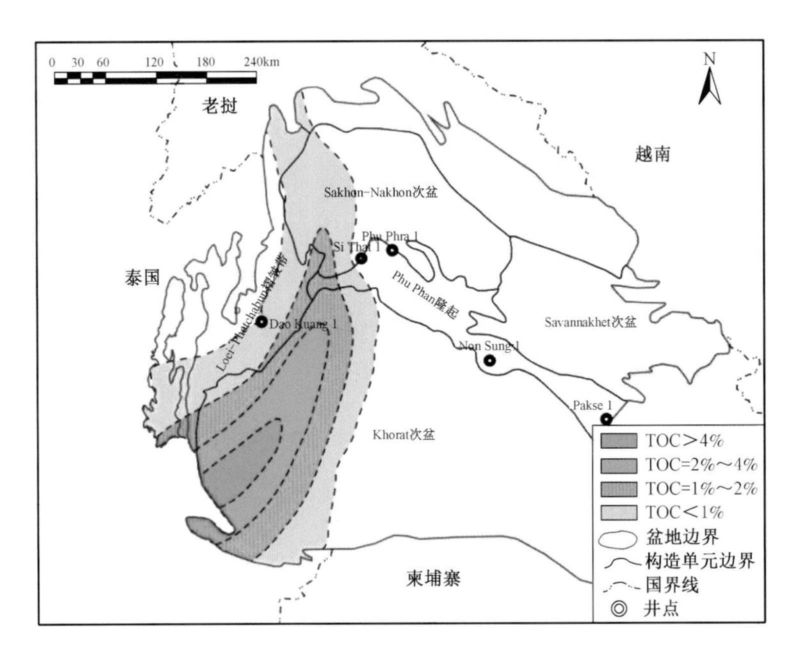

图 3－20 呵叻高原盆地二叠系 Saraburi 群上碎屑岩组烃源岩 TOC 等值线图

同时 Saraburi 群上碎屑岩组中烃源岩镜质组反射率在 1.2%～5.0%之间，在盆地西北部 Sakhon－Nakhon 次盆以及 Khorat 次盆中西部具有较高的 R_o 值，由于盆地区主要的干酪根以Ⅱ—Ⅲ型为主，主要以生气为主。在 PhuPhan 隆起区部分地方烃源岩镜质组反射率小于 0.5%，显示该烃源岩处于未成熟阶段（图 3－21）。

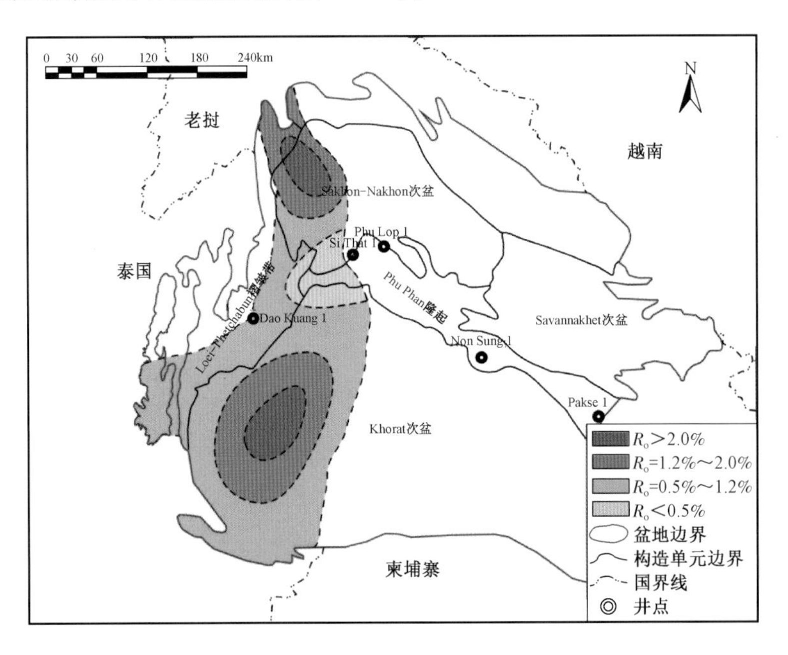

图 3－21 呵叻高原盆地二叠系 Saraburi 群上碎屑岩段烃源岩 R_o 等值线图

Saraburi 群下碎屑岩组烃源岩相对上碎屑岩组发育区域较少，主要由厚层页岩及泥晶灰岩组成的 Saraburi 群 Lower Clastics 组同样也具有烃源岩潜力，是二叠系中主要的烃源岩层，主要分布于 Loei - Phetchabun 褶皱带和 Phu Phan 隆起，在 Sakhon - Nakhon 次盆西部也有分布（图 3 - 22）。

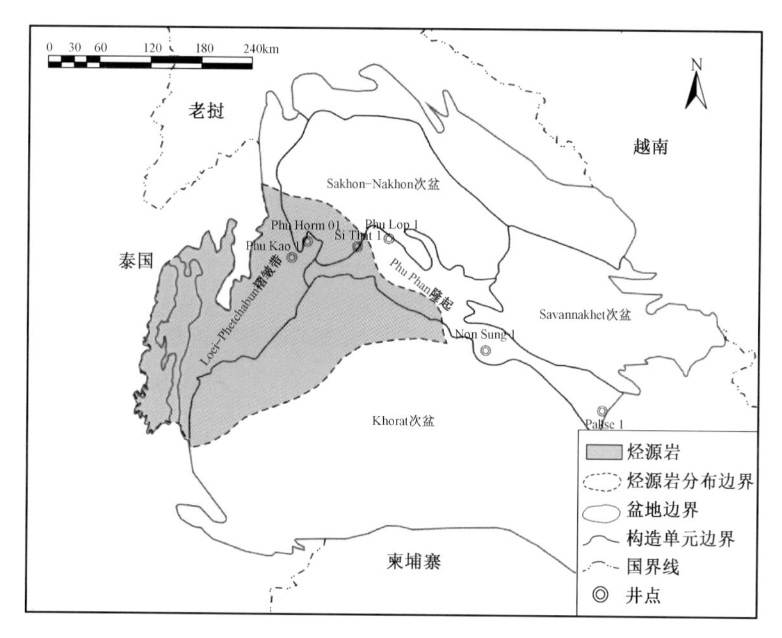

图 3 - 22　呵叻高原盆地二叠系 Saraburi 群下碎屑岩段烃源岩分布图

2）三叠系 Triassic 群 Huai Hin Lat 组烃源岩

Huai Hin Lat 组以及上覆 Nam Phong 组长期以来一直被视为盆地内重要的潜在烃源岩。

在 Huai Hin Lat 组中，湖相页岩和黏土岩的有机质丰度较好。该烃源岩具有同时生成油或气的潜力。研究表明 Huai Hin Lat 组中最重要的烃源岩是 Dat Fa 段的碳质页岩。且 Huai Hin Lat 组一般在构造或盆地的边缘部位的露头中被识别，因此，在勘探中钻遇该目的层的井段较少。在万象地区并没有该组的露头，但是通过地震剖面显示其侧向分布范围较广（图 3 - 23）。

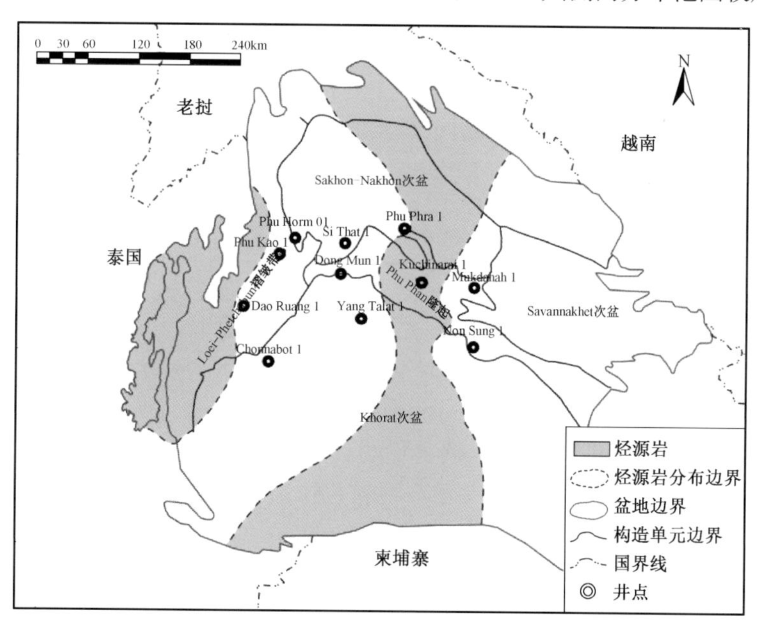

图 3 - 23　呵叻高原盆地三叠系 Triassic 群 Huai Hin Lat 组烃源岩分布图

Huai Hin Lat 组烃源岩有机质丰度从差—好，有机碳含量在 0.05% ~6.6% 之间，镜质组反射率在 1.2% ~4.9% 之间，显示该烃源岩处于成熟—过成熟阶段。从盆地三叠系 Triassic 群 Huai Hin Lat 组的烃源岩 TOC 等值线图可以看出，烃源岩有机碳含量在盆地西部富集，同时在 Sakhon – Nakhon 次盆北部以及 Khorat 次盆西南部含量较高，具有较好的生油气潜力。研究发现 Huai Hin Lat 组烃源岩中Ⅰ、Ⅱ、Ⅲ类型干酪根均存在，说明尽管盆地内目前只发现了天然气藏，但是在某个地质历史时期可能也生成了石油（图 3 – 24）。

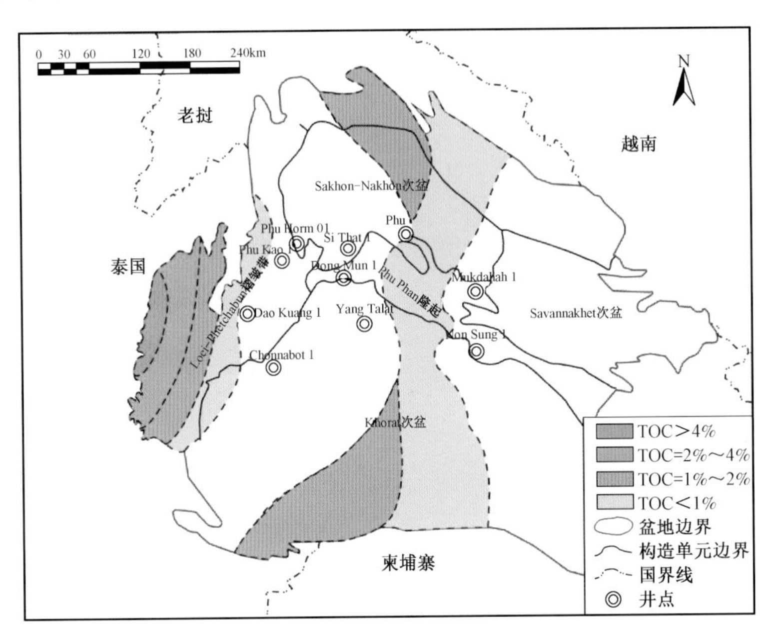

图 3 – 24 呵叻高原盆地三叠系 Triassic 群 Huai Hin Lat 组烃源岩 TOC 等值线图

2. 次要烃源岩

1）Khorat 群烃源岩

Khorat 群内除 Khok Kraut 组外其他组均具有源岩潜力。该群内烃源岩由典型的有机质贫乏的黏土岩、粉砂岩和页岩组成。总体上，Khora 群烃源岩能生成天然气，生液烃潜力较差。

（1）Phu Kradung 组。Phu Kradung 组粉砂岩和黏土岩一般有机碳含量较低，为 0.05% ~0.22%，生烃潜力极差，约为 0.13mg/g（烃/岩石）。镜质组反射率为 1.03%，热变指数（TAI）为 2 ~3，说明该烃源岩已经入生油窗内。

（2）Phra Wihan 组。Phra Wihan 组烃源岩潜力集中于其底部的薄煤层上。煤层厚 2 ~15cm，有机碳含量达 72.6%，生烃潜力可达 35.63mg/g（烃/岩石）。热变指数为 2 ~3，镜质组反射率值为 0.98% ~1%，说明该套烃源岩已处于生油窗中晚期。

（3）Sao Khua 组。Sao Khua 组的烃源岩潜力较差，有机碳含量为 0.04% ~0.11%，生烃潜力为 0.01 ~0.55mg/g（烃/岩石）。

（4）Phu Phan 组。Phu Phan 组有机碳含量约为 4%、生烃潜力约 1.61mg/g（烃/岩石），呈分散状分布的木质、煤颗粒，热变指数约为 2，镜质组反射率值在 0.83% 左右，显示该烃源岩已进入成熟期。

2）三叠系 Triassic 群 Nam Phong 组烃源岩

Nam Phong 组发育了一套薄层泥岩是该组的烃源岩，有机碳含量为 0.03% ~0.11%，生烃潜力较差，为 0.02 ~0.1mg/g（烃/岩石），镜质组反射率在 0.91%，热变指数大于 2，表明 Nam

Phong 组烃源岩已进入成熟期，且处于生油窗晚期，为次要烃源岩。

3）上石炭统 Nam Thom 群烃源岩

钻井资料表明上石炭统 Nam Thom 群发育了一套泥岩段，目前对该段泥岩段没有做具体分析，是呵叻高原盆地潜在的烃源岩层，为次要烃源岩。

三、储盖组合

1. 储层特征

基于盆地内取得的有商业价值的油气发现，二叠系 Saraburi 群 Pha Nok Khao 组储层是呵叻高原盆地内唯一已证实的储层。其他可能的储层有 Triassic 群和 Khorat 群的砂岩段，但其可靠性仍需得到进一步证实。截至目前这些较为年轻的储层段（Trassic 群和 Khorat 群）只获得了不具商业价值的天然气显示。在盆地钻探的 23 口勘探井中，只有 7 口井钻遇了明显的天然气显示。且这 7 口井中有 5 口井获得的天然气显示来自于 Pha Nok Khao 碳酸盐岩储层，这 5 口井分别是 Nam Phong 1 井、Phu Horm 1 井、Non Sung 1 井、Dong Mun 1 井和 Si That 1 井。只有 Nam Phong 1 和 Phu Horm 1 两口井发现具有商业规模的气藏。

1）Pha Nok Khao 储层

Pha Nok Khao 组储层由碳酸盐岩组成。这套碳酸盐岩储层属于典型的低孔低渗储层。由于碳酸盐岩经历了诸如胶结作用、局部岩溶作用、钙化作用以及不稳定颗粒溶解作用等显著降低孔隙度的成岩作用，其储层质量难以描述。虽然在某些情况下，早期的白云石化作用以及裂缝会使储层质量有所提高。这个碳酸盐岩储层的商业价值在 1999 年于 Nam Phong 气田获得 $0.6\times10^8 ft^3/d$ 的稳定气流后得到证实。

二叠系 Pha Nok Khao 组储层主要为碳酸盐岩储层，该时期盆地主要为浅海相沉积，以发育厚层石灰岩储层为主，同时在蒸发台地环境下发育白云岩储层，为油气运移、聚集提供场所。在盆地西北部、东北部以及中部隆起带受到古构造影响，储层厚度较薄，一般为 200m，发育裂缝型储层，物性较好，是目前重要的油气勘探开发区。在盆地中南部发育厚度约 900m 的石灰岩储层，具有巨大的油气潜力，是油气勘探的重要区带（图 3－25）。

研究表明 Pha Nok Khao 组储层内孔隙度最高的层段位于泥质含量较高处。来自 Nam Phong 气田、Phu Horm 气田等的数据表明，泥质含量较高层段（泥岩、泥质灰岩和泥灰岩）的孔隙度值为 0～19%。粒屑灰岩（泥粒灰岩、生物颗粒灰岩）的孔隙度明显较低，但是在经历早期白云化作用后可能在局部地区得到显著改善。因此 Kozar 等（1992）认为粒屑灰岩的孔隙度一般为 0～2%，但在局部地区可达 12%。该组储层的渗透率一般在为 0.009～1000mD，渗透率中值为 0.1mD。

虽然与储层岩性关系密切，Pha Nok Khao 组储层质量并不完全受岩性控制。盆地内储层质量最好的储层可能存在于经历了早期白云石化作用以及微裂缝显著发育的层段中。实际上，在 Phu Horm 气田和 Nam Phong 气田中孔渗较差的岩性仍然获得了明显的气流。

除 Savannakhet 次盆外，Pha Nok Khao 组储层在盆地大部分区域均有分布，其中受白云岩化作用强烈的 Ⅰ 类储层主要分布于 Phu Phan 隆起和 Khorat 次盆（图 3－26）。

2）Triassic 群储层

对三叠系储层而言，目前发现的油气较少。在 Triassic 群和 Khorat 群的碎屑岩中同样获得了少量天然气显示。Triassic 群中的储层主要有 Huai Hin Lat 组 Pho Hi 段和 Nam Phong 组。这些砂岩中通常储存着处于超压状态的天然气。

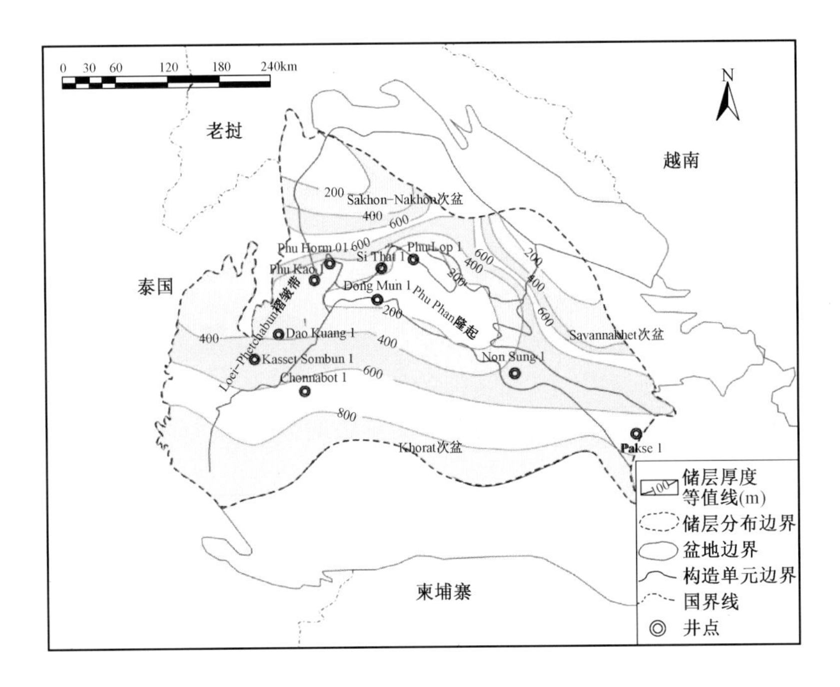

图 3-25 呵叻高原盆地二叠系 Pha Nok Khao 组储层厚度等值线图

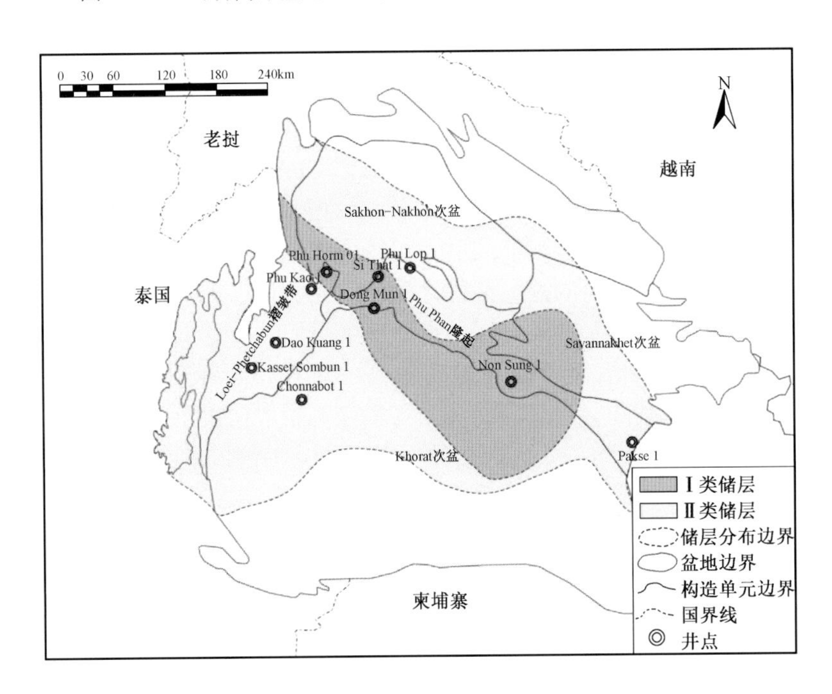

图 3-26 呵叻高原盆地二叠系 Pha Nok Khao 组储层分布图

(1) Huai Hin Lat 组储层。在 Nam Phong 1 井、Chonnabot 1 井、Phu Horm 1 井、Non Song 1 井、Sakon 1 井和 Mukdahan 1 井的 Huai Hin Lat 组中均获得了少量油气显示。除了 Phu Horm 1 井以外，针对这些井进行了进一步的测试，未获得任何显著的气流，证实 Huai Hin Lat 组储层十分致密。在 Phu Horm 1 井的第 2A 次中途测试中获得了流量为 $4.1\times10^6 ft^3/d$ 的气流。长期的生产测试只获得了 $3.8\times10^6 ft^3/d$ 的稳定气流。

(2) Nam Phong 组储层。在 Phu Phra1 井、Makdahan 1 井和 Phu Wiang 1 井的 Nam Phong 组中获得了少量的天然气显示。这些井针对 Nam Phong 组的测试中，只生产了少量的气流。Nam Phong 组储层主要以河流相砂岩为主。由于颗粒粒度通常为极细—细，且黏土碎屑和自生胶结物较为发育，该储层物性较差。原生孔隙度为 0 ~ 4.5%，平均值在 1.5% 左右。该组的次生孔隙较大，一般为 0 ~ 11.5%，平均值为 3.2% 左右。虽然次生孔隙发育良好，但是由于孔隙连通性较差使得有效孔隙度较低。

在储层厚度方面，三叠系储层主要发育在河流—湖泊环境，主要以三角洲前缘砂体为主，砂体厚度最大处可达 600m，受控于沉积相带，厚储层主要分布在 Phu Phan 隆起、Sakhon – Nakhon 次盆区域（图 3 – 27）。

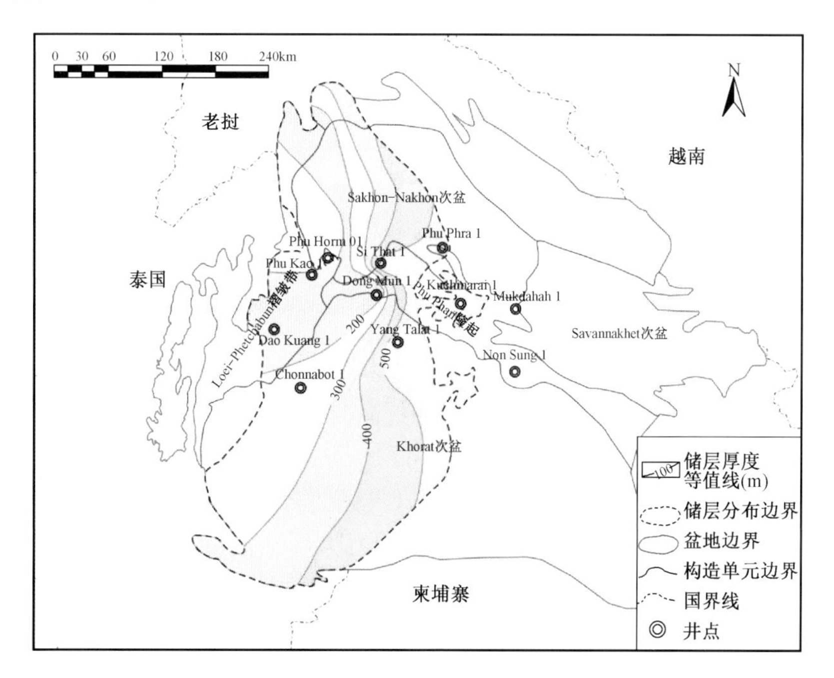

图 3 – 27　呵叻高原盆地三叠系主要储层厚度等值线图

综上所述三叠系储层中Ⅰ类储层主要分布于 Phu Phan 隆起、Savannakhet 次盆西部，Ⅱ类储层主要呈条带状分布于 Sakhon – Nakhon 次盆、Phu Phan 部分隆起区、Loei – Phetchabun 褶皱带以及 Khorat 次盆大部分地区中（图 3 – 28）。

3) *Khorat 群储层*

侏罗系—白垩系 Khorat 群砂岩储层的质量一般较好。在露头上针对 Khorat 群砂岩展开分析的结果也证明其具有良好的孔隙度。在 Dao Raung 1 井、Phu Phra 1 井和 Yang Talat 1 井的 Khorat 群储层中获得了少量气流和水流。

对 Khorat 群的露头分析，结果显示，储层质量随着埋深增加而递减。因此，即使没有获得油气显示，但 Phu Phan 组和 Khok Kraut 组等时代较为年轻的砂岩储层具有 Khorat 群内最好的储层性质。Phu Phan 组储层由厚度为 15 ~ 40m 的辫状河砂岩组成。在露头上，Phu Phan 组的原生孔隙度为 1.5% ~ 10%，平均值在 3.3% 左右。Khok Kraut 组具有更好的储集潜力。露头上 Khok Kraut 组的原生孔隙度可达 7.5% ~ 14.5%，均值为 7.3% 左右。孔隙未被自生胶结物充填是该储层段砂岩具有良好孔隙度的原因。

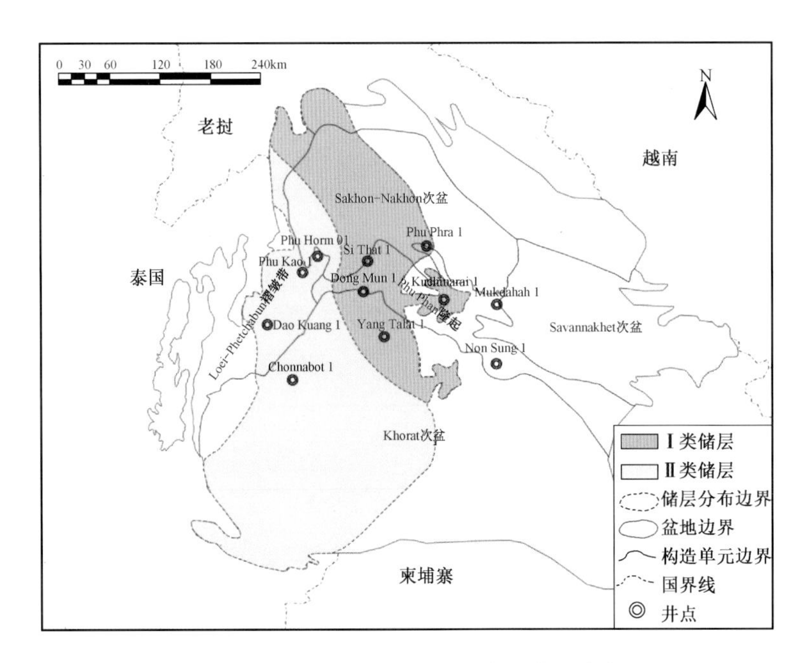

图3－28　呵叻高原盆地三叠系主要储层分布图

2. 盖层特征

呵叻高原盆地的盖层单元在早二叠世—晚白垩世间均有分布。主要的区域性盖层共有三套,分别为上白垩统底部以及下白垩统顶部,Phon Hong群发育的区域性盐岩可以作为有效的盖层;二叠系顶部上碎屑岩段(Phalat组)发育的厚层泥岩段;Phan Nok Khao组发育的区域性石灰岩层对该组中的白云岩储层起到很好的封闭作用。

同时印支运动Ⅱ期不整合和上覆的Nam Phong组、Huai Hin Lat组储层和Saraburi群储层的顶部盖层,由Nam Phong组上段和下段的黏土岩、泥岩、泥质粉砂岩组成,也可以作为次要盖层。

平面上,二叠纪末印支运动不整合面在盆地各处广泛发育。二叠系上碎屑岩段(Phalat组)在除Khorat次盆西部及Loei－Phetchabun褶皱带部分区域外广泛分布,对下碎屑岩段烃源岩生产的油气具有重要的保护作用(图3－29)。上白垩统底部以及下白垩统顶部Phon Hong群发育的区域性的盐岩及泥岩,在平面上具有区域性分布,对这整个盆地的油气起到较好的封闭作用。

研究表明,薄层的层内盖层在盆地整套地层中分散分布,主要与粉砂岩、泥岩、黏土岩和致密砂岩层有关。这些盖层单元的有效性尚存在争议。可能其中大多数仅在局部地区形成有效封盖。上碎屑岩组的致密砂岩、黏土岩和粉砂岩也有作为盖层的潜力,Khorat群内的页岩和粉砂岩层同样可能为Khorat群储层提供层内盖层,只是其完整性和分布尚存在疑问,还需进一步研究。

四、油气形成与运聚

1. 含油气系统

呵叻盆地目前含有两套含油气系统,已证实的含油气系统是上石炭统—二叠系含油气系

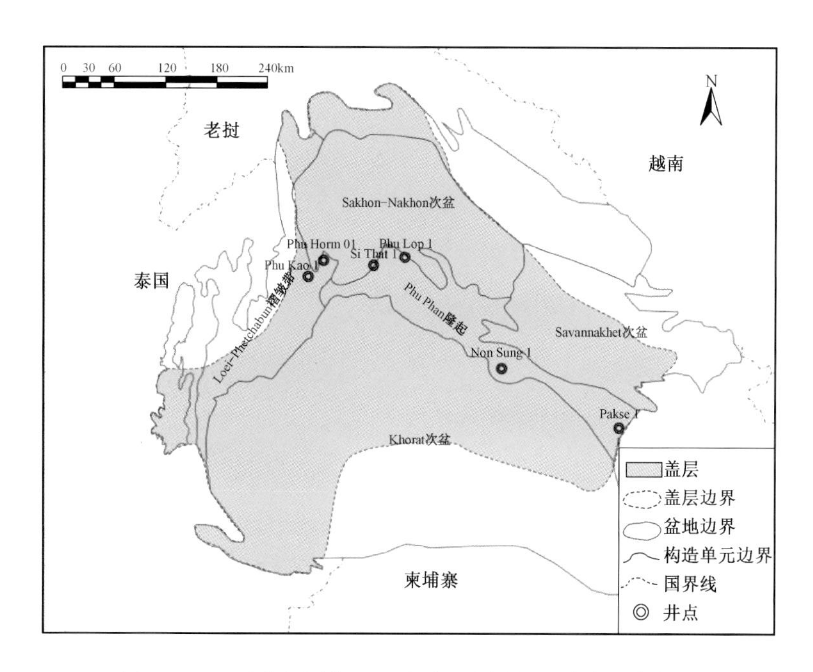

图3-29 呵叻高原盆地二叠系上碎屑段区域盖层分布图

统，盆地内唯一具有经济价值的发现Nam Phong油(气)田就是来源于这个系统；另外还有一套未经证实的(推测的)含油气系统，即三叠系—白垩系含油气系统。

1)上石炭统—二叠系含油气系统

上石炭统—二叠系含油气系统是呵叻高原盆地内唯一已证实的含油气系统。该含油气系统已经提供了Nam Phong气田以及Phu Horm远景区(图3-30)。目前针对该含油气系统烃源岩的精确评价中遇到的困难是埋深过大，使得烃源岩过度加热。据推测该套含油气系统的烃源岩可能为Loei群和Saraburi群的黏土岩、泥质粉砂岩和煤层，也可能为Huai Hin Lat组的Dat Fa段。在老挝万象地区的露头中测量该含油气系统煤层的有机碳含量达80%。上碎屑岩组的黏土岩和煤层同样可作为潜在的烃源岩，其有机碳含量达到7.3%，显示出一般—较好的生烃潜力。虽然钻井中较少钻遇这些烃源岩，但是地震上显示它们厚度较大，侧向连通性也较好。Lower Clastic组也存在成为潜在烃源岩的可能。这些烃源岩处于成熟—过成熟阶段，更容易生成天然气。

该含油气系统的储层是Pha Nok Khao组的碳酸盐岩，该储层属于典型的低孔低渗储层，较低的孔渗还来自于早期的白云石化作用以及裂缝作用。研究发现Pha Nok Khao组的碳酸盐岩储层的孔隙度中值为0~2%，最高可达19%；渗透率中值在0.1mD左右。

最主要的盖层单元是与印支运动Ⅰ期和Ⅱ期不整合面相关的倾斜盖层、Huai Hin Lat组和Nam Phong组的泥岩和致密粉砂岩。以及在个别情况下(例如Phu Lop 1井中)，上碎屑岩组的泥岩和粉砂岩也能充当盖层的角色。

该含油气系统的圈闭类型包含一系列的地层圈闭样式和构造圈闭样式，包括反转断块圈闭、倾斜断块圈闭、断裂背斜圈闭以及相对潜山的地层尖灭圈闭。其中早二叠世时期形成的深部构造在印支运动Ⅱ期和喜马拉雅运动中被后期改造。

Loei群和Saraburi群烃源岩的生排烃从晚侏罗世(中白垩世)—晚白垩世一直持续至今。

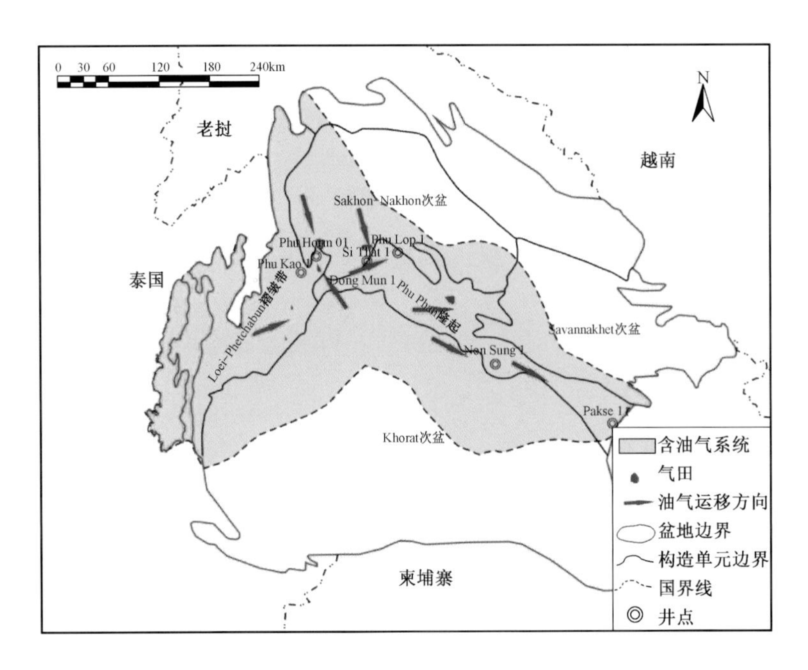

图 3－30　呵叻高原盆地上石炭统—二叠系含油气系统分布图

这一结论是基于假定在二叠纪—三叠纪裂谷作用期间逐步增高的地温梯度生产出了足够多的热流来生成油气。由于盆地的中生代地层在各期构造活动中经历了多期抬升和侵蚀作用，因此目前这些烃源岩的埋深很难进行准确评价。据推测其埋深不足以在二叠纪—三叠纪期间产生足够多的热流来生成油气，具体的含油气系统事件如图 3－31 所示。

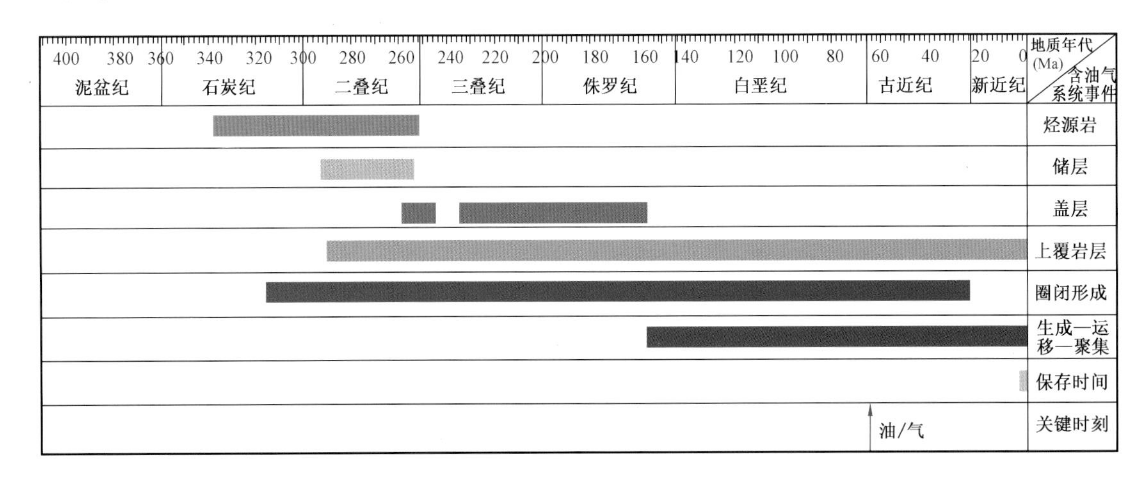

图 3－31　呵叻高原盆地上石炭统—二叠系含油气系统事件图

2）三叠系—白垩系含油气系统

虽然 Huai Hin Lat 组和 Nam Phong 组烃源岩是已证实的烃源岩，但是该含油气系统仍属于推测的。晚三叠世诺利阶 Dat Fa 段碳质页岩是该含油气系统内最重要的烃源岩（图 3－32）。

这些烃源岩干酪根类型多样（Ⅰ、Ⅱ、Ⅲ型都有），既能生油也能生气。镜质组反射率值显示这些烃源岩目前正处于生气—过成熟阶段。Nam Phong 组的生烃潜力非常差，镜质组反射

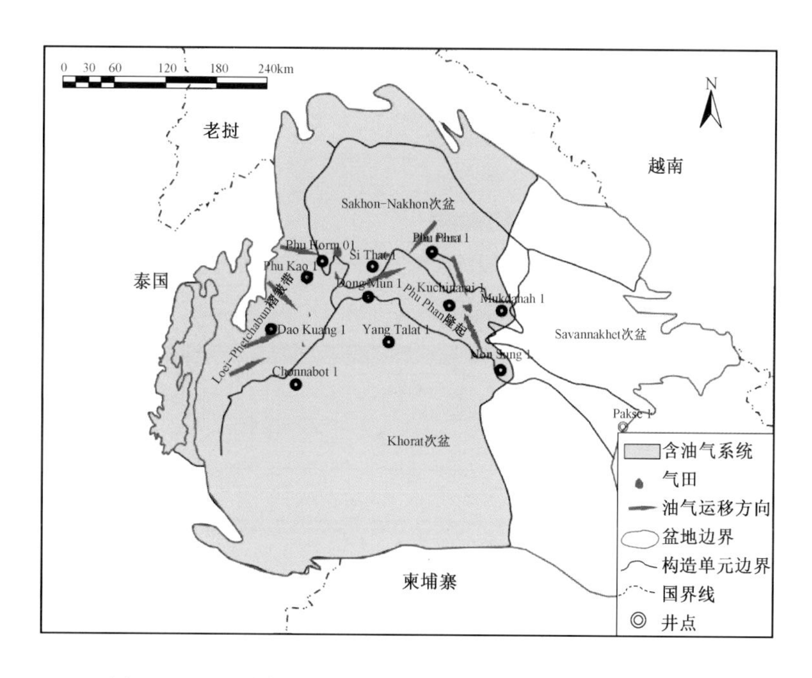

图 3-32　呵叻高原盆地三叠系—白垩系含油气系统分布图

率表明这些烃源岩正处于生油窗晚期。

该含油气系统的储层岩性以砂岩为主。最主要的储层是 Huai Hin Lat 组 Pho Hi 段以及 Lower Nam Phong 组的砂岩。虽然没有从中发现具有商业价值的油气,但是在钻探过程中钻遇了天然气显示。这些储层十分致密,一般天然气能够充注进来是由于盆地内地层超压造成的。虽然目前在针对这些储层的勘探活动中面临各种困难,但是能够确信它们仍然含有商业价值不等的油藏或气藏。

该含油气系统发育印支运动Ⅱ期和三叠纪末不整合所形成的圈闭。潜在的顶部盖层可能有 Lower Nam Phong 组和 Upper Nam Phong 组的粉砂岩、页岩及泥岩。随着印支运动Ⅱ期和三叠纪末不整合所引起的区域性变形、抬升及侵蚀,盖层可能从晚侏罗世开始变得有效。

圈闭类型包含多种构造及地层圈闭样式,从简单的地层尖灭到反转断块、倾斜断块、断裂背斜,以及被断层封闭的储层所形成的圈闭。圈闭形成始于晚三叠世,并在随后的构造事件中经历了后期改造。

三叠系烃源岩的生排烃发生于 3110m 埋深及距今 191—109Ma,油和气的排出均在此期间。镜质组反射率值显示目前这些烃源岩正处于过成熟阶段,只能够生产干气。

虽然这套含油气系统可能存在,但是储层可能错过了油气早期的生成和运移。而印支运动Ⅱ期和三叠纪末的构造运动所引起的变形、抬升和侵蚀作用可能使储层暴露于地表,造成赋存其中的油气泄漏。甚至,更有可能这些储层只有储存来自 Huai Hin Lat 组和 Nam Phong 组烃源岩晚期生成的天然气的潜力(图 3-33)。

2. 圈闭特征

盆地的圈闭类型以地层圈闭和构造型圈闭为主。包括反向断块圈闭、倾斜断块圈闭、断背斜圈闭、褶皱圈闭以及构造—岩性圈闭(与古潜山相关的岩性上倾尖灭)(图 3-34)。基底抬

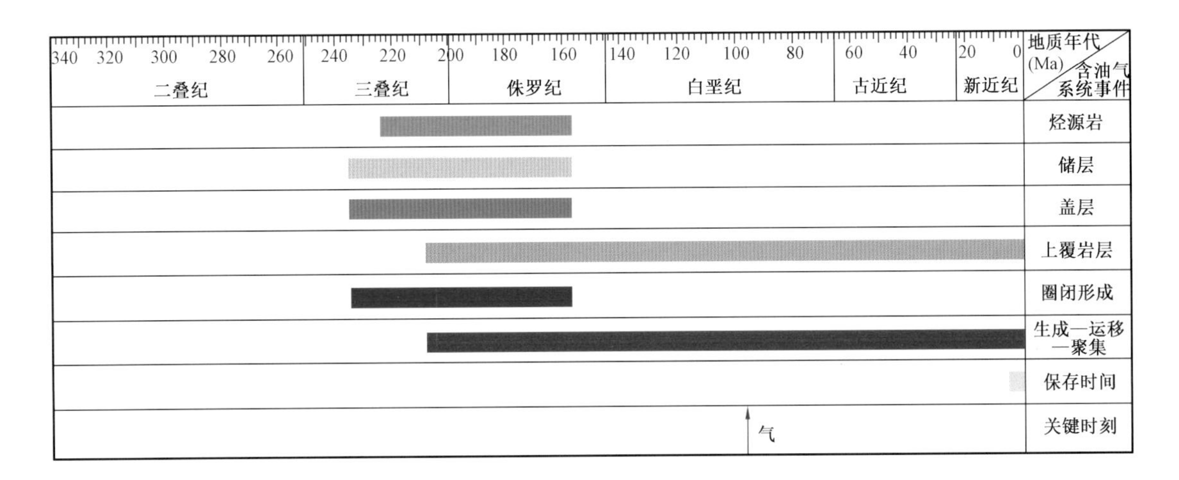

图 3－33　呵叻高原盆地三叠系含油气系统事件图

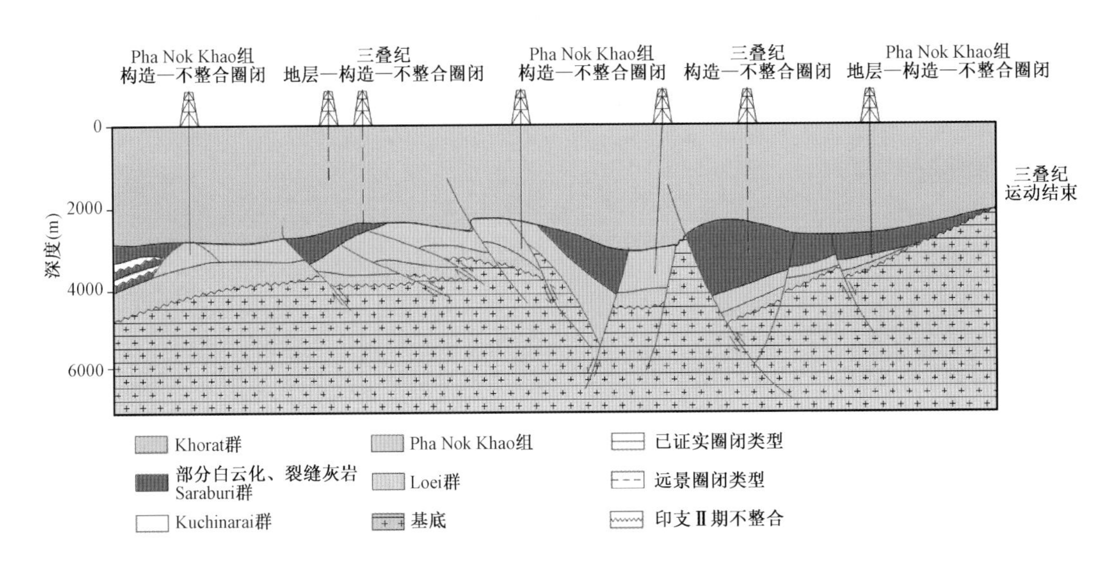

图 3－34　呵叻高原盆地圈闭类型图

升剥蚀后再次沉降接受沉降，剥蚀面对圈闭的形成起到了遮挡作用，形成了地层圈闭。基底断裂在后期沉积过程中的再次活动形成了同沉积断层和叠瓦状推覆断层等，形成圈闭的主要遮挡条件。三叠系—白垩系构造—不整合圈闭、地层—构造不整合圈闭形成于晚三叠世（距今235Ma）；Khorat 构造—不整合圈闭形成于中白垩世反转作用期以及喜马拉雅运动期（距今145.6Ma）；Pha Nok Khao 组构造—不整合圈闭及地层构造不整合圈闭形成于石炭纪—新近纪（362.5—23.3Ma）。

3. 油气生成与运移

热流测量数据和相关井数据显示呵叻高原盆地目前平均地温梯度大约在 25℃/km，这个数据在中南半岛及南海东缘相对较低。现今较低的热流动与盆地复杂的构造演化背景相结合使得烃源岩的成熟度难以确定。不同学者关于 Khorat 群沉积的时间以及 Khorat 群沉积前构造事件的时间、期次和持续时间存在争议。该分歧对盆地古地温的恢复和深入分析形成巨大的阻力。

呵叻高原盆地内天然气烃源岩为 Saraburi 群和 Kuchinarai 群内的 Huai Hin Lat 组。天然气的生成时间估计在中白垩世—晚白垩世之间(最早可能在晚侏罗世)。这个时间的提出是基于以下猜想:即古地温梯度在二叠纪—三叠纪裂谷作用期间显著增加,在白垩纪或侏罗纪期间提供了充分的热流来加热烃源岩致其成熟。前人对呵叻高原地进行研究,认为 Kuchinarai 群 Huai Hin Lat 组烃源岩具有生成液态烃(石油和凝析油)的潜力。

通过开展成熟度研究,结果表明三叠纪沉积物生成石油和湿气的时间为 191—109Ma,埋深在 3110m 左右。镜质组反射率值为 1.2% ~2.6%。三叠纪烃源岩的 R_o 值显示其十分成熟。因此随着被上覆 Khorat 群沉积进一步覆盖压实,可能只存在生成干气的可能。如果石油和湿气存在,则可能存在于穹顶构造区域或在 Khorat 群内形成的圈闭内。

五、勘探潜力评价

1. 成藏组合

呵叻高原盆地内已经识别出的成藏组合主要有上石炭统—二叠系成藏组合和三叠系—白垩系成藏组合。其中,最重要的成藏组合是上石炭统—二叠系成藏组合(图 3 -35)。

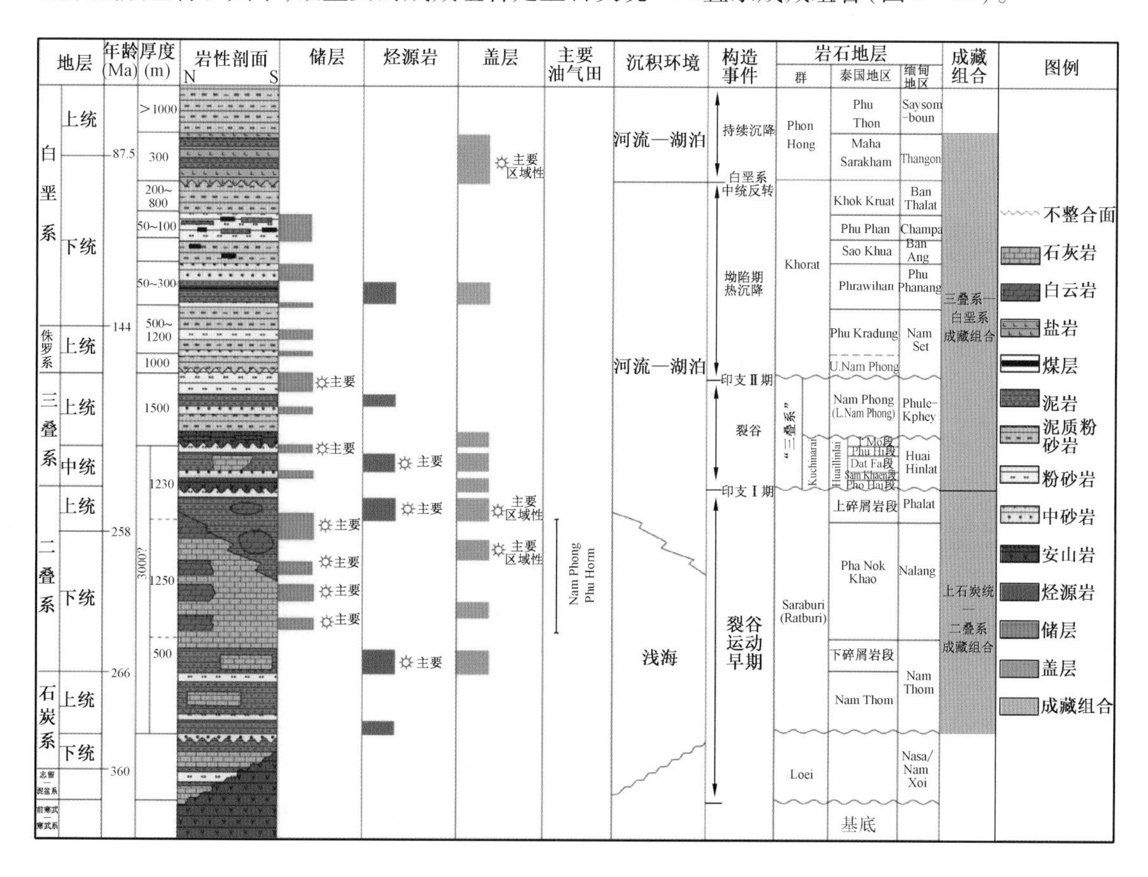

图 3 -35 呵叻高原盆地成藏组合纵向划分图

1)上石炭统—二叠系成藏组合

上石炭统—二叠系成藏组合内已发现石油储量占盆地总石油储量 57%,天然气占 85%,主要集中在下二叠统,储层以浅海局限台地、局限—蒸发台地碳酸盐岩为主,在盆地西部的

Loei－Phetchabun 褶皱，以及 Sakhon－Nakhon 次盆、Phu Phan 隆起和 Khorat 次盆西部地区均有分布（图 3－36 至图 3－39）。

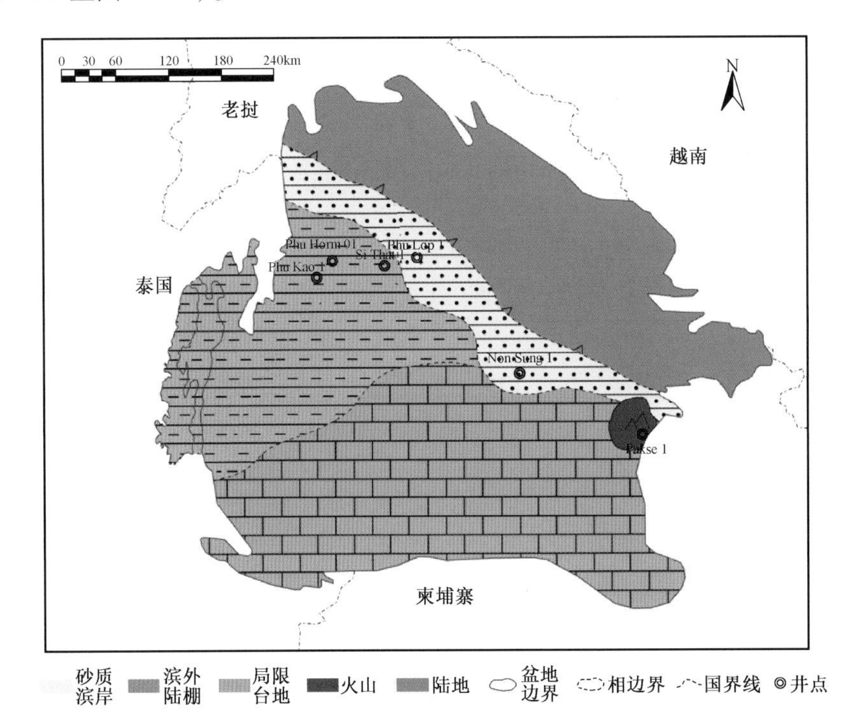

图 3－36 呵叻高原盆地二叠系成藏组合下碎屑岩段岩相古地理图

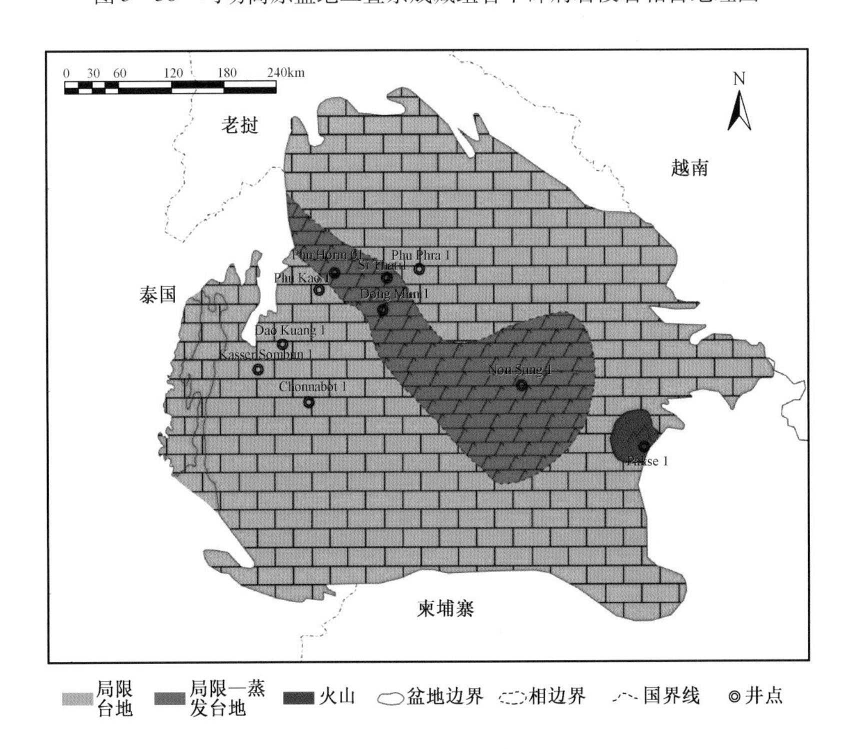

图 3－37 呵叻高原盆地二叠系成藏组合 Pha Nok Khao 组岩相古地理图

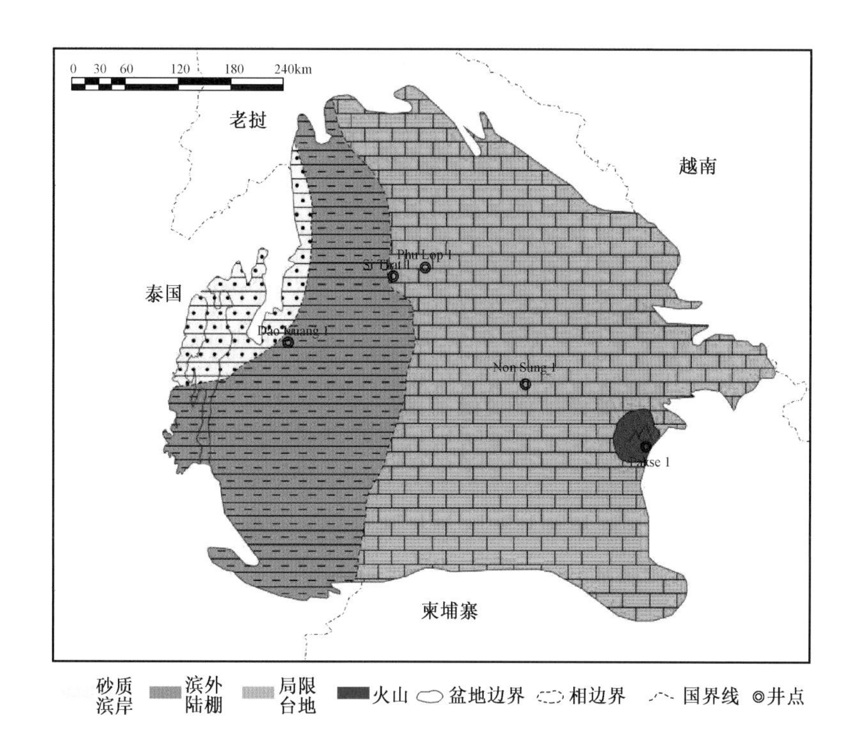

图 3-38 呵叻高原盆地二叠系成藏组合上碎屑岩段岩相古地理图

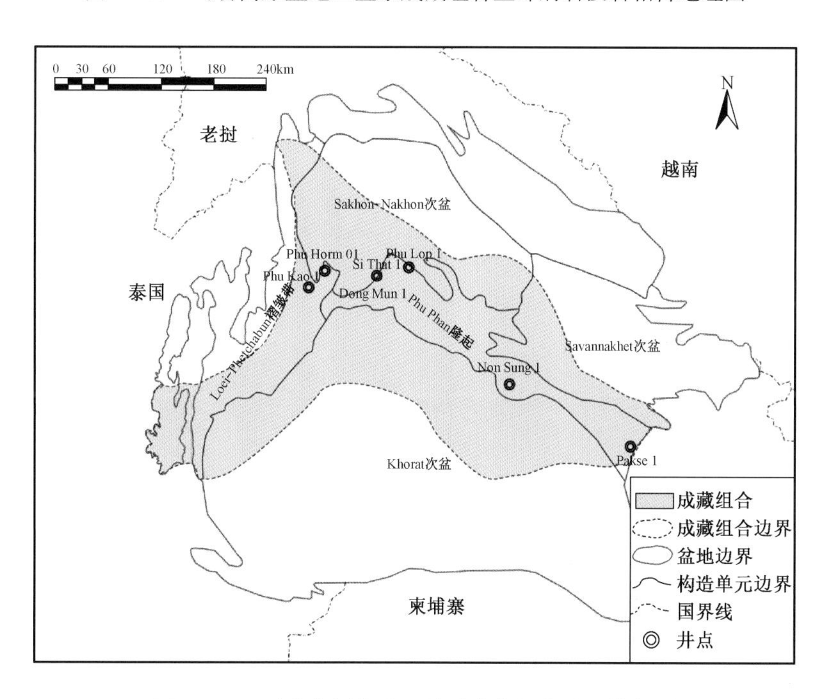

图 3-39 呵叻高原盆地二叠系成藏组合平面分布图

上石炭统—二叠系成藏组合按圈闭类型分可分为两类，在二叠系中有 Pha Nok Khao 构造—不整合成藏组合和 Pha Nok Khao 岩性—构造—不整合成藏组合。其中，Pha Nok Khao 构造—不整合成藏组合是盆地内大多数钻井的首要目标。盆地内目前获得的唯一商业性发现 Nam Phong 气田也来自于该成藏组合。

(1)Pha Nok Khao 构造—不整合成藏组合。Pha Nok Khao 构造—不整合成藏组合中已发现5个油气藏，凝析油储量 221×10^4bbl，占盆地已发现凝析油储量57%；天然气储量 $0.97 \times 10^{12}ft^3$，占盆地已发现天然气储量81%。

Pha Nok Khao 构造—不整合成藏组合是呵叻高原内唯一已证实的成藏组合类型。该成藏组合是盆地内大多数钻井勘探的目标，也提供了盆地内目前唯一一个具有商业价值的油气发现 Nam Phong 气田。大多数井在钻遇该成藏组合的储层段时都获得了天然气显示，但是在后期试气过程中却只产出水和亚商业价值规模的天然气。

Saraburi 群 Pha Nok Khao 组是该成藏组合最主要的储层。该组地层由物性极差的石灰岩组成。在极个别情况下（例如 Nam Phong 气田），受早期白云石化和裂缝作用的改造，其孔渗有显著提高。

储层顶部最主要的盖层单元是 Huai Hin Lat 组和 Nam Phong 组的黏土岩、粉砂岩和页岩。上碎屑岩组同样也是潜在的盖层单元，在 Phu Lop 1 井中其封盖于储层之上。

Pha Nok Khao 构造—不整合成藏组合相关的圈闭类型包括反转断块圈闭、倾斜断块圈闭、断裂背斜圈闭以及褶皱圈闭。圈闭的形成时间在该成藏组合中是一个重要的因素。在大多数情形下，只有钻遇早二叠世—三叠纪期间所形成构造的井才获得了油气显示。在诸如 Kasset Sombun 1 井等远景区，圈闭形成于喜马拉雅期，时间在油气运移之后，因此该类型的成藏组合无效。大多数起源于二叠纪—三叠纪的构造在随后的构造活动重新开启和反转。对这些构造进行了强烈改造的构造事件是晚三叠世的印支Ⅱ期运动以及古近纪开始的喜马拉雅运动。

(2)Pha Nok Khao 岩性—构造—不整合成藏组合。Pha Nok Khao 岩性—构造—不整合类成藏组合由1个已发现气藏为代表，天然气储量 $500 \times 10^8 ft^3$，占盆地已发现天然气储量4%。

Pha Nok Khao 岩性—构造—不整合成藏组合经过盆地内三口井测试，分别为 Yang Talat 1 井，Si That 1 井以及 Dong Mun 1 井。这三口井中唯一一口取得大量天然气显示的是 Dong Mun 1 井。Yang Talat 1 井钻探目标是评价位于印支Ⅱ期不整合面之下的相对于潜山的沉积物楔形上倾尖灭地层圈闭（Booth，1998）。Si That 1 井的钻探目标是由 Pha Nok Khao 组沉积物相对于潜山和三叠纪末不整合尖灭形成的圈闭。Dong Mun 1 井的钻探目标是评价碳酸盐岩陆棚相对于潜山的尖灭。

Pha Nok Khao 岩性—构造—不整合成藏组合的储层主要是 Pha Nok Khao 组的石灰岩。该储层属于典型的低孔低渗储层，储层物性主要是由于早期的白云石化作用和裂缝作用形成。

在 Yang Talat 1 井和 Dong Mun 1 井，顶部盖层为 Pha Nok Khao 组碳酸盐岩。在 Si That 1 井，盖层可能为 Nam Phong 组地层和三叠纪末不整合面。

2）三叠系—白垩系成藏组合

在已发现储量中，三叠系—白垩系成藏组合内石油储量占盆地石油总储量的43%，天然气储量占15%，主要集中在中上三叠统，储层以冲积扇、河流相、三角洲相及滨浅湖相砂岩为主，在盆地中部、东北部的 Phu Phan 隆起、Sakhon - Nakhon 次盆以及 Savannakhet 次盆中均有分布（图3-40和图3-41）。

三叠系—白垩系成藏组合按圈闭类型，主要细分为 Triassic 地层—构造—不整合成藏组合和 Triassic 构造—不整合成藏组合。

(1)Triassic 地层—构造—不整合成藏组合。Triassic 地层—构造—不整合成藏组合属于

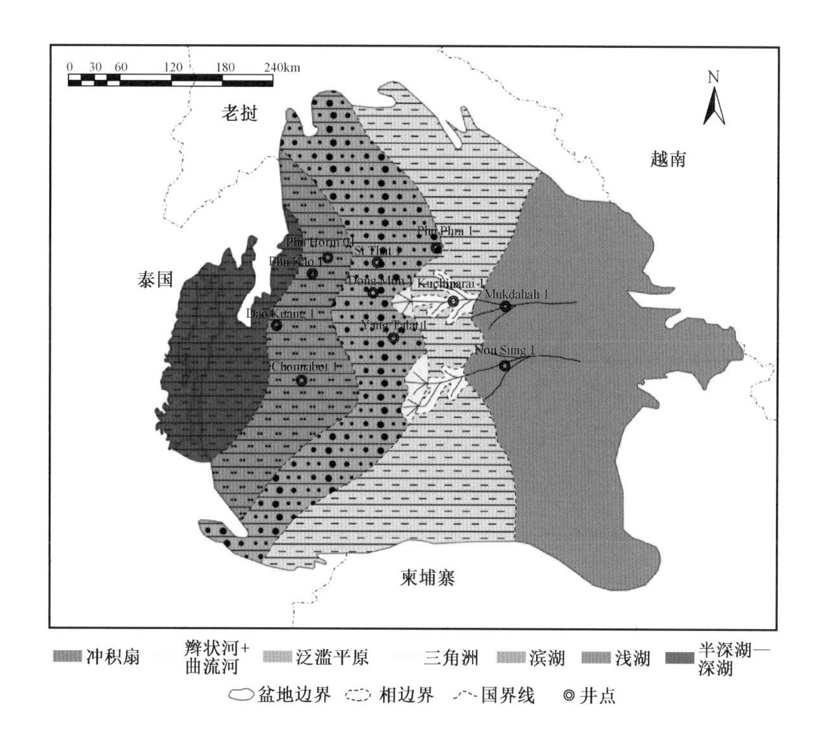

图3－40　呵叻高原盆地三叠系成藏组合 Huai Hin Lat 组岩相古地理图

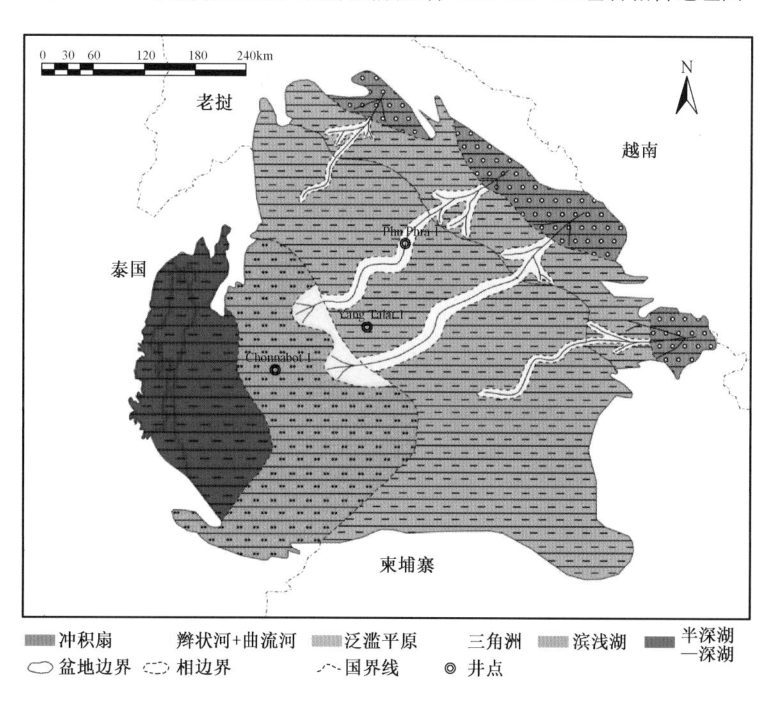

图3－41　呵叻高原盆地三叠系成藏组合 Nam Phong 组岩相古地理图

远景成藏组合，可能在 Huai Hin Lat 组储层或 Nam Phong 组的碎屑岩储层相对于潜山和抬升地垒尖灭形成的圈闭中聚集了油气。

盖层主要是印支运动Ⅱ期不整合面和三叠纪末不整合面之上的倾斜封闭。另外盖层也可能为相对地垒边缘断层的简单断倾封闭。除此之外，Huai Hin Lat 组或 Upper Nam Phong 组的黏土岩、泥岩和粉砂岩也有成为盖层的可能。

(2)Triassic 构造—不整合成藏组合。Triassic 构造—不整合成藏组合中已发现 2 个油气藏,凝析油储量 167×10^4bbl,占盆地总百分数 43%;天然气储量 $0.18\times10^{12}ft^3$,占盆地总百分数 15%。

三叠系—白垩系构造—不整合成藏组合是盆地内一个远景成藏组合。多数钻井以三叠系 Huai Hin Lat 组和 Lower Nam Phong 组储层为目标。在 Nam Phong 1 井和 Chonnabot 1 井的 Huai Hin Lat 组的砂岩中储集了天然气。这些充注了轻质天然气的砂岩是造成超压的主要原因。虽然 Huai Hin Lat 组的碎屑岩储层钻遇了明显的天然气显示,但是后期没有获得任何工业气流。Nam Phong 组的碎屑岩同样也是盆地的潜在目标。该储层性质与 Huai Hin Lat 组储层性质十分相近(图 3-42)。

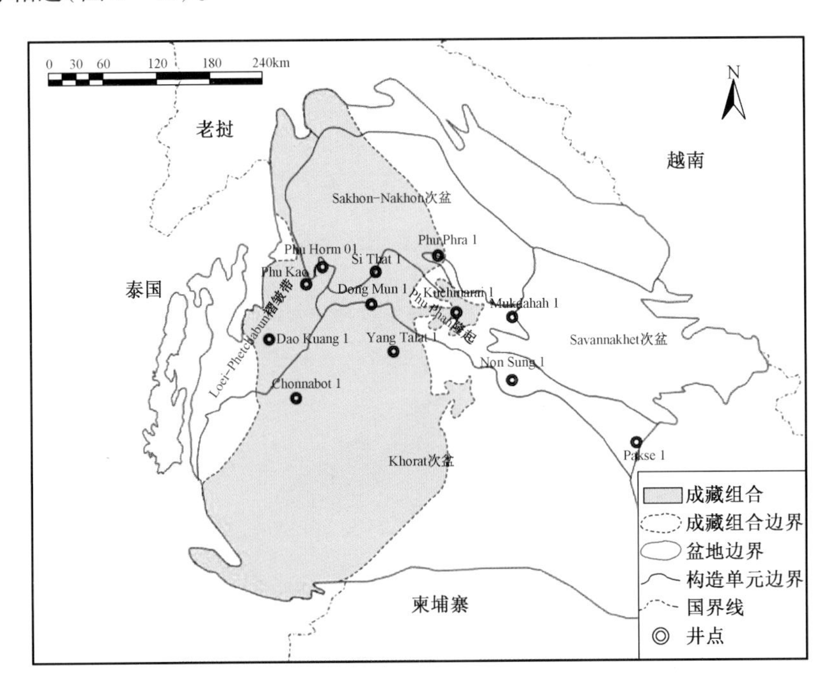

图 3-42　呵叻高原盆地三叠系成藏组合平面分布图

Triassic 构造—不整合成藏组合盖层主要是印支运动Ⅱ期不整合面和三叠纪末不整合面之上的倾斜盖层。另外,盖层也可能为 Huai Hin Lat 组内夹的黏土岩、页岩和粉砂岩,以及上覆的 Upper Nam Phong 组的页岩和泥岩。

Triassic 构造—不整合成藏组合相关的圈闭类型较多,包括反转断块圈闭、倾斜断块圈闭、断裂背斜圈闭、褶皱圈闭以及相对于在三叠纪末挤压作用时期重新开启的正向和逆向断层与储层叠置形成的地层—构造圈闭。

2. 勘探潜力评价

呵叻高原盆地上石炭统—二叠系成藏组合以及三叠系—白垩系成藏组合,采用主观概率法进行资源量计算,结果表明呵叻高原盆地待发现资源量为 24.78×10^8bbl,以天然气为主,其中上石炭统—二叠系成藏组合是盆地的主力成藏组合,待发现油气资源量为 20×10^8bbl 油当量。上三叠纪—白垩系成藏组合待发现资源量为 4.69×10^8bbl 油当量(表 3-1)。

表3-1 呵叻高原上石炭统—二叠系、三叠系—白垩系成藏组合资源量计算参数表

成藏组合	石油 (10^8bbl)	凝析油 (10^8bbl)	天然气 ($10^{12}ft^3$)	油当量 (10^8bbl)
上石炭统—二叠系成藏组合	0.69	3.76	9.07	20.09
三叠系—白垩系成藏组合	0.42	0.83	2.00	4.69
合计	1.11	4.59	11.07	24.78

目前呵叻高原盆地内唯一的具有商业价值的 Nam Phong 气田已经处于产量递减阶段，下一阶段急需寻找合适的替代目标。虽然过去在呵叻高原盆地内的勘探取得的成果有限，但是该盆地仍然具有较大的勘探潜力。

对于二叠系来说，盆地西部拥有优质的烃源岩、储层，且作为区域性盖层的印支运动不整合面在除 Savannakhet 次盆外的盆地大部分地区广泛分布。因此，受白云石化作用强烈的 Sakhon - Nakhon 次盆西南部、Phu Phan 隆起西部和 Khorat 次盆北部局限—蒸发台地区为有利油气勘探区；而在 Sakhon - Nakhon 次盆中西部、Loei - Phetchabun 褶皱带和 Khorat 次盆西部可作为较有利油气勘探区（图3-43）。勘探风险主要来自于烃源岩演化程度是否已进入过成熟阶段。

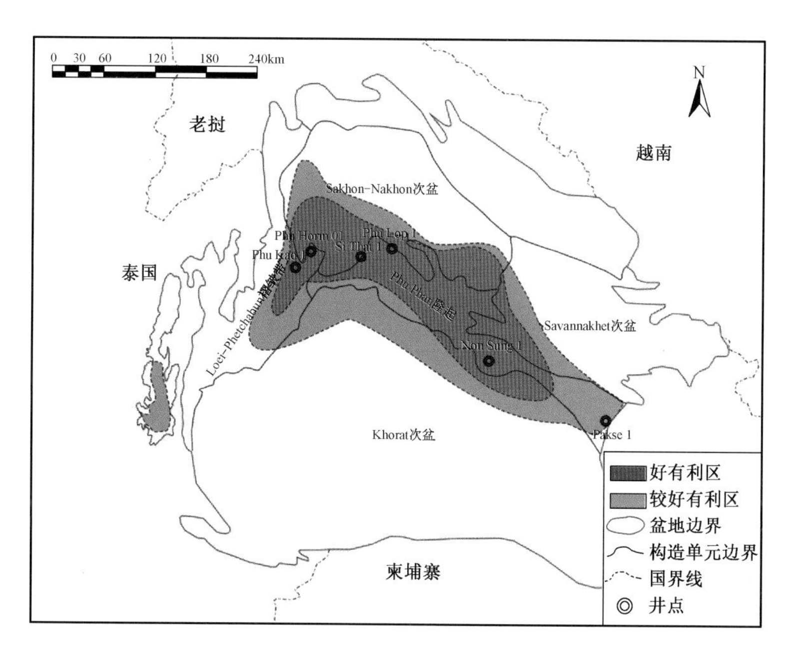

图3-43 呵叻高原盆地上石炭统—二叠系油气有利勘探区分布图

随着对盆地地质认识程度的加深以及地震资料的重新处理，地质研究人员能够降低盆地的油气勘探风险。预计未来的发现仍以天然气为主，但三叠系 Triassic 群也可能发现石油。

而对于三叠系，在盆地西部 Loei - Phetchabun 褶皱带和盆地中部优质烃源岩呈条带状分布，陆相冲积扇—湖泊储层发育，且区域性盖层 Nam Phong 组在盆地内广泛发育。因此，辫状河砂岩储层、曲流河砂岩储层以及三角洲相砂岩储层发育的 Khorat 次盆北部、Phu Phan 隆起中东部及 Sakhon - Nakhon 次盆东南部是有利油气勘探区；而滨浅湖砂岩储层发育的 Sakhon - Nakhon 次盆北部、Loei - Phetchabun 褶皱带中部及 Khorat 次盆西北部是较有利油气勘探区（图3-44）。

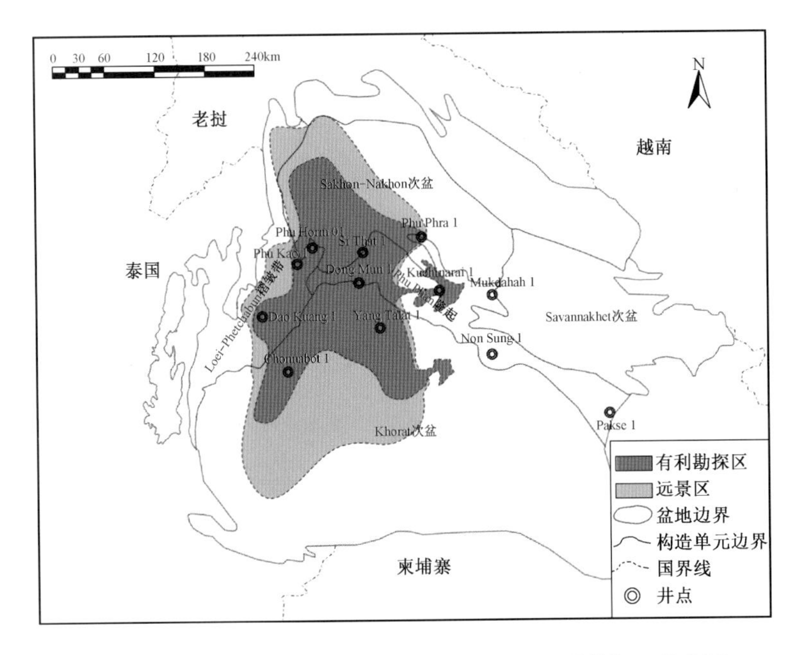

图3-44 呵叻高原盆地三叠系—白垩系油气有利勘探区分布图

第四章　南海东缘弧后裂谷油气地质

第一节　构造沉积演化

一、沉积盆地分布

南海东缘弧后裂谷沉降区发育3个盆地（参见图1－4），包括东巴拉望盆地、苏禄海盆地、西里伯斯盆地，总面积$55.7\times10^4km^2$。

东巴拉望盆地为弧后盆地，位于菲律宾巴拉望岛的东南方向，呈东北—西南向狭长分布，盆地内部包括Balabac次盆、Bancauan次盆和Minoro－Cuyo次盆等次级构造单元（图4－1）。东巴拉望盆地大部分区域位于菲律宾所属的苏禄海，少部分位于马来西亚海域和相邻的陆上地区，盆地面积$14.55\times10^4km^2$。

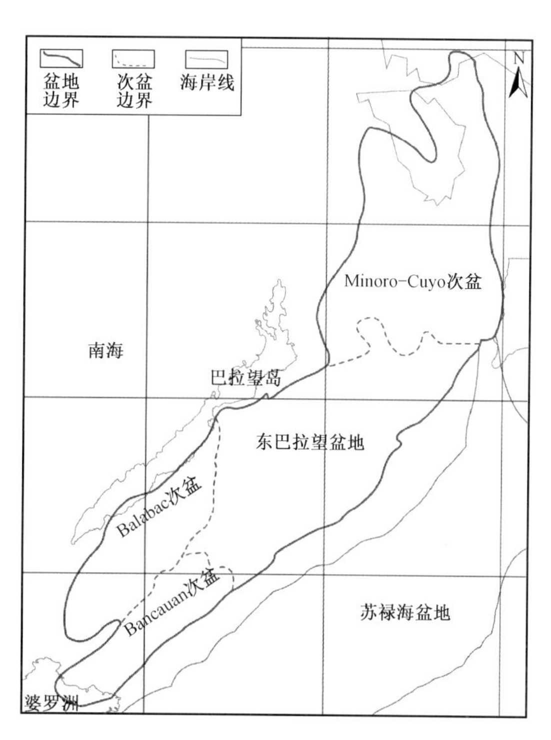

图4－1　东巴拉望盆地位置及构造单元划分图

苏禄海盆地位于半封闭式的苏禄海，东北面是菲律宾，西南面是马来西亚的婆罗洲。总面积$12.67\times10^4km^2$，东北部有少量深海沉积，西南部的Sandakan次盆是一个被三角洲体系充填的弧后盆地，面积为$6.98\times10^4km^2$，最大沉积厚度达8km。盆地的北部边界卡加延岭是一个与早中新世古南中国海俯冲事件有关的火山地形，西南部边界是婆罗洲微陆块。盆地沿着轴向可划分出Sandakan次盆、中苏禄海次盆和东苏禄海次盆三个次级盆地构造单元（图4－2）。

西里伯斯盆地主体位于菲律宾和印度尼西亚海域，盆地南部是苏威拉西北翼，北部是棉兰老岛，西北部是苏禄岛，西部是婆罗洲岛。盆地中部和南部的水深超过5000m，而北部只有4000～4500m，全盆展布面积达$28.53\times10^4km^2$（图4－3）。

二、构造沉积演化

1. 东巴拉望盆地构造沉积演化

1）区域构造背景

东巴拉望盆地受菲律宾板块向西南运动与印度和澳大利亚板块向南运动的碰撞挤压作用而形成。东巴拉望盆地是广阔的菲律宾岛弧系统的一部分。其基底属于欧亚板块，基底年龄

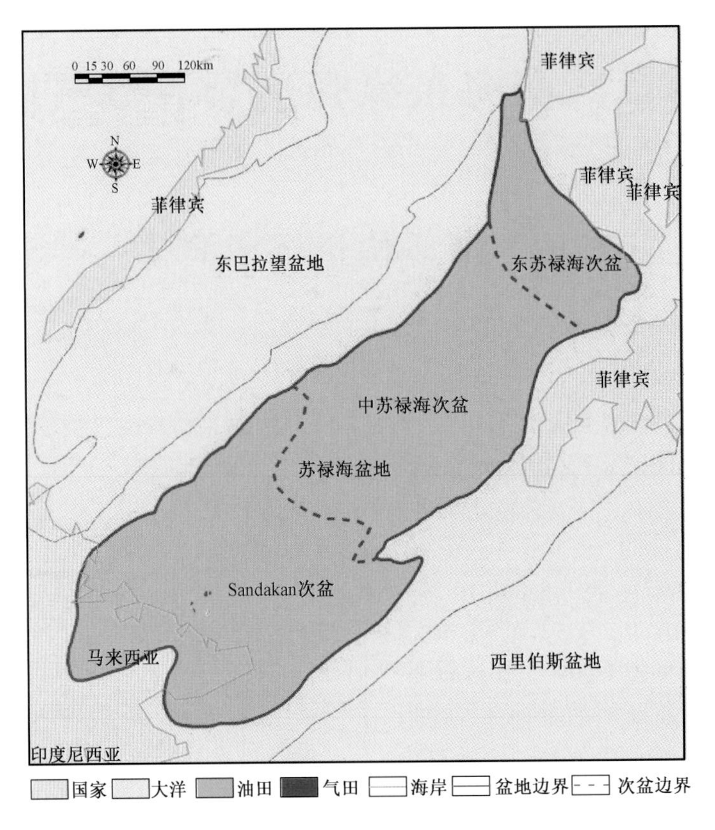

图 4-2 苏禄海盆地区域位置及构造单元划分图

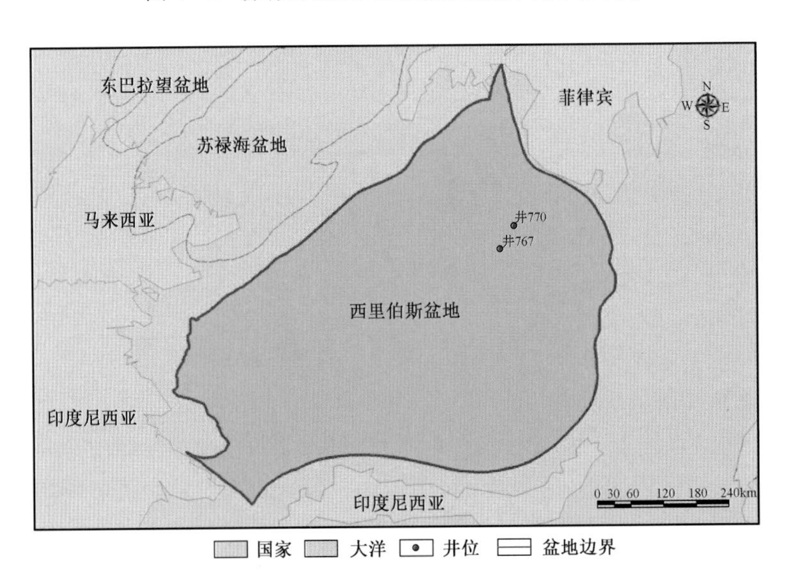

图 4-3 西里伯斯盆地构造位置图

为 245—29.3Ma。该区具有会聚板块边缘的构造特点。Balabac 次盆和 Bancauan 次盆位于东巴拉望盆地的西南缘，其中，Balabac 次盆的面积为 21554km^2（陆上面积 504km^2，水域面积 21050km^2），Bancauan 次盆面积为 15318km^2（陆上面积 1283km^2，水域面积 14036km^2），这些北东向的次级盆地被具有断层基底的 Banggi 山脊隔开，并发育有不成熟的增生楔。新近纪

Balabac次盆和 Bancauan 次盆的沉积厚度分别为5km 和3km。

东巴拉望盆地发育的构造主要为东北—西南向的逆断层和褶皱,这与南中国海的分裂和随后的板块碰撞有关。Balabac 次盆中常见泥底辟。

(1)前新近纪阶段。前新近纪,盆地构造受控于原南中国海地块向东南方向的俯冲。主要的构造为挤压背景下形成的逆冲断层。

(2)早中新世—中中新世的挤压阶段。早中新世—中中新世,Reed Bank 微大陆和北巴拉望地块与婆罗洲和卡加延岭的增生楔复合体碰撞。由碰撞形成的增生楔向北楔入微大陆块的前缘,形成一个堆叠的推覆体,其中的地层可以在巴拉望和沙巴地区露头中观察到。

早中新世—中中新世,盆地主要的构造为西北向的逆冲断层,并可能存在伸展地堑的倒转。

(3)晚中新世—早上新世的扩张阶段。晚中新世,随着构造应力的快速释放,东巴拉望盆地进入伸展扩张阶段,西北—东南向的伸展运动产生了掀斜断块和半地堑。晚中新世—早上新世的构造特征为盆地的被动沉降。

(4)早上新世以后的挤压阶段。东巴拉望盆地在早上新世以后经历了区域性挤压隆起和剥蚀。这次新的挤压与卡加延岭和菲律宾弧沟体系北部微大陆的碰撞有关,随后发育晚上新世—更新世台地碳酸盐岩的沉积。在 Bancauan 次盆中,背斜沿东北向展布,枢纽平行于次盆的走向。

2)沉积地层及演化

东巴拉望盆地的地层主要由前古近纪的火山岩、变质岩和深海沉积物,以及始新世—第四纪浅海—深海沉积物组成。岩性以砂岩、泥岩和石灰岩为主。其中盆地内主要的烃源岩为中新世的泥岩和泥灰岩,储层为中新世砂岩和碳酸盐岩(图4-4)。

盆地的沉积受控于三个成因单元:基底成因单元、漂移成因单元和弧前成因单元(图4-5)。

(1)基底成因单元。基底成因单元的地质年代为中生代至早渐新世(245—29.3Ma),岩石地层单位包括基底,Chert-Spilite 组、Crocker 组、Pre-Nido 单元,主要构造事件为38.6Ma左右的逆冲断层活动;火山活动为白垩纪(145.6—65Ma)的玄武岩喷发。在 Bancauan 地区,晚渐新世以前基底主要由火山岩、变质岩、泥岩、砂岩和碳酸盐岩组成,这些地层与原南中国海的俯冲相关。该成因单元可细分为前裂谷单元和同裂谷单元。

① 前裂谷单元。原南中国海在早始新世开始向东南俯冲,并俯冲到婆罗洲岛和卡加延—苏禄岭之下。由此形成的最古老增生复合体出现在沙巴地区和巴拉望西南的露头中,火山活动在该单元比较频繁。Chert-Spilite 组的厚度在 Balambangan 和 Banggi 岛可达9000m。在 Balabac 次盆中钻遇到 Chert-Spilite 组。

② 同裂谷单元。中始新世—早渐新世,巴拉望地块从南中国海边缘断裂出去。同裂谷时期的沉积包括 Crocker 组,Crocker 组主要为浅海沉积物。这些沉积物由碳质砂岩和带有灰岩小透镜的泥岩组成。Labuk Baya 和 Banggi 地区的露头厚度为6000~9000m。在北巴拉望地区,同裂谷序列主要由 Pre-Nido Tertiary 组组成。

(2)漂移成因单元。漂移成因单元的地质年代为晚渐新世—早中新世(29.3—16.3Ma),岩石地层单位包括 Nido 组和 Pagasa 组,大地构造环境为边缘坳陷。构造运动可分为两个阶

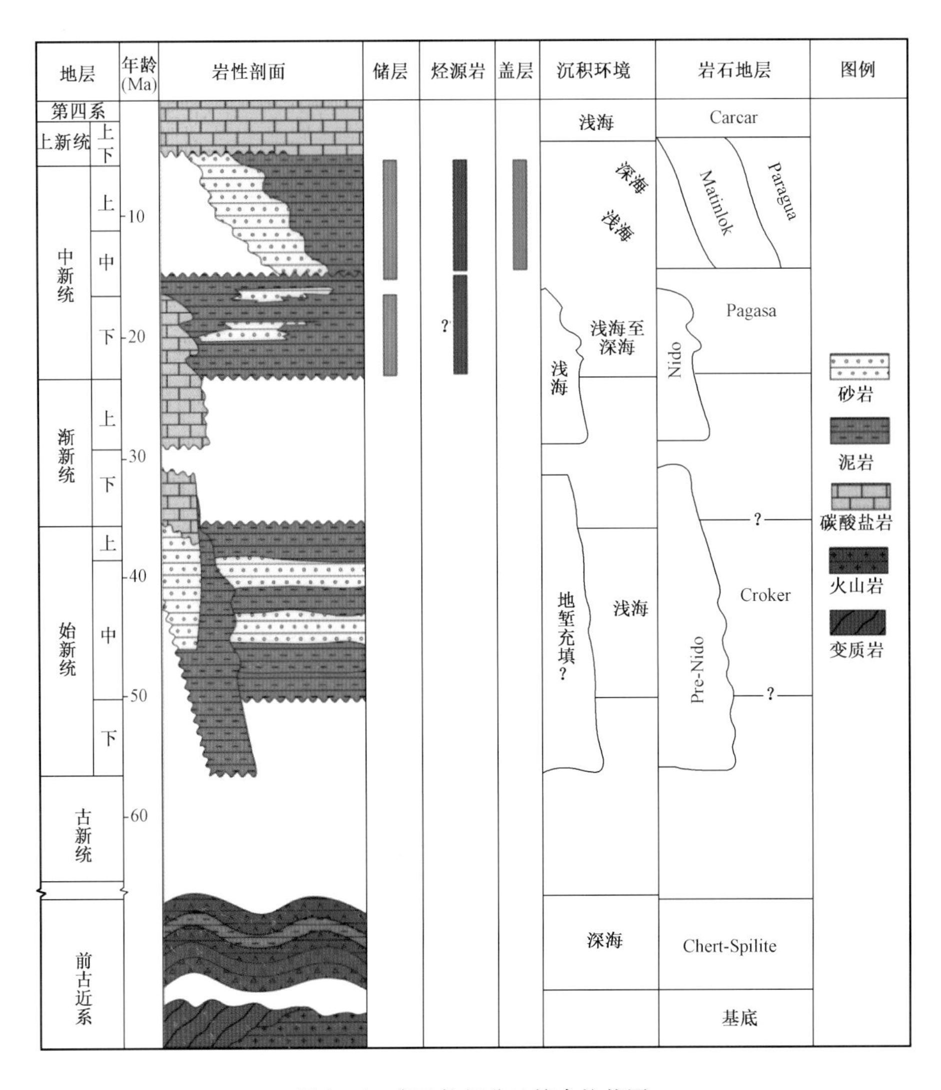

图 4-4　东巴拉望盆地综合柱状图

段:拉张阶段和挤压阶段,拉张阶段发生在 31.5—23.3Ma,形成的构造为区域槽—半地堑、区域槽倾斜块和半地堑。挤压阶段发生在 23.3—16.3Ma,形成了褶皱背斜、断层。巴拉望地块脱离中国大陆导致了渐新世南中国海盆张裂。同时,形成了与原南中国海向婆罗洲和 Cagayan-Sulu 岭俯冲相关的增生复合体。晚渐新世至早中新世,非海相和海陆过渡相的碎屑岩沉积在 Cuyo 地台地区,而碳酸盐台地沉积(Nido 组)在 Reed Bank 和巴拉望地区较为发育,其时代为晚渐新世至早中新世,岩性为珊瑚礁灰岩,这些礁灰岩是孤立的且被泥岩(Pagasa 地层)包围。

(3)弧前成因单元。弧前成因单元地质年代为中中新世—第四纪(16.3—0Ma),岩石地层单位包括 Matinloc 地层和 Paragua 地层。

构造活动经历了四个阶段:挤压阶段、拉张阶段、挤压阶段和坳陷阶段。挤压阶段发生在 16.3—14.2Ma,形成受逆冲断层作用的区域抬升和地垒;拉张阶段发生在 14.2—3.4Ma,形成有断层、区域槽和半地堑;挤压阶段发生在 3.4—1.64Ma,形成区域隆升,背斜和斜向滑动的断层。坳陷阶段发生在 1.64—0Ma。

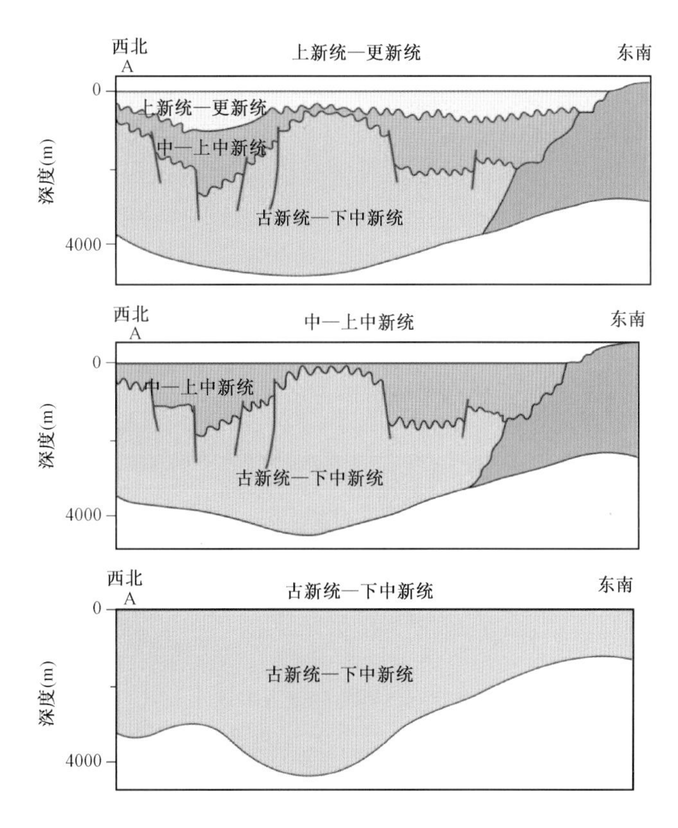

图4-5　东巴拉望盆地地质剖面图

早中新世—中中新世，微大陆的碎片 Reed Bank 和北巴拉望地块与婆罗洲和卡加延岭的增生和火山—沉积复合体相撞。在这次碰撞之后，弧后盆地开张，纵向上沿着盆地的婆罗洲的边缘从以前连续的卡加延—苏禄岭分离出来，这导致了东北向、以断裂为界的 Balabac 次盆和 Bancauan 次盆的发育。

晚中新世为盆地被动沉降期，伴随有 Matinloc 地层的海侵砂岩和泥岩。其后是上新世至更新世广泛发育碳酸盐岩台地沉积(Carcar 地层)。

3)沉积相特征

东巴拉望盆地发育的沉积相有河流—三角洲相、滨岸—滨外陆棚相、台地相、深海—半深海相和海底扇相。其中，河流—三角洲相主要发育在盆地的南部和北部；滨岸—滨外陆棚相主要发育在盆地的西北和北部区域；台地相主要发育在盆地的中部，生物礁相分布在靠海一侧；重力流主要发育在盆地的南部区域(图4-6)。

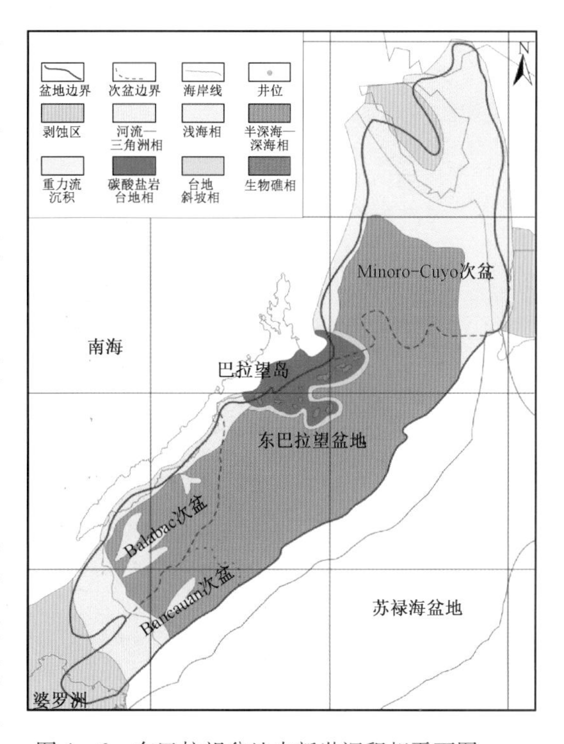

图4-6　东巴拉望盆地中新世沉积相平面图

2. 苏禄海盆地构造沉积演化

1）构造演化

苏禄海盆地的形成经历了长期复杂的演化过程，大致可分为以下6个阶段：早中新世拉张作用及弧后盆地雏形形成；中中新世挤压作用；中中新世末拉张作用；晚中新世被动沉降和同沉积变形；中新世末挤压变形；上新世挤压变形以及走滑断层活动。迄今，对该盆地构造特征的认识主要是根据局部区域地震测线资料（图4－2和图4－7）。

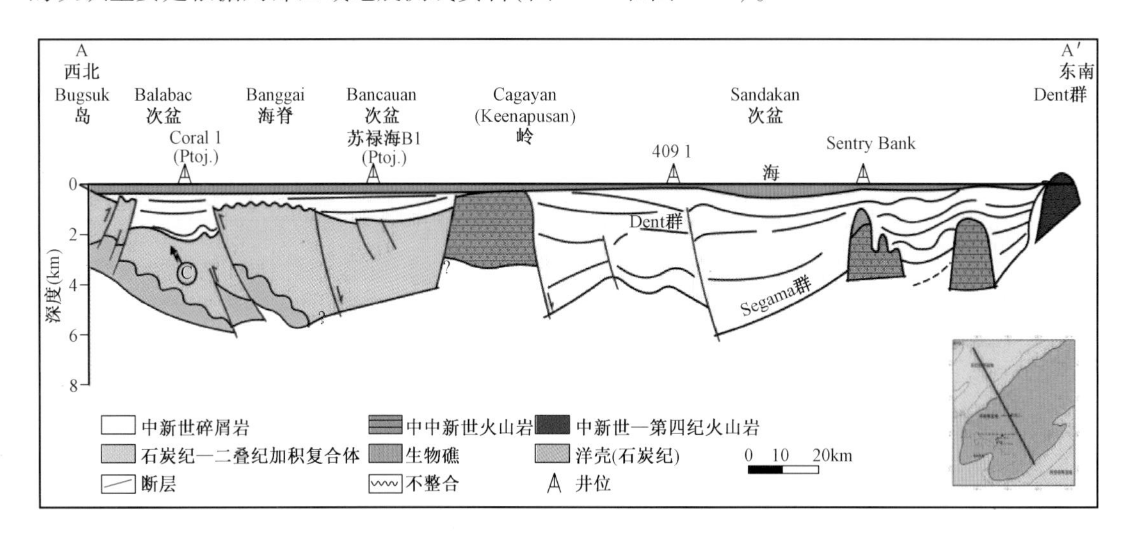

图4－7　苏禄海盆地南北向地质剖面（据IHS，2009，修改）

（1）早中新世拉张作用及弧后盆地雏形形成阶段。

苏禄海弧后盆地东南部洋壳的最终形成时间距今约19Ma（Rangin和Silver，1991）。可能的动力形成机制为北部古中国海向南俯冲及其所形成的卡加延岭南移。南部发育的东北走向地堑中可能沉积有火山岩和碎屑岩（图4－8）。

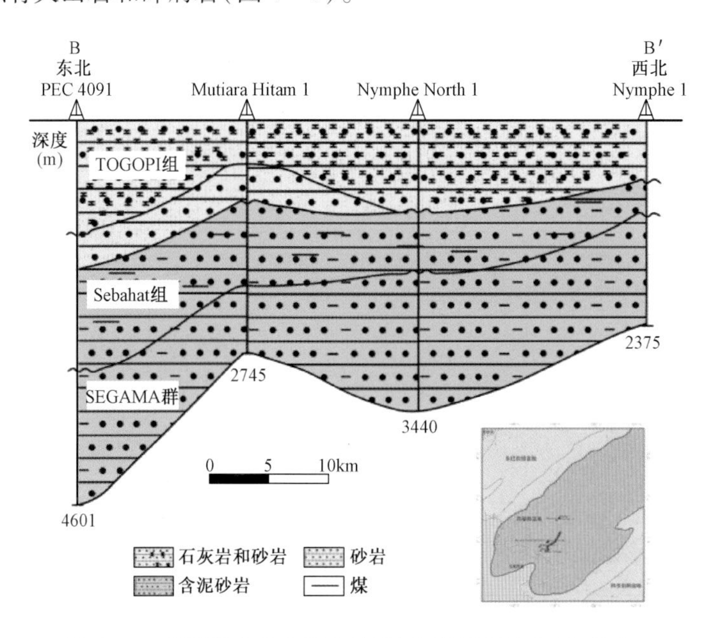

图4－8　苏禄海盆地东西向地质剖面（据IHS，2009，修改）

(2)中中新世挤压阶段。

卡加延岭西北部增生杂岩体与微大陆块礼乐滩、Dangerous Ground之间发生碰撞，地层挤压变形(Hinz等，1991)。碰撞后期的前缘逆冲断层导致古近系—下中新统变形增生体与盆地基底之间出现区域不整合。

在Sandakan盆地区域性地震剖面上很难看到压缩变形构造，但陆上沙巴地区叠覆逆冲断层很明显。古南中国海向苏禄岭下方俯冲，导致苏禄海的弧后洋壳和大陆婆罗洲之间产生右旋剪切运动，从而使早期伸展阶段形成的地堑发生了反转(图4-9)。

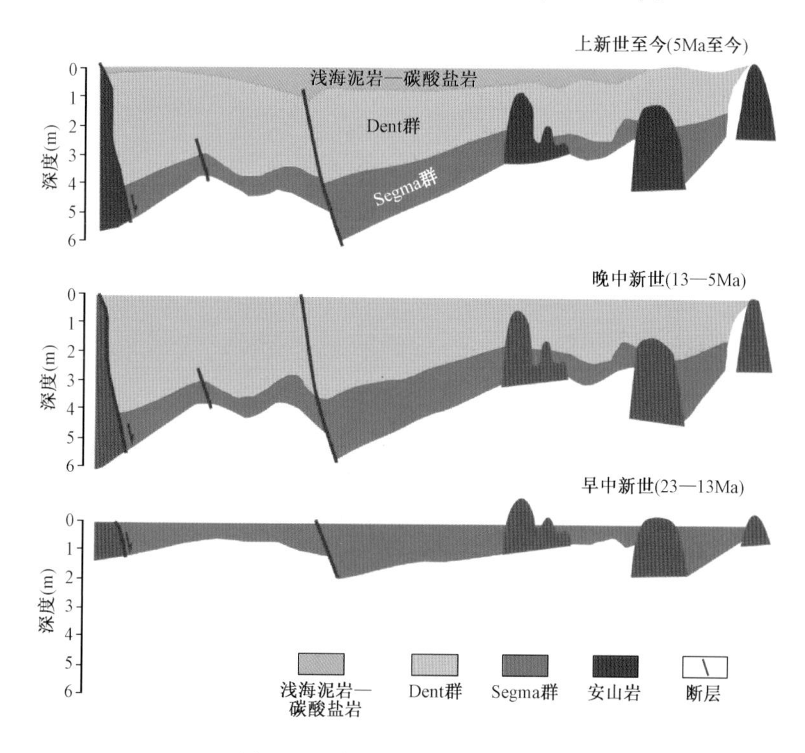

图4-9 苏禄海盆地构造演化图

(3)中中新世末拉张阶段。

从早中新世到中中新世一直处于压缩变形状态，中中新世末期出现应力快速释放和构造伸展。新近纪期间，此种构造状态在Sandakan盆地表现明显。苏禄岭之下持续俯冲，导致右旋剪切，有利于东西向分量的扩展和南北分量的压缩。

(4)晚中新世被动沉降和同沉积变形阶段。

晚中新世是大范围的间歇期，在Benrinnes 1井中发现Sandakan盆地的Sebahat组三角洲沉积处于超压环境，同时发现存在生长断层和页岩底辟作用，表明至少在晚中新世三角洲体系的中部出现过重要的同沉积变形。生长断层大致呈南北走向，之后断层的再次活动表明在某些情况下该时期存在同沉积变形作用。

(5)中新世末挤压变形阶段。

Togopi组底部存在地层不整合露头，表明Sandakan盆地Sebahat组经历过轻微变形作用，在这之前，也就是上新世早期出现过区域隆起和侵蚀。在上述生长断层形成后，又形成了东北走向的背斜构造，研究表明这可能与卡加延岭和微大陆块向北与菲律宾弧沟系统碰撞事件有关。苏禄海弧后盆地东南洋壳向苏禄岭下方持续俯冲，整个次盆保持了右旋剪切分量，有利于之前东北—西南向伸展断层的反转。

(6)上新世挤压变形以及走滑断层活动阶段。

根据地震剖面资料,研究表明 Sandakan 盆地的 Sebahat 组中新世经历过隆起和轻微变形,上新世又发生海侵,之前的海岸线再次移动。Sebahat 组中生长断层反转,上新世地层与晚中新世形成的背斜产状有所相似,这些可能与早期的持久性挤压状态有关。最明显的特点是,压扭走滑断层导致 Ganduman 组和下 Togopi 组形成褶皱,之后又形成东北走向的正断层,同时在上新世的地层中发现存在正花状构造。

2)沉积地层及演化

苏禄海盆地地层主要为凝灰岩、泥岩和粉砂岩组成的古近系推覆体和变形增生体,中新统三角洲煤层和砂、泥岩互层,上新统三角洲砂、泥岩和第四系石灰岩、泥岩;烃源岩主要为中新统煤层和泥页岩;储层亦为中新统三角洲前缘粉砂岩(图 4-10)。

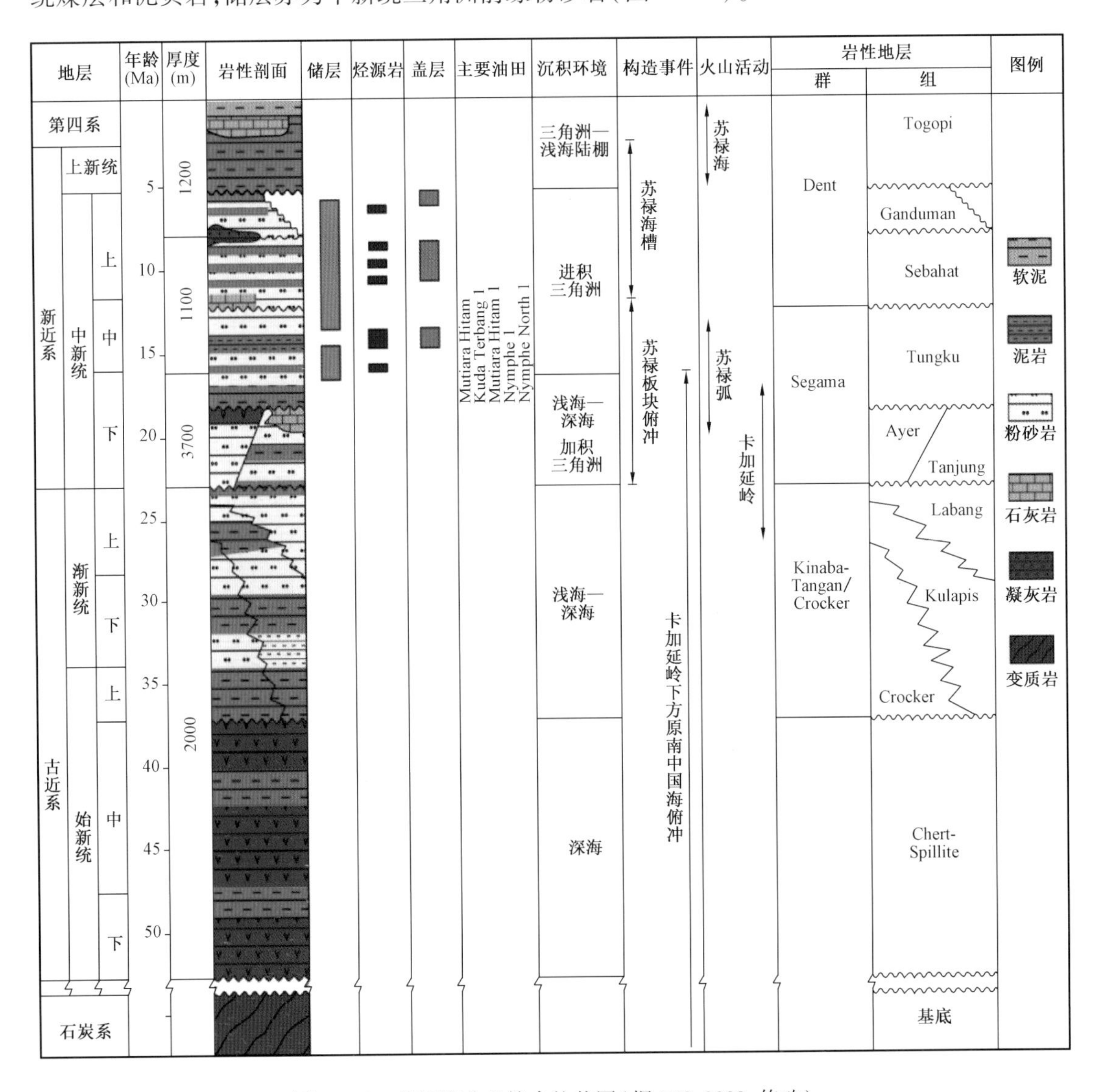

图 4-10　苏禄海盆地综合柱状图(据 IHS,2009,修改)

苏禄海盆地基底主要为与石炭纪—古近纪古南中国海俯冲相关的变形增生体(Letouzey,1988;Hinz,1991;Rangin and Silver,1991;Hall,1995),而渐新世—中新世卡加延岭火山弧的地球化学信息表明存在下伏陆壳,这可能是婆罗洲岛陆壳基底向东南方延伸的结果。早石炭世古南中国海和婆罗洲岛之间的边缘洋盆发生扩张,这一时期婆罗洲岛是沿着卡加延岭延伸的一个地壳块(Hinz,1991)。早始新世时,古南中国海板块开始向东南方向俯冲到婆罗洲和卡加延—苏禄岭之下。增生体中的最老的成分被保留下来,形成沙巴和巴拉望的西南部海洋性质的硅质岩—细碧岩,硅质岩的年代可以追溯到石炭纪。中新世早期卡加延岭和苏禄岭之间的弧后盆地扩张。中中新世(造山期后)呈西北—东南方向延伸,陆上推覆地块开始裂开;晚中中新世出现沙巴隆起(Hinz,1991;Rangin and Silver,1991)。这些构造运动的结果是形成一个新的主要物源区和一个汇聚碎屑物成三角洲的沉积体系,这个三角洲向东北方向进积到Sandakan次盆。由于裂谷后期的热沉降作用,三角洲碎屑岩大量涌入,为新近纪地层的形成提供了物质基础。Sandakan次盆的陆地部分主要是沿东北—西南方向延伸。在次盆沉积中心,晚中新世Sebahat地层直接上覆于基本没有变形的中中新世地层之上;在沙巴半岛,它与上渐新统的Kinabatangan群不整合接触;在盆地南部,Sebahat组直接超覆在中中新世含有火山物质的地层之上。上新统底部(Togopi组底部)大范围的不整合表明存在区域性隆起和侵蚀。

3)沉积相特征

苏禄海盆地发育的主要地层是新近系,底部为与俯冲有关的杂岩体。早中中新世,古南中国海俯冲形成卡加延岭和苏禄弧,并大约于此时成盆。盆地西南的婆罗洲岛抬升,遭受剥蚀,为盆地盖层的形成提供了充足的物源。盆地西南部主要发育有洪积—冲积平原、三角洲、滨岸以及滨外陆棚相。中新世期间,在被动沉降和走滑断层的影响下,三角洲特别发育。中部深海区发育浊积扇沉积。盆地北部缺少陆源物质,主要是深海沉积(图4-11)。

3. 西里伯斯盆地构造沉积演化

1)构造背景

西里伯斯海盆地及其周边岛弧、海沟、碰撞带和大陆地块的板块构造演化很有争议,主要原因是缺乏高质量的数据和复杂的板块构造的位置。西里伯斯海位于印度—澳大利亚板块、太平洋—菲律宾板块以及欧亚板块之间,是时间和空间上不同的运动矢量共同作用的结果。根据磁异常数据,目前主流的观点还是认为该盆地是在大洋中脊基础之上发育的一个与弧内俯冲相关的弧后盆地(图4-3)。

20世纪90年代末,霍尔曾提出一个关于印度洋/澳大利亚板块南部、太平洋西南部和欧亚板块巽他板块之间的构造历史模型。

中始新世时期(42Ma),西里伯斯盆地和西菲律宾原本属于同一海盆,海底磁异常表明

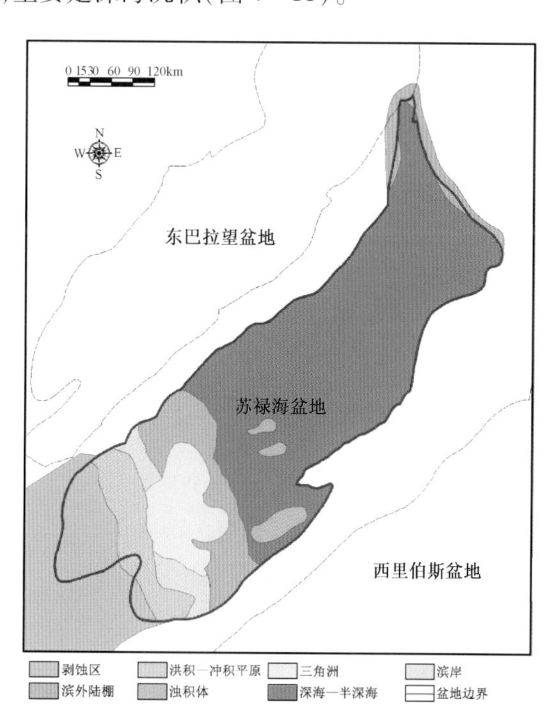

图4-11 苏禄海盆地中新中新世沉积相图

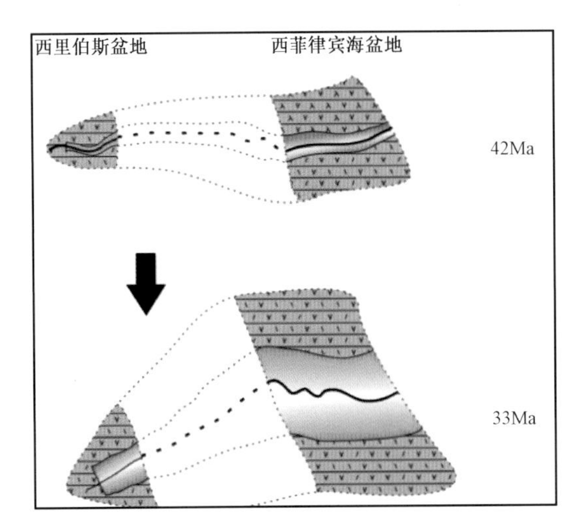

图4-12　始新世西里伯斯盆地和西菲律宾海盆地差异扩张(据 Gary Nichols,1999,修改)

两个盆地这一时期同时扩张,呈剪式张开(图4-12)。盆地的大部分区域为深海沉积。早渐新世时期(33Ma),受太平洋板块向西俯冲的影响,西里伯斯海和西菲律宾海的扩张活动停止。这一时期仍是以深海沉积为主。

早中新世早期(24Ma),澳大利亚板块北部出现走滑边界,太平洋板块继续向西俯冲,弧后盆地西里伯斯盆地和西菲律宾海盆地开始分离。

早中新世晚期(20Ma),西部婆罗洲岛逆时针旋转,南部产生索龙断裂,导致板块边界发生变化。西里伯斯盆地东部的桑义赫弧成为汇聚板块边缘,西菲律宾海南部边缘向北移动。

中中新世时期(10Ma),受西太平洋板块、古南中国海板块和印度洋板块的相互挤压作用,西里伯斯海逐渐封闭,成为一个独立的海盆。由于西部婆罗洲岛抬升,导致大量富含石英的陆源碎屑物质以浊流形式汇聚到西里伯斯海东部,在10Ma时达到顶峰。这一时期婆罗洲岛停止旋转。西里伯斯盆地东部的浊流—扇沉积体也有可能受古 Taraka 三角洲体系、构造运动及盆地底形的控制。

早上新世时期(5Ma),苏拉威西北支的俯冲事件导致西里伯斯海盆地南部有俯冲凹陷,形成构造低势区,沉积物物源发生改变,主要汇聚到西里伯斯海南部。从盆地南部的地震反射资料可以看出,俯冲事件处于中新世以后,中中新世的浊流发育与南部苏威拉西北支的活动关联性较小(图4-13)。

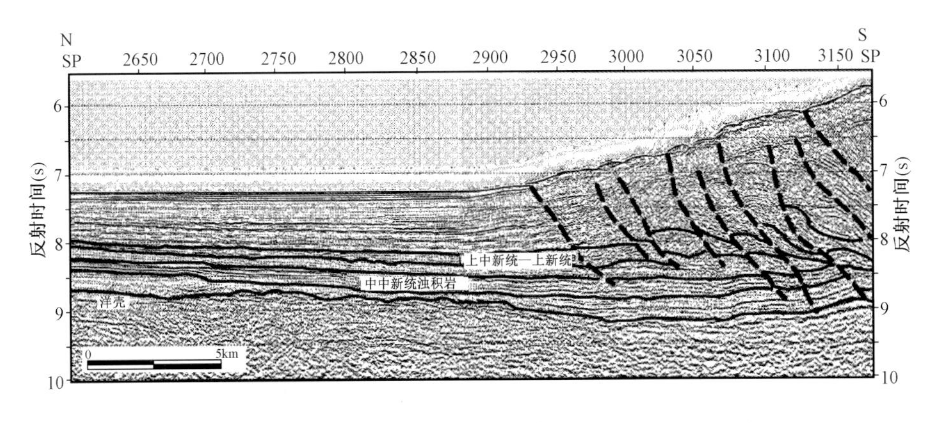

图4-13　西里伯斯南部构造特征(据 H. U. Schluer,2001)

西里伯斯海盆地北部边界的苏禄弧为新近纪的岩浆岩(Murauchi 等,1973)。根据采样结果分析,苏禄弧东北部的陆坡是由花岗闪长岩、英安岩、石英安山岩和玄武安山岩组成,在早中新世发育有火山角砾岩、凝灰岩和礁灰岩(Beiersdorf 等,1995)。在苏禄弧西南部的 Tawitawi 岛上有方辉橄榄岩和变质辉长岩露头。

棉兰老岛和三宝颜半岛的地壳由古近纪的变质基底和解体的蛇绿岩组成,上覆白垩纪—古近纪的火山沉积岩,之后又被新近纪的沉积物所覆盖。桑义赫弧从棉兰老岛最南端延伸至苏拉威西岛的北部。这些岛屿是由新近纪的沉积岩和较年轻的火山岩组成，火山弧位于东西里伯斯海之下的印度尼西亚马鲁古海板块朝西的俯冲板之上。

苏拉威西岛的北翼有古近纪的火山岩和沉积物露头。新近纪的沉积物和火山岩的数量向东逐渐增加，这套火山岩可能与桑义赫之下的印度尼西亚马鲁古海板块的俯冲运动有关。

苏拉威西岛的北部斜坡处于俯冲带的构造环境中，该俯冲带位于更老的岛弧之上（Hamilton，1979），并且从晚始新世到早中新世已经顺时针旋转90°（Otofuji 等，1981）。这种顺时针旋转不仅可能是增生楔厚度增长的原因，也可能是向西的高速俯冲速率的原因（Silver 等，1983）。苏拉威西岛的北翼的俯冲作用是从8Ma 前到5Ma 开始的（Rangin 和 Silver，1990；Surmont等，1994）。对苏拉威西岛靠近盆地内部的增生楔处的岩心进行分析，发现了全新世到早更新世的半深海泥岩、火山灰及细粒的浊积岩及植物碎片，这是来自于苏拉威西岛的过路沉积（Beiersdorf 等，1995）（图4－14）。

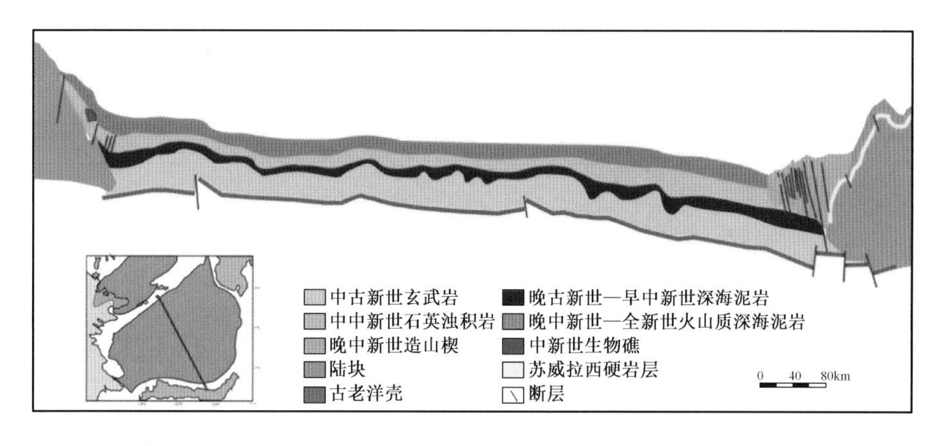

图4－14　西里伯斯盆地南北向地质剖面图

2）沉积地层及演化

西里伯斯盆地在中中新世成盆，发育的主要地层有中始新统至下中新统的深海褐色泥岩和中中新统的灰绿色半深海泥岩。由于盆地基底向南俯冲，不时有火山喷发，故沉积物中含有一些火山灰。在中新世中期和晚期，盆地东部和南部先后出现石英质浊流沉积，在晚中新世和上新世早期局部出现过碳酸盐碎屑浊流沉积（图4－15）。

西里伯斯盆地的沉积物主要有中始新世至早中新世的深海褐色泥岩，中中新世以后的灰绿色半深海泥岩，第四纪的沉积物中含些有火山灰。在中新世中期和晚期，盆地东部和南部先后出现石英浊流沉积，在晚中新世和上新世早期局部出现过碳酸盐岩碎屑浊流沉积（图4－15）。

（1）地震层序与地层。

大洋钻探计划第124 航次在西里伯斯盆地中部一共布置了两口科探井，均位于地震剖面SO49－02 上。由于770 井钻在了一个沉积物厚度逐渐减少的基底洋脊上，钻井剖面并不能代表盆地整个层序，所以主要根据767 井的钻井剖面来研究地震层序（图4－16）。

767 井钻遇了四个岩性单元（Ⅰ—Ⅳ），这些单元年代为始新世到全新世。在剖面SO49－02上这四个沉积单元能够很好分辨（Fechner，1989；Rangin 等，1990）（图4－17）。

最上部的岩性单元Ⅰ由更新世—全新世的半深海黏土质粉砂岩组成，夹有火山灰和少量的钙质黏土质粉砂层。岩性单元Ⅱ由上中新世—更新世的夹有火山灰的粉砂质黏土岩及碳酸盐岩碎屑浊积岩组成，在地震层序表现为由4～5 个具有高振幅高横向连续性的反射界面组成。

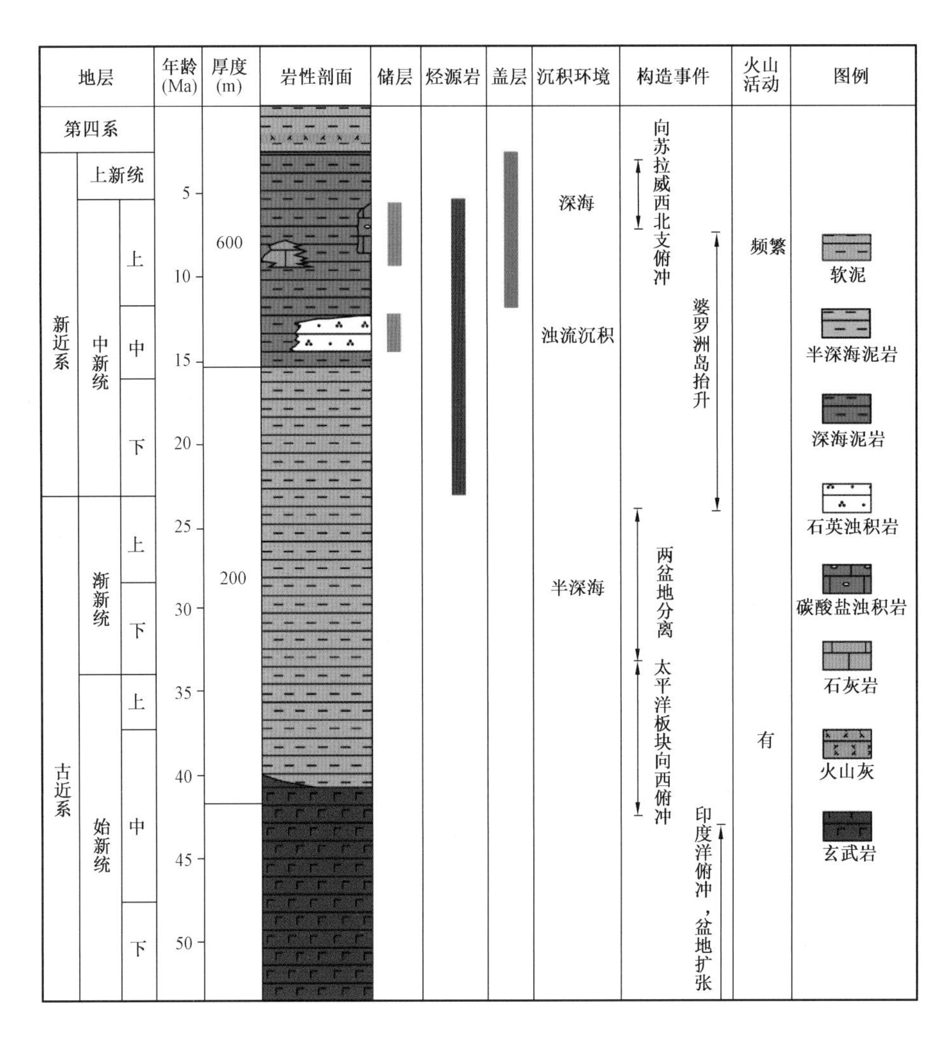

图 4－15　西里伯斯盆地综合柱状图

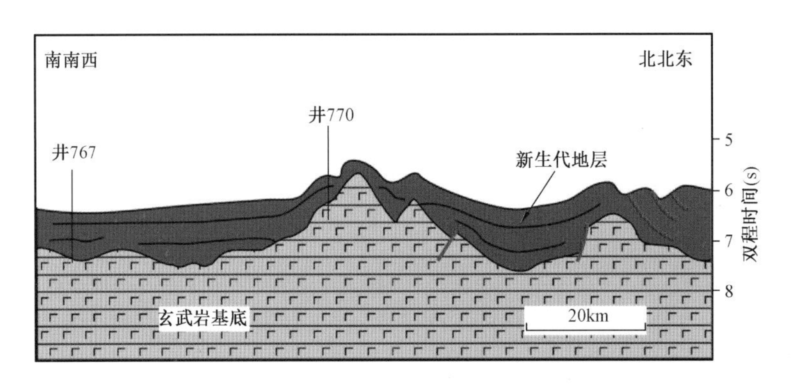

图 4－16　西里伯斯盆地大洋钻探井位图(据 Gary Nichols,1999,修改)

次级岩性单元ⅢA 显示了碎屑物质向上减少并逐渐被半深海粉砂质黏土岩所代替的沉积特征;次级岩性单元ⅢB 以石英砂岩或粉砂岩为主,富含植物化石,属于浊流成因,向上成熟度变好。767 井的次级单元ⅢB 沉积水深为 484～573m,速度为 1650～1850m/s。这个地震序列是贯穿整个西里伯斯海盆地的关键层序。岩性单元Ⅰ—ⅢA 覆盖在中中新世明显的浊积岩ⅢB 上,在地震层序中,它们向上合并为高横向连续性和高振幅的近似平行的反射模式的透明层。

次级岩性单元ⅢC下部为主要是砂岩和粉砂岩，向上逐渐过渡为上中新世到下中中新世的半深海层状泥岩。最底部的岩性单元Ⅳ由中始新世—早中新世的均质泥岩组成，夹有火山碎屑粉砂岩的并且在该岩性单元中发现有深水凝结有孔虫，研究表明早始新世和早渐新世之间存在裂缝或者压缩夹层（Kaminski 和 Huang，1990）。岩性单元ⅢC和Ⅳ在地震层序上以低频率、低能量反射为特点。在 SONNE98 航线的地震剖面上，可以看到不整合微弱的迹象，这种不整合代表了从始新世到渐新世的过渡沉积。

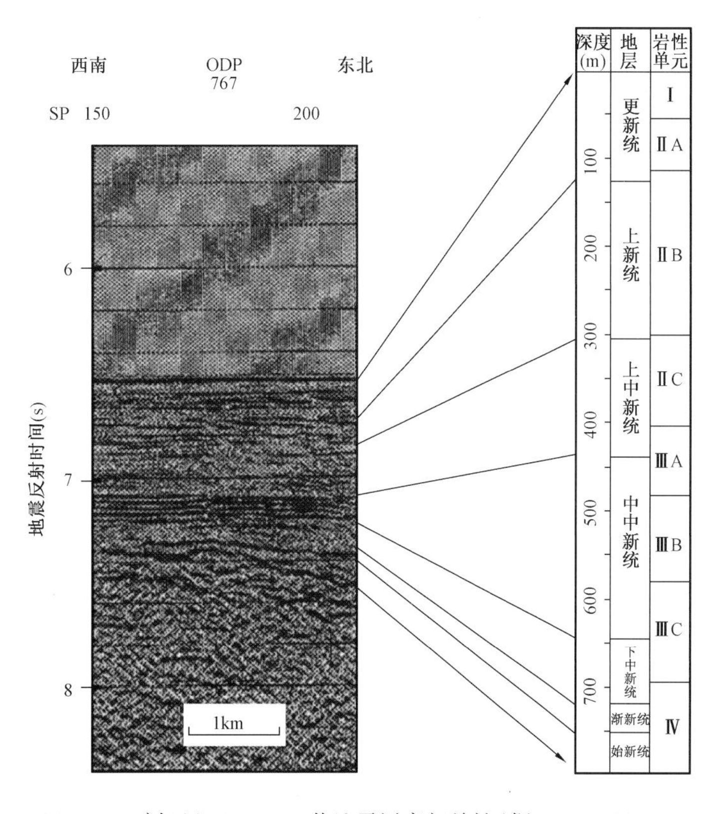

图4－17　SO49－02剖面上ODP 767井地震层序相关性（据 H. U. Schluer，2001，修改）

（2）地震层序与浊流体系。

大约在中—晚中新世，盆地开始出现碎屑和碳酸盐岩浊流沉积，一直持续到更新世。在晚中新世和上新世，发育大量的碳酸盐岩碎屑浊积流沉积。陆源浊积岩包括三个“浊流体系”，它们一起组成一个“浊流复合体”（表4－1）。

表4－1　浊积体系岩心描述（据 C. Betzler，1991）

体系		岩心描述
C		薄至中层，水平层理不明显，粉砂质黏土至粉砂
B	5	薄至中层，水平层理和波状层理，粉砂至砂
	4	薄至厚层状，层理不明显，泥至粉砂质黏土
	3	薄层，水平层理和波状层理不明显，粉砂至砂
	1—2	薄至厚层，水平层理和波状层理，粉砂至砂
A		薄至厚层，水平层理和波状层理，粉砂质黏土至粉砂

体系 A 出现在早—中中新世，含有火山碎屑和富含石英组分的碎屑，表明来源于混合物源区，它覆盖在褐色远洋黏土之上；体系 B 是出现在中中新世到上新世早期，下部岩相包括完整鲍马序列或底部缺失的鲍马序列。阶段 1 和 2 中的沉积物以石英砂岩和植物为主，本体系的上部主要包括岩石碎块、燧石和一些火山物质，表明它们来自混源程度更高的物源区。体系 B 的上部的层越来越薄，颗粒也是变得更细。虽然体系的底部是富含石英的碎屑，但仍是衍生自混合的物源区；体系 C 出现在早—中上新世至更新世，来源于火山源区（图 4－18）。

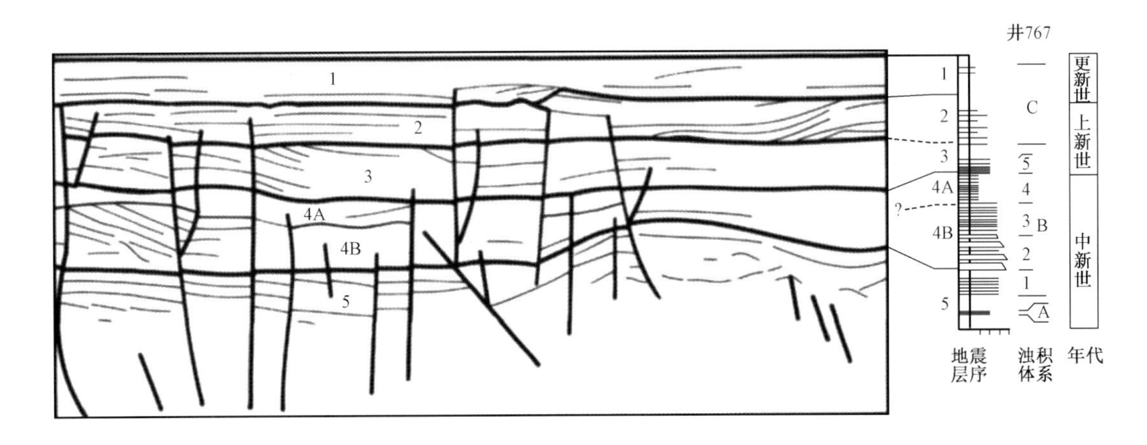

图 4－18　地震序列与浊流体系（据 C. Betzler，1991，修改）

注：在井 767 处地震序列 1 和 2 的边界可以对应于厚碳酸盐浊流在生物区 NN18 和 NN19 的边界。地震子序列 4A 和 4B 的界限可以对应于划分浊流体系 B3 和 B4 的面

作为一个整体，767 井的浊积体系的岩相表明沉积物位于盆地平原的扇缘部位。浊体系 B 的阶段 2 中的砂至砾石层可能代表的远端河道冲填和扇体发育不太好的舌状沉积体扇（Mutti，1979），对应于Ⅱ型体系（Mutti，1985）。据 Mutti（1985）的模式，更薄的层状沉积物是盆地平原的Ⅲ型体系内的舌状边缘沉积物。在这些体系中，向盆地方向沉积的泥岩和粉质砂岩沉积区的附近发育有小的砂岩填充的河道。767 井大概位于这样一个向盆方向的体系。这些沉积物来源于富含石英的源区，并在那里有丰富的植被。沉积物中石英颗粒消失和燧石的存在表明源区发生了变化。

总的来说，盆地的陆源浊积体系都可分为上下两部分。浊积体系的上部主要为细粒、薄层序列。下部是砂质、厚层状序列，表明了子盆地中的一个上超模式。与相邻的苏禄海盆地相比，西里伯斯盆地的浊流次数并不是很多。

（3）层序地层特征。

① 中始新统至下中新统。770 井的海底水深为 4500m，从该钻孔的下部采集了中始新统至上渐新统富含碳酸盐的远洋黏土岩，同时采集到了 106m 斜长石—橄榄石玄武岩，通过岩石的地球化学资料分析，表明两井钻遇的玄武岩基底与中央海岭玄武岩具有相似性（Silver 和 Rangin，1991；Spadea 等，1996）。767 井最底部还有 80m 厚的褐色远洋泥岩，含放射虫、锰微结节，这一时期的沉积速率缓慢，为 2 ± 6m/Ma。770 井具有一样的沉积速率，层厚也相似，但是该段保存有灰质的超微化石，认为是浅水沉积，可能在碳酸盐补偿深度以上。从始新世至渐新世，西里伯斯海的 CCD 面可能一直处于这两个井点之间的某一深度（Smith 等，1990）。

② 中至上中新统。767 井在海底 700m 深处的特征变化明显，棕色远洋泥岩被由生物扰

动的绿灰色半深海黏土岩取代。在海底以下约650m深处浊积岩出现。再沉积的单元主要是由粉砂质黏土岩构成，被解释为远端细粒浊流沉积(Betzler等，1991)，但还有一些较厚的由石英砂和粉砂构成的具有明显底部正递变序列的沉积单元(达到3.6m)。这些石英砂岩中普遍存在碳质，主要是沿着纹层的细小的浸染状煤化植物，也有较大的(超过1cm)煤碎屑。因为是浊流成因，沉降速率很高，能达到一到两个数量级(高达109m/Ma)。

除了硅质碎屑浊积岩，后续沉积的石灰岩层在该地层中占了大约10%。它有几厘米到几十厘米厚，是典型粒序的碳酸盐粉砂岩、钙质泥岩，其中带着少量的陆源碎屑。这些碳酸盐岩浊积岩中有孔虫化石和超微化石，它们为该单元的年龄上界提供了限制。然而在770井中没有发现石英质或碳酸盐质浊积岩。

③ 上中新统至更新统。767井岩心地层序列的上半部分的年代是晚中新世至全新世。沉积物主要由半深海粉砂和黏土组成：粉砂是由火山岩屑和结晶碎片组成，黏土成分以由绿泥石为主。该序列的更新统出现薄火山灰层。沉积物中碳酸盐岩的比例很低(3±4%)，表明迄今为止，该盆地的这一区域一直处于CCD面之下。这一时期沉积物堆积速率的范围是33～60m/Ma。虽然在770井中的取心并不完整，但在泥岩中发现了超微化石和泥灰岩，比767井的碳酸盐含量高。此处区域较浅，可能在CCD界面附近(图4-19)。

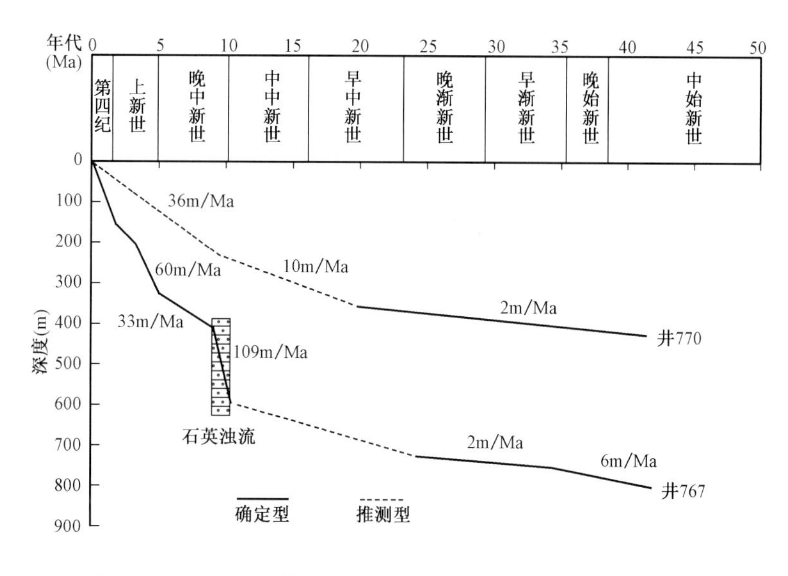

图4-19　西里伯斯盆地沉积速率(据Gary Nichols，1999，修改)

3)沉积相特征

在中中新世以前，西里伯斯盆地尚未完全成盆，处于开阔深海沉积环境(图4-20)。中始新统地层为玄武岩，上覆褐色至褐红色泥岩(Rangin和Silver，1990)。在中中新世时期，盆地东北部开始出现浊流沉积，主要为石英质碎屑浊流。之后由于苏拉威西北支的作用，盆地物源发生改变，物源可能来自西边的婆罗洲岛，因为这一时期加里曼丹隆起，成为主要剥蚀区，大达拉根盆地和库台盆地近岸浊流可以显示出这一特征(图4-21)。上新世以后，盆地以深海泥岩沉积为主，地层中夹杂有火山灰。地震资料特征显示，在盆地北部苏禄弧附近可能存在生物礁相。钻井结果研究表明，在上新统地层中夹杂有碳酸盐岩碎屑浊流沉积(图4-22)。

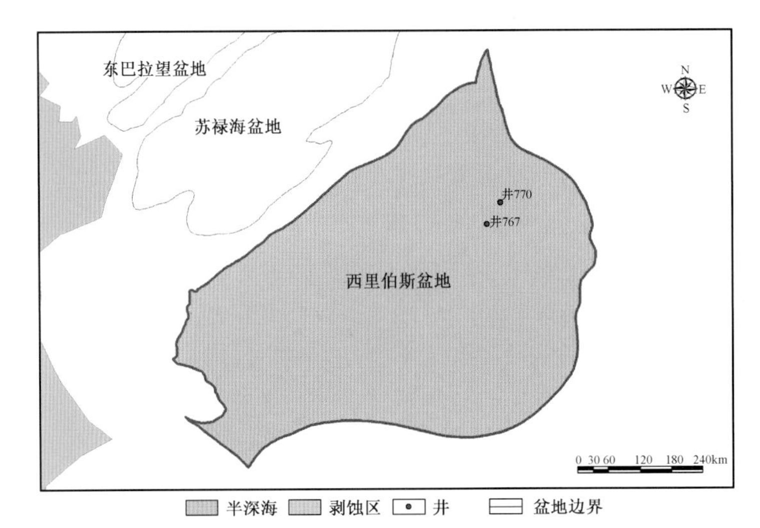

图4-20　西里伯斯盆地始新世至渐新世沉积相图

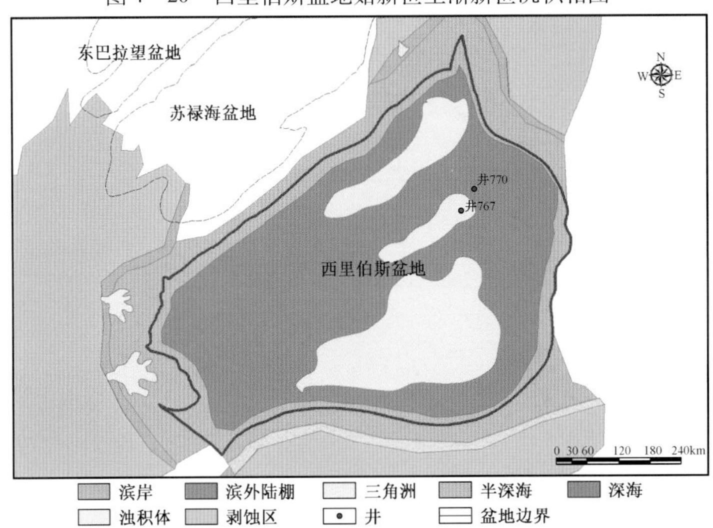

图4-21　西里伯斯盆地中新世沉积相图

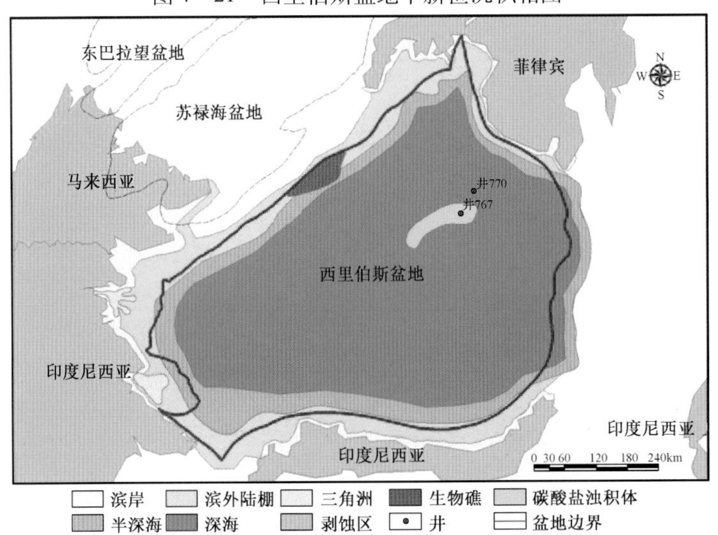

图4-22　西里伯斯盆地上新世沉积相图

第二节　东巴拉望盆地油气地质

一、油气勘探开发概况

东巴拉望盆地的勘探活动始于20世纪50年代。截至2006年马来西亚未在东巴拉望盆地钻井。20世纪50—80年代菲律宾在盆地中钻了7口地层测试井和预探井(图4-23),最大深度3062m(海上),但均未获得良好的油气显示,只有1口井有轻微的油气显示和重油痕迹。此外,菲律宾还进行了地震勘探,共有二维地震17800km,地震覆盖率为5.1km/km^2。勘探许可面积78464km^2(其中有25227km^{2}与其他盆地共有),开发许可面积14667km^2。

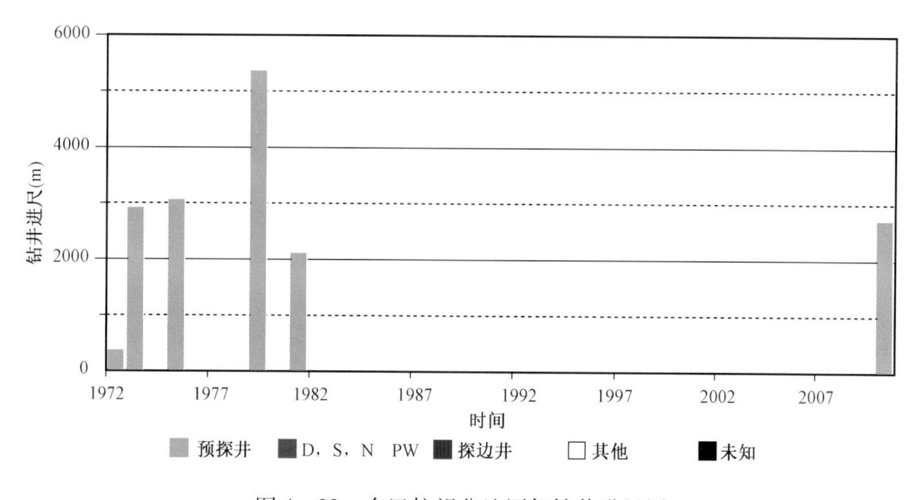

图4-23　东巴拉望盆地历年钻井进尺图

目前东巴拉望盆地只有一个油田在开发生产,油田位于Minoro-Cuyo次盆中,油田的石油2P储量为250×10^{4}bbl,石油可采储量为50×10^{4}bbl。

二、烃源岩

中新世的沉积相图显示:东巴拉望盆地的烃源岩为中中新世—晚中新世Paragua组的滨外陆棚—半深海泥岩,这些泥岩烃源岩主要分布在盆地的中部(图4-24)。

在相邻的苏禄海盆地的Sandakan次盆中相对应烃源岩的总有机碳含量(TOC)的范围一般为0.5%~3%。这些烃源岩的潜力在Dumaran 1/1A井中的重油显示和Sulu Sea A-1井的油气显示得到验证。此外,早中新世局限台地的泥灰岩可以作为潜在的烃源岩。

研究表明,Balabac次盆实测晚中新世Paragua组泥岩的TOC值在1%~2%之间。烃源岩成熟度为不成熟至成熟。Balabac次盆生油窗的时代为中新世。

三、储盖组合

东巴拉望盆地的储层包括早中新世的碳酸盐岩、早中新世的浊积砂岩和中中新世—晚中新世的三角洲砂岩等,这些储层主要分布在Balabac次盆、Bancauan次盆、盆地中部靠东巴拉望岛的区域和盆地最北部的区域(图4-25)。绝大部分储层能在地震剖面上识别,但中新世薄层灰岩段只在Sulu Sea A-1井中识别。

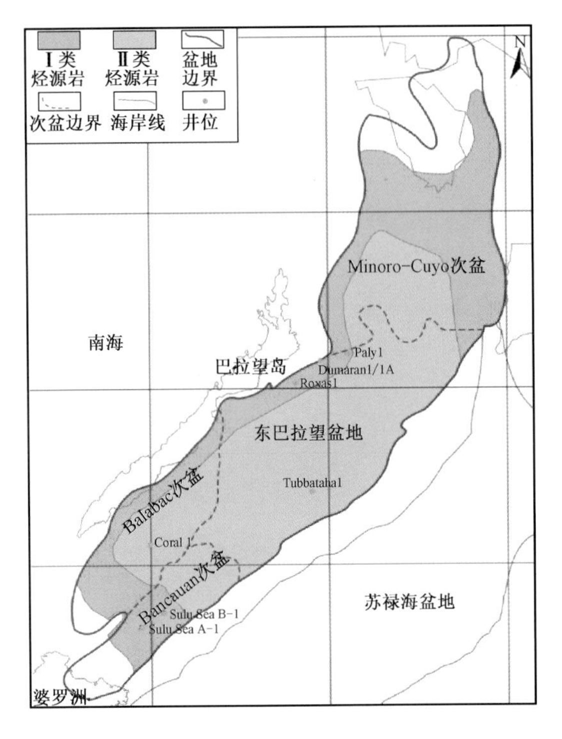

图4-24　东巴拉望盆地烃源岩平面分布图

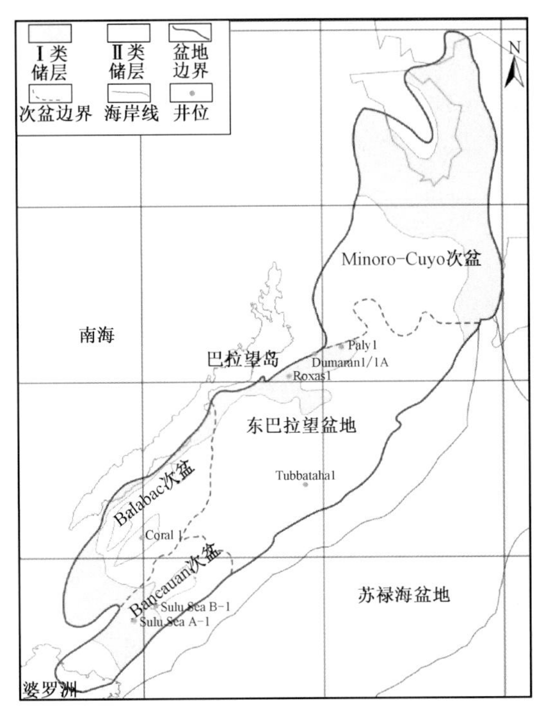

图4-25　东巴拉望盆地储层平面分布图

东巴拉望盆地深水部位的地震数据表明盆底发育浊积岩。一些地震剖面显示出盆地中发育有厚的、多种堆叠方式的浊积砂岩层，其时代为早中新世。

Bancauan次盆中钻遇到的中中新世砂岩，其颜色一般为深灰色，粒度很细，略含钙质且有碳质的痕迹。Sulu Sea A-1井中岩心样品的孔隙度为25%，但平均渗透率很低，为0.4～4.8mD。在Sulu Sea B-1井钻遇到的中中新世砂岩要比Sulu Sea A-1井中的砂岩薄，这些砂岩的颗粒绝大部分由中—细粒的透明干净的石英、较小的长石、暗色矿物和高度分选的岩屑组成。井壁取心分析表明岩心孔隙度为27%～31%，含水饱和度为52%～68%。Sulu Sea A-1井中的砂岩为三角洲前缘沉积序列，Sulu Sea B-1井附近的砂岩为浊积砂岩。

Balabac次盆的Coral 1井钻穿了晚中新世—早上新世很细的石英砂岩，预探井Coral 1中薄层砂岩的有效孔隙度为30%，并且检测到甲烷。

早中新世的生物礁沿着断块顶部和火山丘发育。在北巴拉望地区，生物礁灰岩是最重要的储层。东巴拉望盆地发现了早中新世灰岩的油气显示，其目的层段的深度为1632.9～1639.6m，石灰岩夹层所测的孔隙度为25%～32%，渗透率为3.3～35mD。

东巴拉望盆地的盖层主要为晚中新世—早上新世Paragua组的泥岩，苏禄地区的层内细碎屑岩也能起到封盖作用。此外，部分储层的封盖作用可以通过紧闭的断层实现。

四、油气形成与运聚

1. 含油气系统

东巴拉望盆地目前有一套未经证实的（推测的）含油气系统：中新统—中新统含油气系统（?）。其相关要素见图4-26。

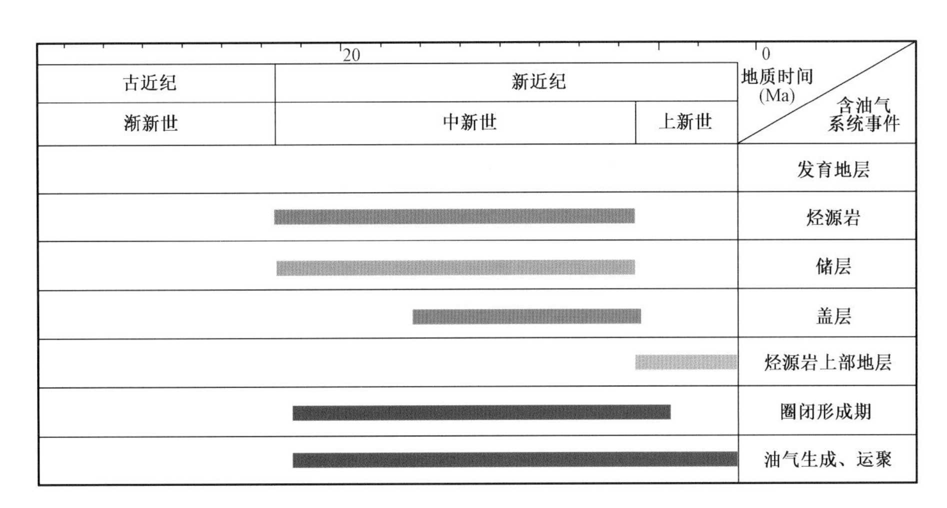

图 4－26　东巴拉望盆地中新世含油气系统事件图

东巴拉望盆地含油气系统烃源岩的时代为中新世。Coral 1 井井深为 3062m 位置的温度为 68.8℃，Sulu Sea A－1 的地温梯度为 20.1℃/km，Sulu Sea B－1 的地温梯度为 19.3℃/km。鉴于新近系 Bancauan 盆地的沉积厚度，这些地温梯度对有机质的热成熟太低，所以烃源岩可能没到达生油窗或刚达到生油窗。

储层主要为早中新世的碳酸盐岩、早中新世的浊积砂岩和中中新世—晚中新世的三角洲砂岩。

主力生油期为早中新世—全新世，生气期为中中新世—全新世。油气初次运移/二次运移的时代为中新世—全新世，油气通过众多的断层和裂缝向上倾方向运移。

2. 圈闭特征

东巴拉望盆地主力圈闭形成的时间为早中新世—早上新世，圈闭包括背斜圈闭、断层圈闭、与平移断层有关的褶皱圈闭、火山岩丘上的碳酸盐岩建造和地层尖灭圈闭（图 4－27）。

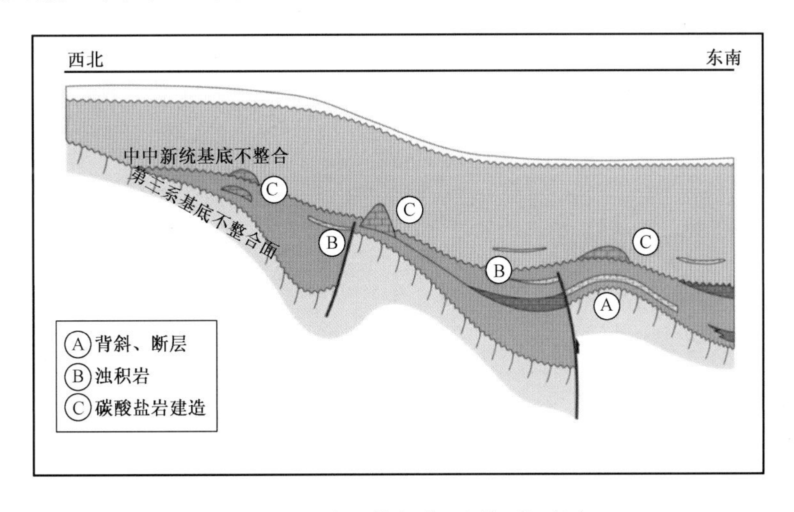

图 4－27　东巴拉望盆地圈闭类型图

3. 油气生成与运移

东巴拉望盆地生油期为早中新世—全新世，生气期为中中新世—全新世。油气初次运移/二次运移的时代为中新世—全新世，油气通过众多的断层和裂缝向上倾方向运移。

五、勘探潜力评价

1. 成藏组合

东巴拉望盆地内预测的成藏组合为中新统成藏组合，中新统成藏组合可细分为三个单元：中新世碳酸盐岩地层单元、中新世砂岩构造单元和中新世浊积岩地层单元(图4－28)。圈闭类型为地层圈闭和构造圈闭(图4－27)。该成藏组合主要发育于Balabac次盆、Bancauan次盆、盆地中部靠东巴拉望岛的区域和盆地最北部的区域(图4－29)。

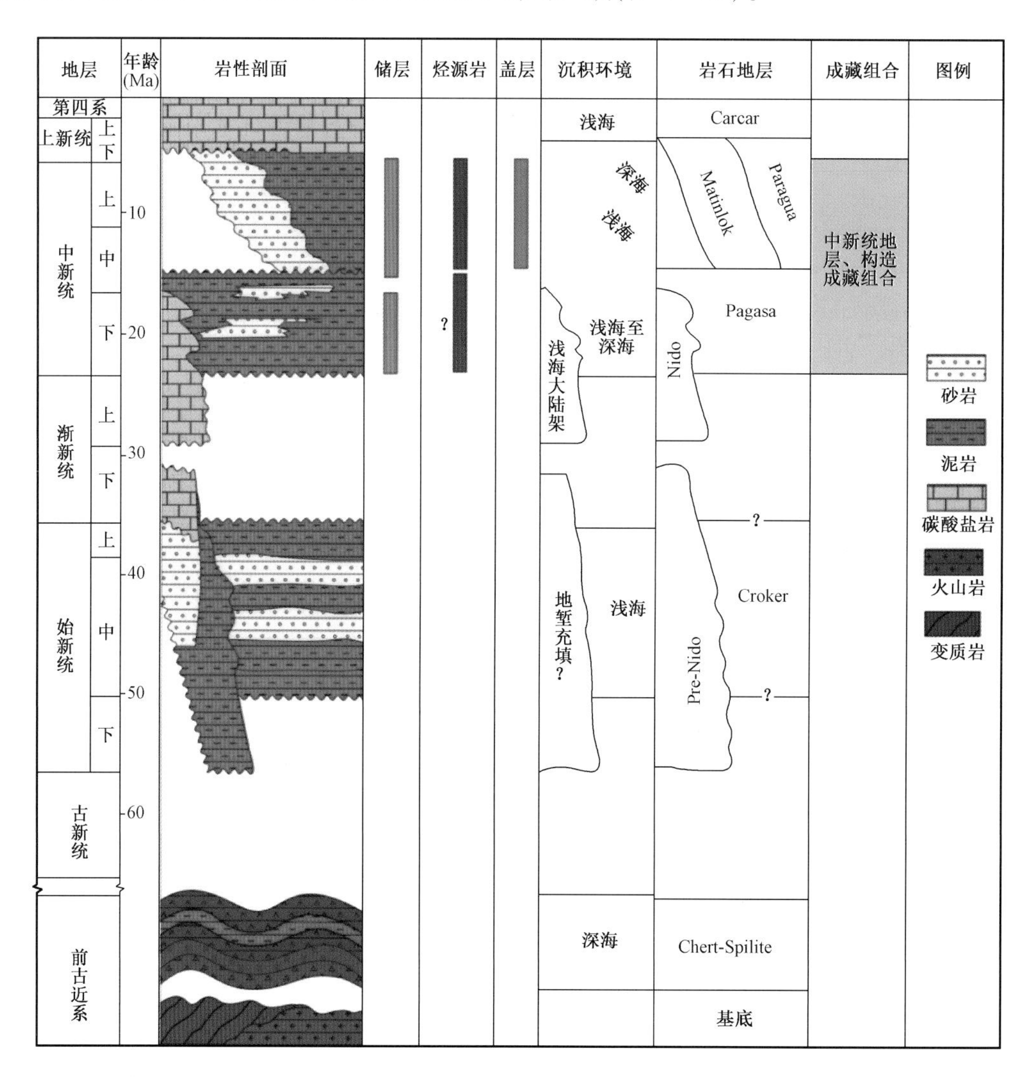

图4－28　东巴拉望盆地成藏组合纵向划分图

成藏组合各单元的特征如下：

(1)中新世碳酸盐岩地层单元。该单元的地质年代为早中新世。储层由Nido组组成，地质年代分别为早中新世；盖层的地质年代为中新世；圈闭类型为地层圈闭中的生物礁圈闭，圈闭形成时代为早中新世—中中新世。主要的沉积相为台地相和生物礁相(图4－28)。

(2)中新世砂岩构造单元。该单元很有潜力，平面面积为50～600km^2，地质年代为中中新世、晚中新世。储层由 Pagasa 组和 Matinloc 组浅海砂岩组成,地质年代为中中新世—晚中新世;盖层的封堵性通过层内细碎屑实现,其地质年代为中中新世—晚中新世。圈闭类型为构造圈闭和背斜圈闭。构造圈闭包括与平移断层有关的褶皱、背斜和断层圈闭,其地质年代为中中新世—早上新世;断层发育的地质年代为中中新世—早上新世;褶皱地质年代为中中新世—早上新世;主要的沉积相为三角洲前缘亚相(图 4-28)。

(3)中新世浊积岩地层单元。该单元的地质年代为早中新世。储层由 Pagasa 组组成,地质年代为早中新世;盖层地质年代为中新世。圈闭类型为地层圈闭中的沉积尖灭,形成的地质年代为中新世。主要的沉积相为重力流沉积(图 4-29)。

2. 勘探潜力评价

东巴拉望盆地中新统成藏组合中油气藏的个数为 1,采用主观概率法开展资源评价。评价结果表明,待发现石油资源量为 1.55×10^8bbl,天然气资源量 103.4×10^8ft^3。

在盆地地层、构造、岩相古地理、石油地质要素分析、含油气系统和成藏组合等综合研究的基础上,预测出东巴拉望盆地发育 5 个有利区,其中有利勘探潜力区 2 个,较好勘探潜力区 3 个(图 4-30)。

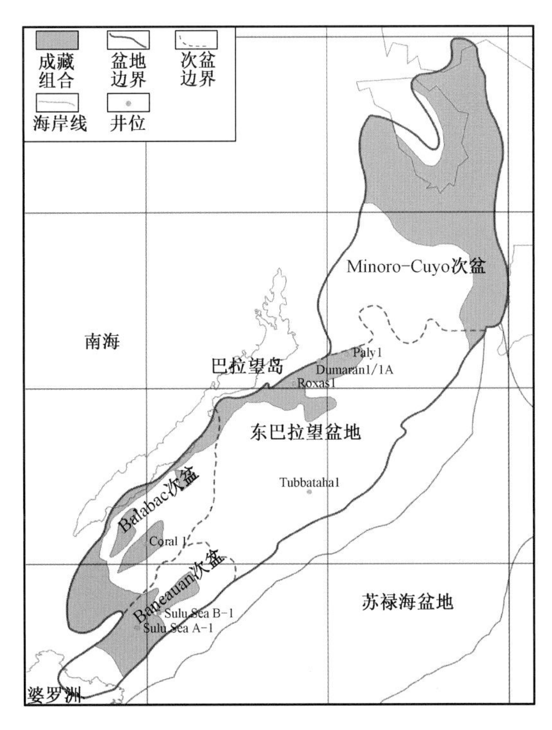

图 4-29 东巴拉望盆地中新统成藏组合平面分布平面

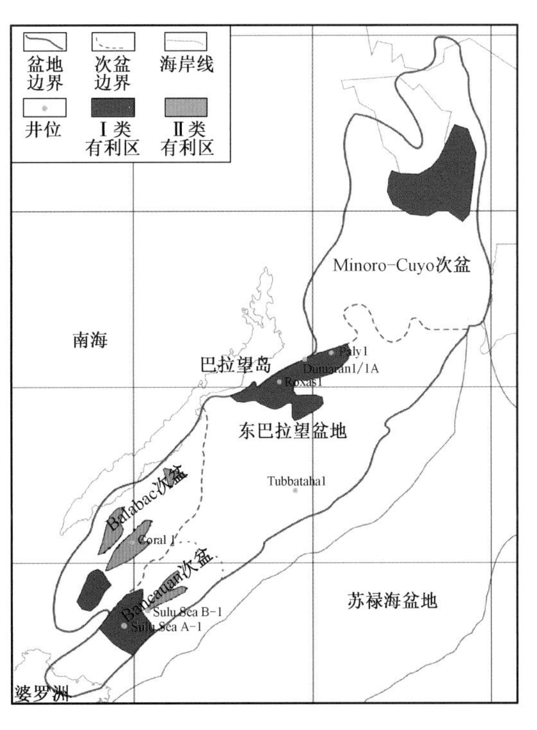

图 4-30 东巴拉望盆地有利区平面分布图

有利勘探潜力区包括三角洲前缘区带和生物礁发育带组成。

三角洲前缘区带位于 Balabac 次盆和 Bancauan 次盆。三角洲前缘有利区的储层岩性为砂岩,这些岩石的物性好;烃源岩为前三角洲的泥岩等;盖层为三角洲平原的泥岩等;圈闭以岩性圈闭和构造圈闭为主;此类有利区中广泛发育正断层,这些断层可以作为油气运移良好的输导体系;三角洲前缘有利区中储层离烃源岩近,烃源岩中生成的油气能快速的在附近的圈闭中成藏。综上所述,这些地区具有良好的生、储、盖、圈、运、保等石油地质条件,因此被圈定为好有利区,这类有利区的勘探风险主要为盖层的封堵性以及输导体系与生油窗在时空上的配置关系。

生物礁发育带位于盆地中部靠巴拉望岛的区域。生物礁有利区的储层岩性为生物礁灰岩,这些岩石的物性好;烃源岩为局限台地的泥灰岩,有机质丰度较高,生烃潜力大,干酪根以Ⅰ型为主;盖层为局限台地的石灰岩和泥灰岩,封堵性好;圈闭以岩性圈闭为主;生物礁有利区中储层离烃源岩近,烃源岩中生成的油气能快速在附近的生物礁圈闭中成藏。综上所述,这些地区具有良好的生、储、盖、圈、运、保等石油地质条件,因此被圈定为好有利区,这类有利区的勘探风险主要为生物礁储层的横向非均质性。

较好有利区由台地碳酸盐岩有利区、浊积砂体有利区和河流—三角洲有利区组成。

台地碳酸盐岩有利区位于盆地中部靠巴拉望岛的区域(图4－30)。台地碳酸盐岩有利区的储层岩性为台地碳酸盐岩,这些岩石的物性较好;烃源岩为局限台地的石灰岩和泥灰岩;盖层为局限台地的石灰岩和泥灰岩;圈闭以岩性圈闭为主;台地碳酸盐岩有利区中储层离烃源岩近,烃源岩中生成的油气能快速在附近的圈闭中成藏。综上所述,这些地区具有较好的生、储、盖、圈、运、保等石油地质条件,因此被圈定为较好有利区,这类有利区的勘探风险主要为碳酸盐岩储层的横向非均质性以及输导体系与生油窗在时空上的配置关系。

浊积砂体有利区位于在 Balabac 次盆和 Bancauan 次盆(图4－30)。浊积砂体有利区的储层岩性为浊积岩,这些岩石的物性好;烃源岩为深海—半深海的泥岩,干酪根以Ⅰ型为主;盖层为深海—半深海的泥页岩,平面分布广,封堵性好;圈闭以岩性圈闭为主;此外,储层呈透镜体状被周围的泥页岩覆盖,这使得初次运移到储层的油气不易被后期的构造运动破坏。综上所述,这些地区具有较好的生、储、盖、圈、运、保等石油地质条件,因此被圈定为较好有利区,这类有利区的勘探风险主要为储层的横向的非均质性。

河流—三角洲有利区位于 Balabac 次盆、Bancauan 次盆和盆地的北部(图4－30)。有利区的储层岩性为砂岩,这些岩石的物性一般;烃源岩为前三角洲的泥岩;盖层为三角洲平原和泛滥平原泥岩;圈闭以岩性圈闭和构造圈闭为主。综上所述,这些地区具有较好的生、储、盖、圈、运、保等石油地质条件,因此被圈定为较好有利区,这类有利区的勘探风险主要为烃源岩的成熟度和储层的物性及其非均质性。

总之,东巴拉望盆地具有较好的油气勘探开发前景,勘探重点对象为中新世三角洲前缘砂体和生物礁。

第三节　苏禄海盆地油气地质

一、油气勘探开发概况

自盆地勘探以来,在35口预探井中共发现了地质储量 2.51×10^8bbl 油当量,包括石油 500×10^4bbl,重质油 0.12×10^8bbl 和天然气 $1.34\times10^{12}ft^3$。其中,Aquitaine 的 Nymphe North 1 井所在油气藏储量最大,高达 0.30×10^8bbl(图4－31 至图4－33)。

尽管苏禄海盆地已有油气发现,但目前尚未进行开发。至今没有对该盆地向外推出生产许可证,因此也没有开发井,油气产量为零。

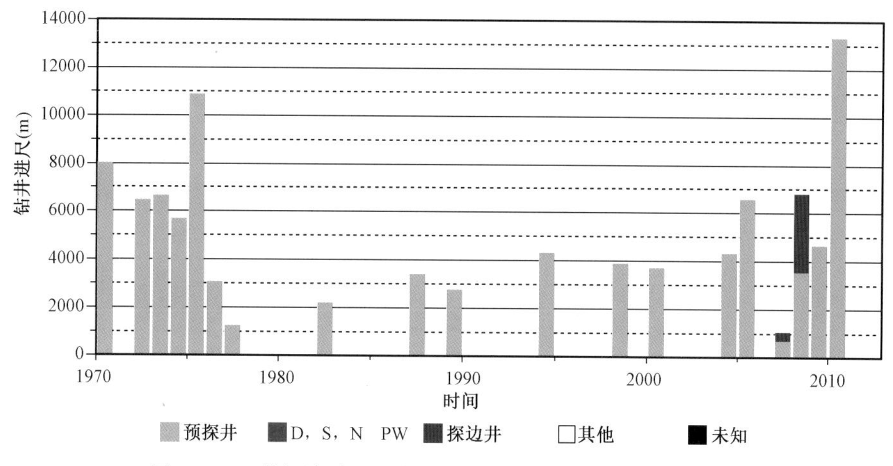

图 4-31　苏禄海盆地历年探井进尺图(据 IHS,2009,修改)

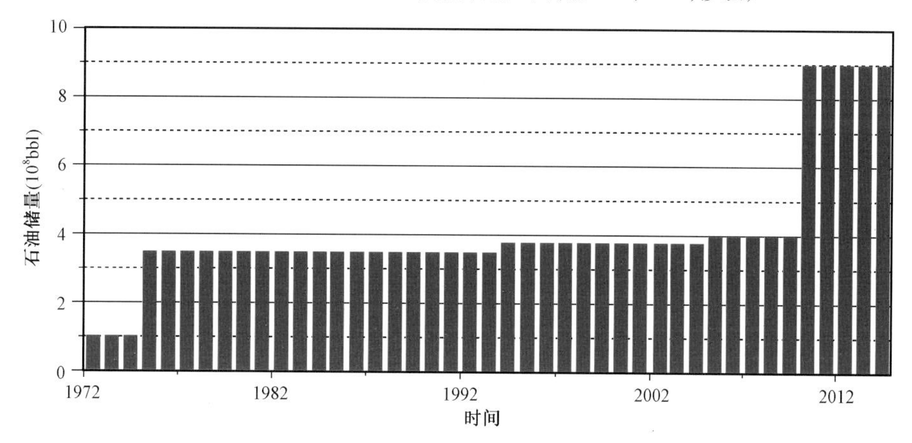

图 4-32　苏禄海盆地历年累计石油储量图(据 IHS,2009,修改)

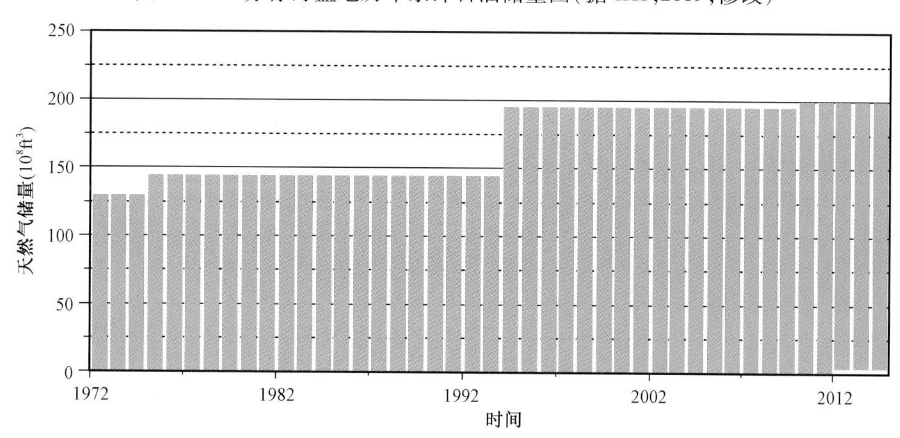

图 4-33　苏禄海盆地历年累计天然气储量图(据 IHS,2009,修改)

二、烃源岩

苏禄海盆地烃源岩主要有 Labang 组(菲律宾)煤层、Tanjong 组(菲律宾)页岩层、Segama 群(菲律宾)煤层、Sebahat 组(菲律宾)煤和页岩层、Ganduman 组(菲律宾)煤层等。其中 Segama 群的 Tanjong 组为主要烃源岩层，属于同裂谷型页岩沉积，总有机碳含量(TOC)达到 2.23%(图 4-34)。在 Pad1 井中，发现该组页岩中的最大总有机碳含量高达 15%。

其次，有潜力的烃源岩是Dent群的Sebahat组。该组主要由总有机碳含量相对低(1%～3%)的三角洲平原泥岩和前三角洲页岩组成，干酪根类型以Ⅱ/Ⅲ型为主，并含有少量褐煤。Nymphe North1井的凝析气和重质油可能源自该层。这一地区的生油门限深度大概在2750m，但在某些地区，由于晚中新世到近代的快速沉积，这一门限值可能更大。虽然该区的烃源岩演化过程可能被上新世之前的隆起活动破坏过过，以致现今Sandakan次盆仍很可能处于生烃的成熟期。

三、储盖组合

Tanjong组和Sebahat组具有良好的储集性能，主要分布于盆地的南部(图4－35)。Tanjong组属于同裂谷型沉积，物源为Crocker群的剥蚀产物；孔隙度为20%～25%，渗透率范围为10～300mD。在菲律宾和马来西亚，该组均已发现油气。其中菲律宾3331井Tanjong组钻厚1300m。在菲律宾的3331井钻遇的Tanjong组累计钻厚为1300m。

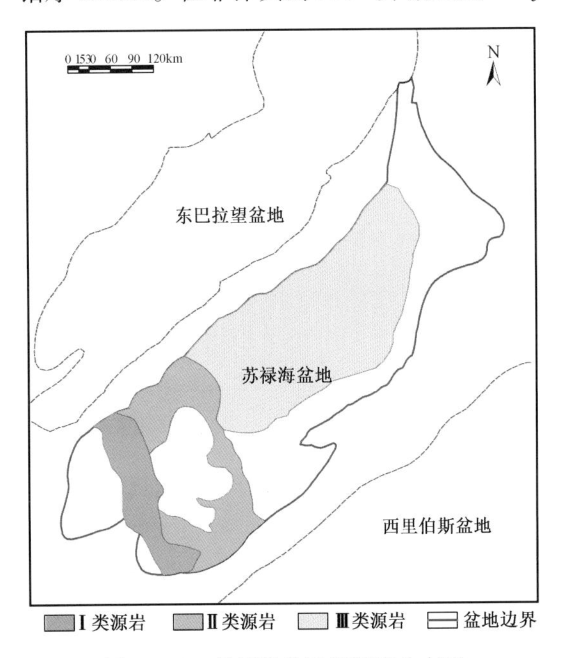

图4－34　苏禄海盆地烃源岩分布图

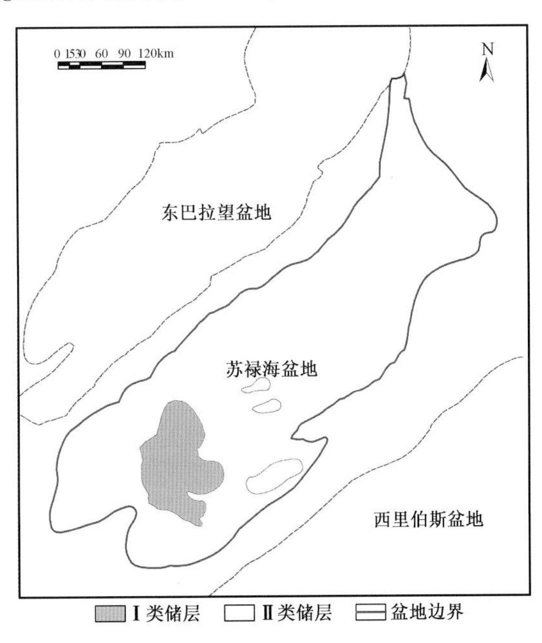

图4－35　苏禄海盆地储层分布图

Dent群中的Sebahat组以三角洲沉积为主，并伴随有少量生长在沉降火山之上的生物礁。三角洲砂体厚度大，物性好，以Nymphe North1为例，平均孔隙度为28%；渗透率在800～1500mD之间。

尽管还没在Togopi组和Segama群的碳酸盐岩中做过测试，但预测储集性能良好。

Sandakan次盆中发现的探明油气藏主要位于新近系三角洲体系附近的沉积相中，Tanjong组、Segama群、Sebahat组和Ganduman组内均发育有海侵成因或前三角洲和半深海成因的页岩，具良好的保存条件。

四、油气形成与运聚

1. 含油气系统

苏禄海盆地目前含有一套含油气系统，即中新统—中新统(!)含油气系统(图4－36)。

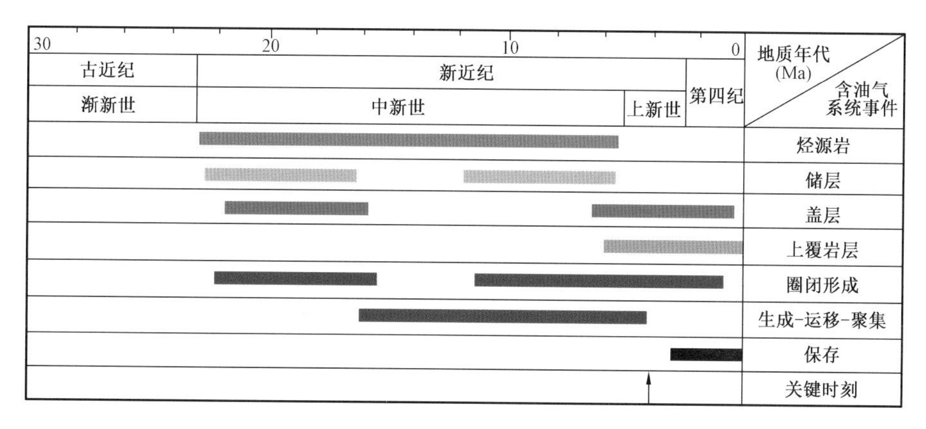

图 4-36　苏禄海盆地中新统—中新统(!)含油气系统

SentryBank 1 井地球化学资料显示烃源岩 TOC 含量达到 2.3%。探井资料显示 Sandakan 次盆 Sebahat 组的三角洲沉积具有较高的地温梯度(33～38℃/km),Sebahat 组和上覆 Ganduman和 Togopi 碎屑岩地层很厚,最大达到 8000m,结合现今烃源岩门限深度在 3000m 左右的理论成果,研究表明有利于烃源岩热成熟。烃源岩类型估计与其他的古近—新近纪地层中的类似,包括不太发育的三角洲和前三角洲泥,以Ⅱ/Ⅲ干酪根为主。该地层中的煤和褐煤相对来说要丰富一些,但未见公开的与之相关的烃源岩潜力的数据。

利用 Nymphe 北 1 井中取出的 Sebahat 储层段的岩心资料,研究该段的近端三角洲砂岩层物性,发现其平均孔隙度达到 28%,渗透率为 800～1500mD。在该层的 170m 处砂岩孔隙度记录为 25%,1200m 处孔隙度在 30%～34% 的范围内,渗透率为 5000mD。在 2300m 处取出的三角洲更远端的岩心资料显示平均孔隙度为 20%,渗透率为 70mD。其他探井资料同样显示在 Sebahat 组砂岩孔隙度在 18%～31% 范围内。

盖层主要是海侵成因页岩,如前三角洲和半深海页岩。

2. 圈闭特征

中新世至上新世晚期发生的碰撞事件,形成各种构造圈闭,同时由于三角洲沉积也有可能存在地层圈闭。另外,上新统 Togopi 组碳酸盐岩也有储层潜力。

苏禄海盆地圈闭类型以构造圈闭和地层圈闭为主。目前在盆地西部的几口探井中(图 4-37),主要是在构造圈闭中发现有一定的资源量,包括背斜圈闭、断层圈闭、褶皱鼻圈闭、反转断层圈闭。

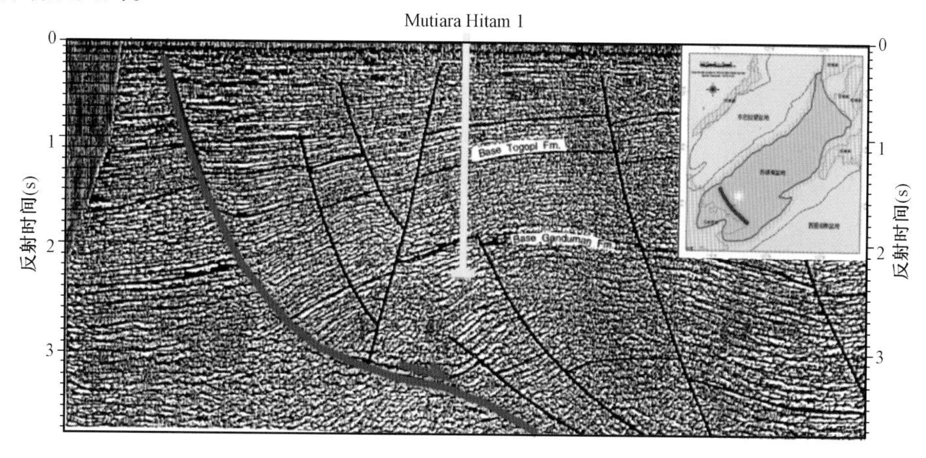

图 4-37　苏禄海盆地 Sandakan 盆地中新统 Sebahat 组构造圈闭(据 IHS,2009,修改)

3. 油气形成与运聚

在 Sandakan 次盆中地温梯度很高（可能与弧后盆地北部的扩张有关），同时造山期后形成的三角洲沉积厚度达 8km，对 Sebahat 组烃源岩中天然气和凝析油的生成非常有利。在中新世结束之前，烃源岩的埋深就达到 3000m 的生油门限值，已经处于成熟阶段。但由于次盆在上新世前期发生过抬升和剥蚀，成熟过程发生过间断，以致油气生成至今还在进行。

通过研究大规模进积层序的几何形状、沉积层底部褶皱以及主要背斜构造圈闭的发展，表明油气的运移通道主要是三角洲沉积砂体等。

五、勘探潜力评价

1. 成藏组合

盆地内已经识别出中新统成藏组合（图 4－38）。储层是中新统的三角洲砂岩，与同时期沉积的泥岩形成自生自储的成藏组合，中新统上覆的泥岩也提供了良好的区域性盖层。

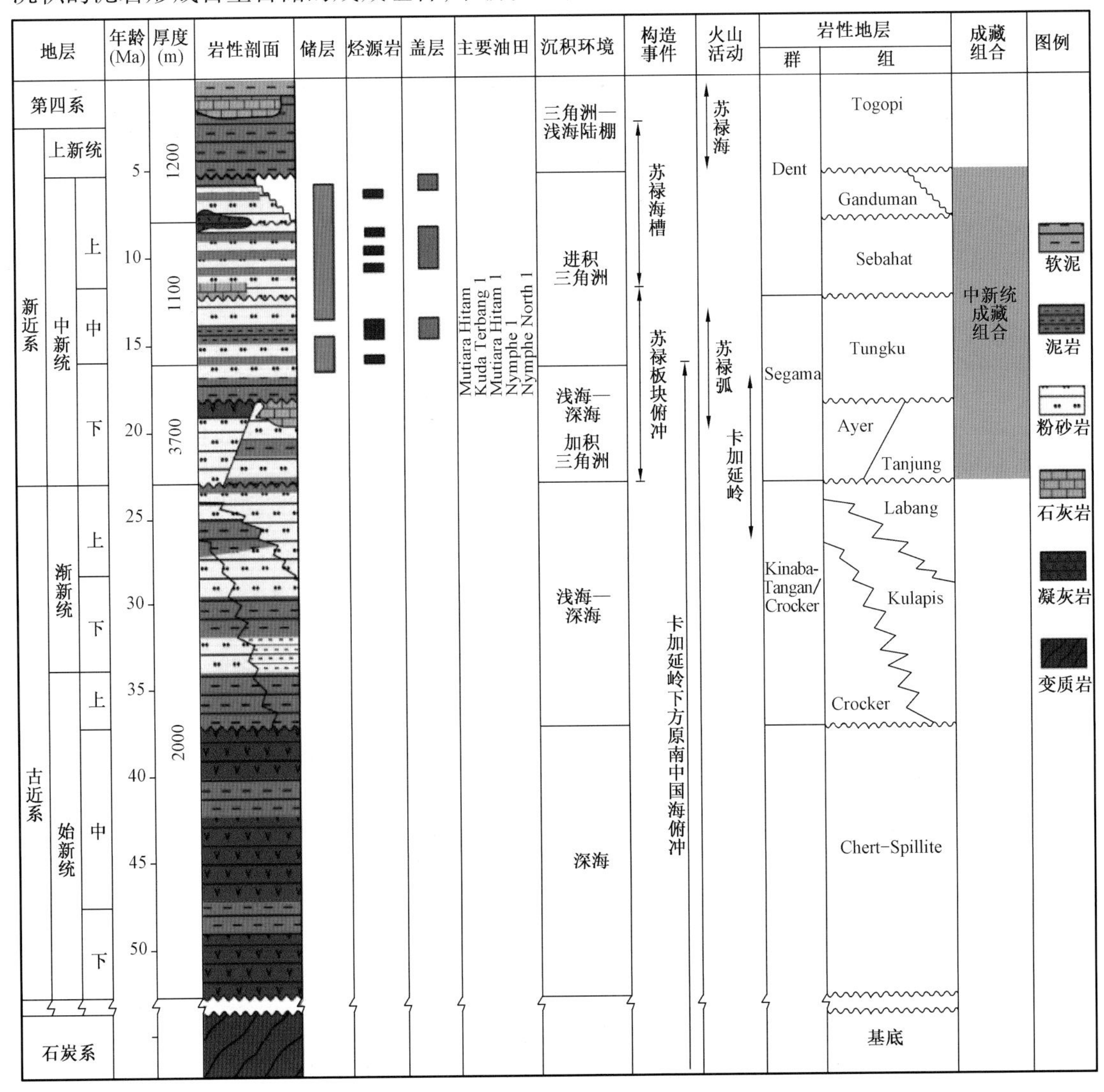

图 4－38　苏禄海盆地中新统成藏组合划分图

苏禄海盆地中新统成藏组合中已发现 4 个油气藏，石油储量 500×10^4bbl，凝析油储量 1500×10^4bbl，天然气储量 $0.9 \times 10^{12}ft^3$。

Sebahat 组和 Tanjong 组是盆地的主要储层。Sebahat 组砂岩高孔（高达 25%）高渗（可达 5D）。同生裂谷期发育的 Tanjong 组孔隙度为 20% ~25%，渗透率 10 ~300mD。与该成藏组合相关的圈闭类型有背斜圈闭、断层圈闭、褶皱鼻圈闭、反转断层圈闭（图 4 -39）。

研究表明，页岩底辟作用形成的背斜尖灭为地层圈闭的形成提供了条件。

2. 勘探潜力评价

苏禄海盆地目前已发现 8 个油气藏。采用主观概率法预测苏禄海盆地中新统成藏组合内待发现可采资源量为 1.56×10^8bbl 油当量，其中石油 697×10^4bbl，凝析油 5179×10^4bbl，天然气 $0.51 \times 10^{12}ft^3$。

在岩相古地理图编制，以及烃源岩、储层、盖层和油气保存状况等综合研究的基础上，充分整合盆地相关分析数据，编制出了苏禄海盆地油气勘探有利区带预测图。在苏禄海盆地，可以分出好有利区 1 个，较好有利区 2 个（图 4 -40）。

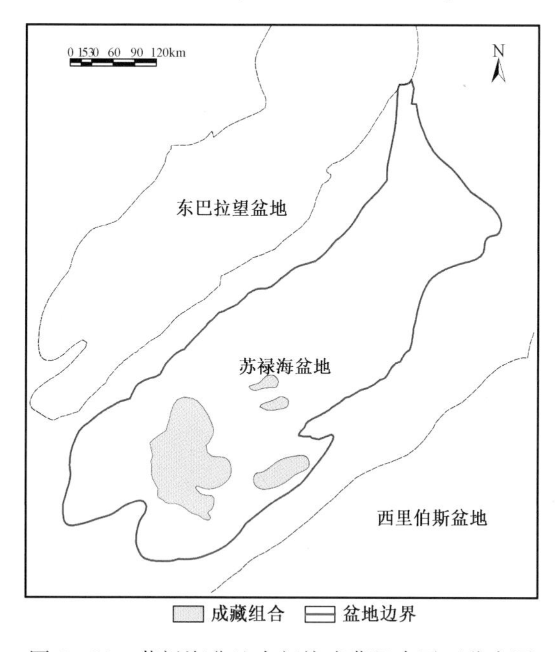

图 4 -39　苏禄海盆地中新统成藏组合平面分布图

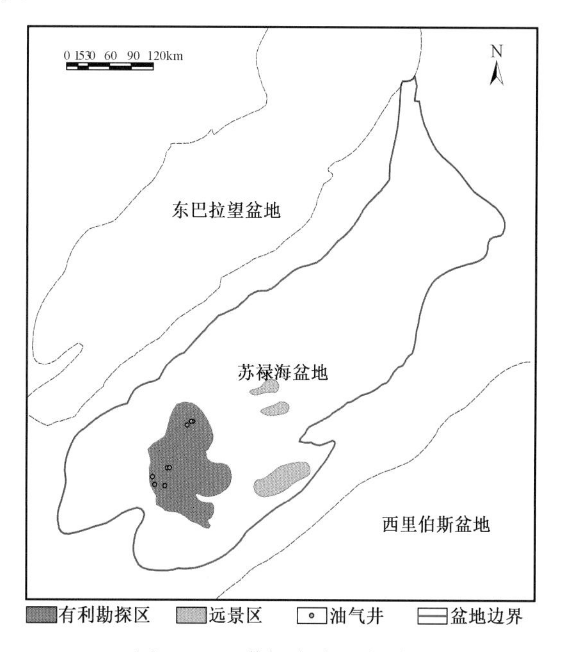

图 4 -40　苏禄海盆地有利区

在盆地西南部，发育于三角洲平原背景的 Sebahat 组煤层和页岩层以及 Ganduman 组的煤层，以及发育于前三角洲的泥岩和浅海大陆架的泥岩可以作为烃源岩，后者生油门限深度大概在 2750m，在中中新世已经趋于成熟。三角洲前缘砂是很好的储层，其上覆的泥岩又能够作为盖层。早中新世正断层活动导致三角洲沉积区发育良好的滚动背斜，构成了一个很好的背斜圈闭。此外，诸如断块、断鼻圈闭在油气运移之前业已形成。油气沿着断层带垂向或侧向运移至储层。综合这些有利成藏要素，盆西南部位存在一个好有利区，该区目前已在 8 口探井中发现油气。

在对盆地西南部发育的三角洲进行综合分析的基础上，结合相关资料，指示其外侧发育前三角洲存在浊积砂体，滨外陆棚泥岩向其提供油源。另外，半深海泥可作为潜在烃源岩。因此在盆地的中部可能发育有两个较好有利区。

总的来说，盆地西南部烃源岩已经达成熟阶段，勘探的关键在于寻找有效圈闭，而中、南部亦有勘探潜力。

第四节　西里伯斯盆地油气地质

一、油气勘探开发概况

1988—1989 大洋钻探计划 ODP 第 124 航次在西里伯斯盆地东北部打了两口井，分别是 767 井和 770 井。767 井（水深 4900m）位于盆地东北部的一个深水区，近 800m 连续取心提供了一个包含玄武岩基底的沉积剖面。770 井（水深 4500m）位于 767 井北北东方向 50km 处，打在一个隆升的基底之上。这次航行钻探基本确定了西里伯斯海的年代、地层、古大洋特征和应力状态等。之后，“德国—印尼西里伯斯海地球科学调查”合作项目中的 SONNE 巡航舰 98 号对西里伯斯海域开展了地球物理、地质以及地球化学调查。

因为西里伯斯海水深基本在四五千米，作业勘探难度大，所以尚无其他的勘探开发活动。

二、烃源岩

图 4－41 列出了 767 井不同深度的沉积物和 TOC 累积速率的平均值，从图中可以划分出西里伯斯盆地三个主要沉积作用及其有机质沉积阶段。

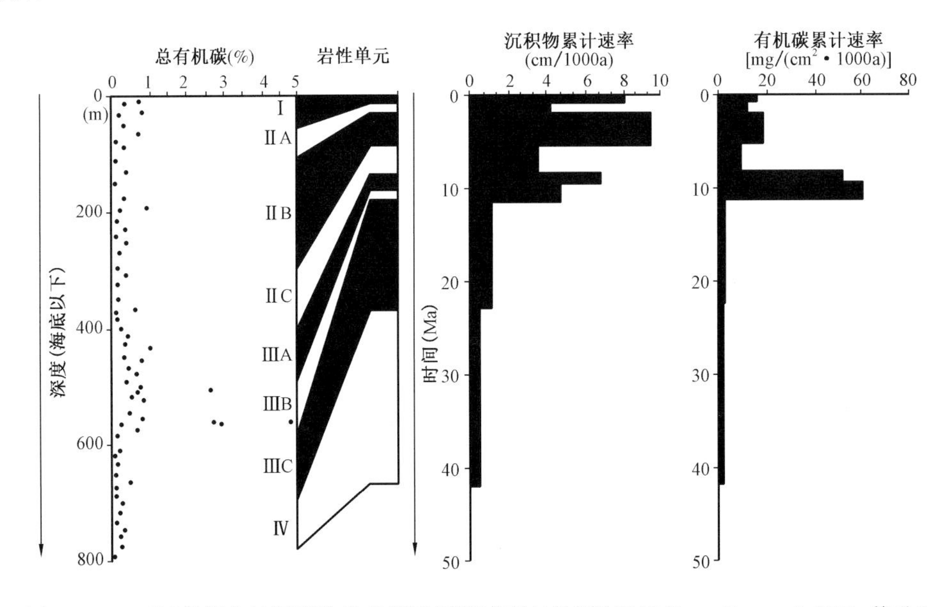

图 4－41　西里伯斯盆地沉积物及有机质沉降速率对比图（据 Philippe Bertrand，1991，修改）

第一阶段是在 42Ma（中始新世）至 11Ma（中中新世），对应的是Ⅳ和ⅢC 的浊流岩心单元，TOC 累积速率非常低，对应这一时期的沉积物为褐色至褐红色深海到半深海泥岩，研究表明有机质在沉降至基地前已经被降解了，表明当时处于一个开阔大洋环境。

第二阶段是在 11Ma 至 9Ma（中至晚中新世），TOC 累积速率非常高，与之对应的是ⅢB 和ⅢA 的浊流岩心单元，它们具有很高的沉积速率。有机质类型主要是陆源的，海相无定型体有机质很难评估。

第三阶段是指 9Ma 至今，TOC 累积速率相对下降，但在与之对应的岩性单元ⅡB 段达到一个峰值。有机质成分包含海相无定型体和陆源有机质。尽管岩性差不多，但海相无定型体的存在表明与第一阶段完全不同。同时,研究表明该时期的沉积物中出现生物扰动,灰绿色泥岩含有黄铁矿。

图4-41的展示是将有机沉积物特征与岩性—地层层序联系起来。通过分析总有机碳含量、岩石类型、有机质成熟度以及TOC累积速率,表明有机质主要是浊流陆源成因,具有很高的浓度,并且TOC的累积速率高峰出现在中中新世的浊流层序中,这与主要的挤压事件有关。通过对始新统至下中新统的有机物质进行岩类分析,发现这一时期的陆源有机颗粒高度降解。TOC累积速率非常低,表明西里伯斯盆地开阔大洋阶段很难保存有机碳。对于年轻一些的沉积物来说,不管是海相还是陆相成因,有机质保存的比较好,表明沉积环境中的物化条件发生了改变(图4-42)。

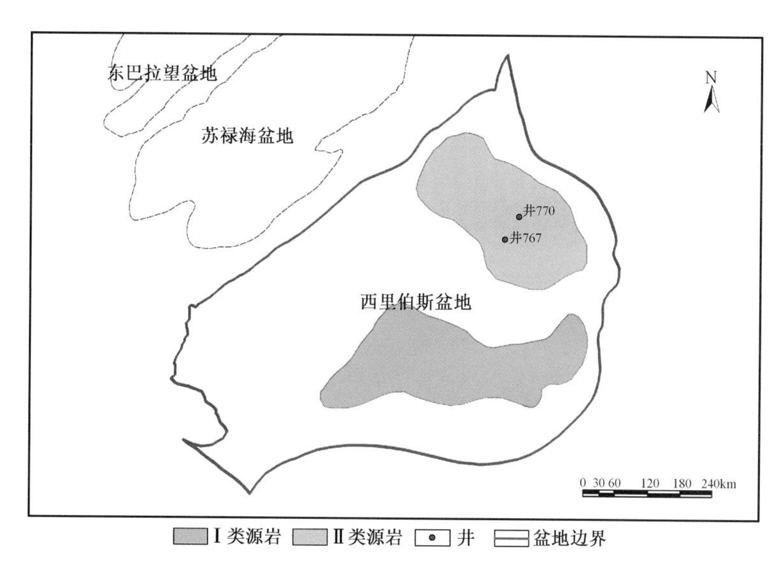

图4-42 西里伯斯盆地潜在烃源岩

科探井钻遇的浊积岩总有机碳含量值变化范围0.25%~5%,东加里曼丹河控三角洲的为2%~10%,有机质成熟度有很大的区别。浊积岩中有机质镜质组反射率一般小于0.5%,表明处于未成熟阶段,生烃潜力不大(图4-43至图4-45)。相比之下,打拉根盆地中中新世地层被证实是可靠油源,可采油储量估计有2×10^8bbl(Vande Weerd和Armin,1992),在成熟度上的差别估计是因为打拉根盆地存在巨厚的沉积盖层以及更高的地温梯度(表4-2)。

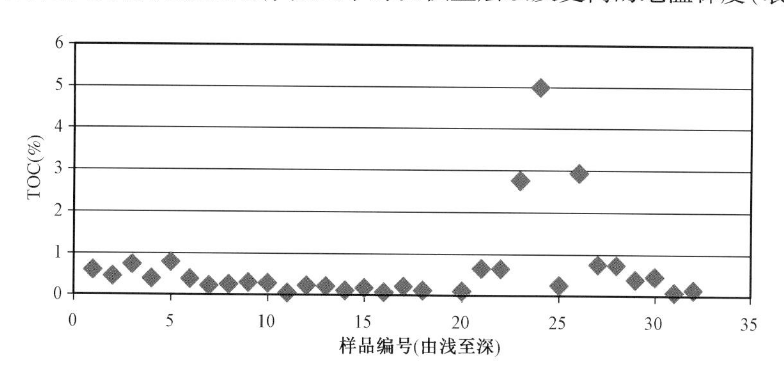

图4-43 西里伯斯盆地767井TOC分析结果

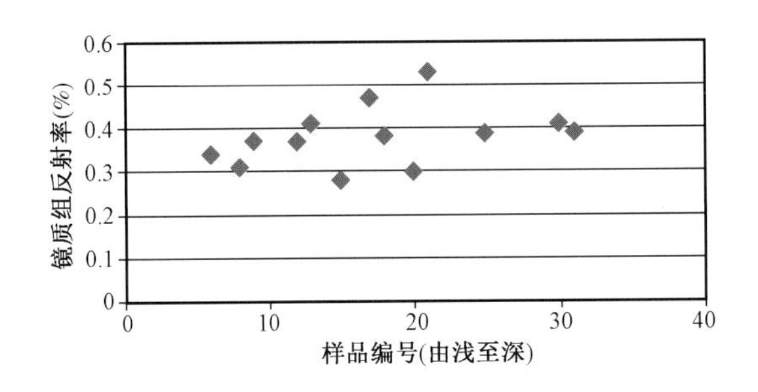

图4－44　西里伯斯盆地767井R_o分析结果（TOC、有机质成分）

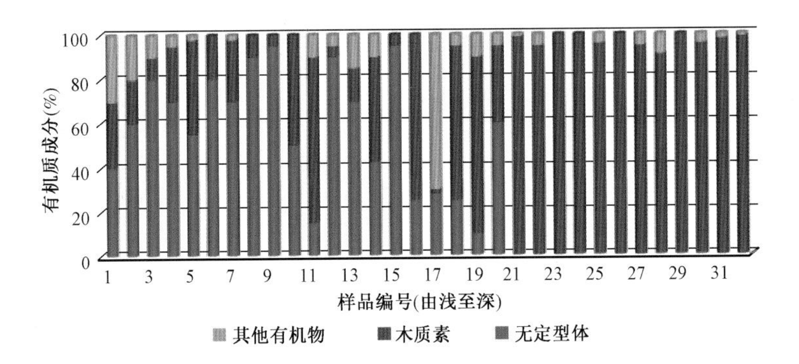

图4－45　西里伯斯盆地767井有机质成分分析结果

表4－2　767井取心样品地化分析结果（据 Philippe Bertrand, 1991）

岩心样品号（由上至下）	海底以下深度（m）	TOC（%）	无定型体（%）	木质素（%）	其他有机物（%）	黄铁矿含量	镜质组反射率（%）
1	0. 23	0. 59	40	30	30	*	
2	3. 9	0. 45	60	20	20	*	
3	9. 43	0. 73	80	10	10	* *	
4	18. 62	0. 39	70	25	5	* *	
5	28. 1	0. 79	55	43	2	* * *	
6	37. 6	0. 38	80	20		* * *	0. 34
7	47. 2	0. 22	70	28	2	* * *	
8	87. 95	0. 25	90	10		* * *	0. 31
9	167. 75	0. 3	95	5			0. 37
10	193. 68	0. 28	50	50		* * *	
11	228. 16	0. 05	15	75	10	* * *	
12	228. 9	0. 23	90	5	5	* *	0. 37
13	271. 27	0. 21	70	15	15	* * *	0. 41
14	320. 09	0. 11	45	45	10	* * *	
15	363. 49	0. 17	95	5		*	0. 28
16	372. 14	0. 07	25	75		* * *	
17	372. 3	0. 21	28	2	70	* * *	0. 47
18	425. 88	0. 12	25	70	5	* *	0. 38

续表

岩心样品号（由上至下）	海底以下深度（m）	TOC（%）	无定型体（%）	木质素（%）	其他有机物（%）	黄铁矿含量	镜质组反射率（%）
19	446.88		10	80	10	*	
20	467.34	0.1	60	35	5	* *	0.3
21	506.3	0.65	0	99	1	*	0.53
22	561.6	0.64	0	95	5	*	
23	562.32	2.75	0	99		*	
24	562.93	4.99	1	99		*	
25	563.5	0.25	1	95	4	*	0.39
26	563.7	2.93	0	99		*	
27	565.99	0.75	0	95	5	*	
28	571.2	0.73	1	90	9	*	
29	573.52	0.39	1	99		* *	
30	668.79	0.46	1	95	4	* * *	0.41
31	680.7	0.08	0	98	2		0.39
32	705.47	0.14	0	99	1		

注：* 表示含量很少；* * 表示含量较少；* * * 表示含量很多。

三、储盖组合

Dwayne（1991）研究过西里伯斯盆地中770井和767井岩心的纵波速度和孔隙度的关系（图4－46），从这些实验数据中，发现767井的大部分样品的孔隙度很高，集中在40%～55%之间，表明并未完全固结成岩或刚开始固结。770井胶结程度主要分为两个区域，左边样品的孔隙度在10%以下，代表取心段下部的始新统的固结泥岩；右边样品的孔隙度在60%以上，上新统以上的未固结泥岩。

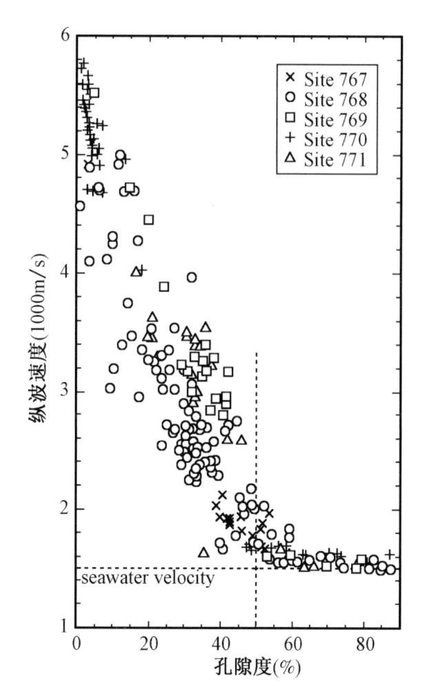

图4－46　西里伯斯盆地770井和767井岩心的纵波速度和孔隙度的关系（据Dwayne，1991）
纵向虚线对应50%的孔隙度，从左到右表示颗粒间的孔隙填充物从流体到松散泥质的转变

众多专家学者对ODP767井取心的研究成果表明，西里伯斯盆地在中中新世以后沉积有石英浊积砂体和少量碳酸盐浊积砂。对于油气勘探来说，这些砂体是重点目标。通过对深海浊积扇开展研究，认为在盆地的东北部和南部的中中新世的浊积砂层是潜在的油气储层。同时，根据地震资料，在苏禄弧南坡的区域识别出潜在生物礁，故也可以列为下一步勘探对象（图4－47）。

西里伯斯盆地从接受沉积至今，全盆总体上一直接受半深海—深海沉积，岩性主要为黏土岩、粉质泥岩等。区域性分布的上新统钙质黏土岩、粉砂质泥岩等具有厚度大、横向分布稳定的特点，可作为下伏中中新统储层的盖层，封闭机理主要是物性封闭和超压封闭。

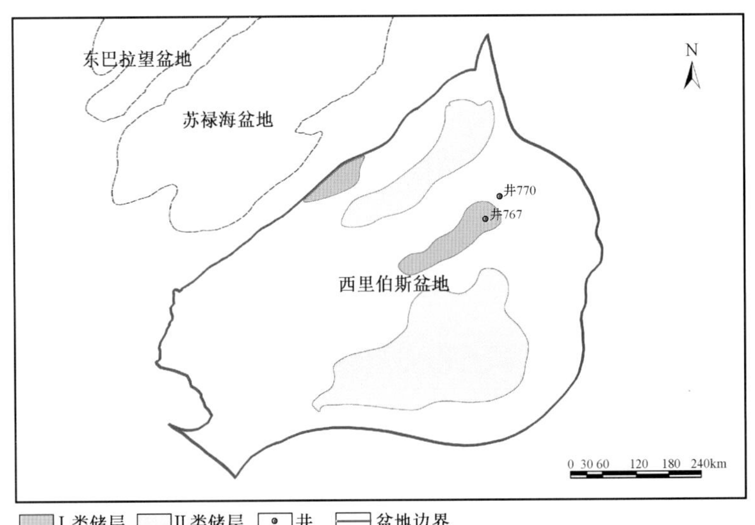

图4－47　西里伯斯盆地潜在储层

四、油气形成与运聚

在西里伯斯盆地可以识别出一个潜在含油气系统——中新统—中新统(?)含油气系统(图4－48)。从中始新统至今发育有深海泥岩,根据沉积物中的有机质分析,潜在烃源岩为晚始新世至中新世泥岩,其中,中中新统至上新统泥岩为主要烃源岩。潜在储层是中中新统发育的深海浊积体系。圈闭类型主要是岩性圈闭。

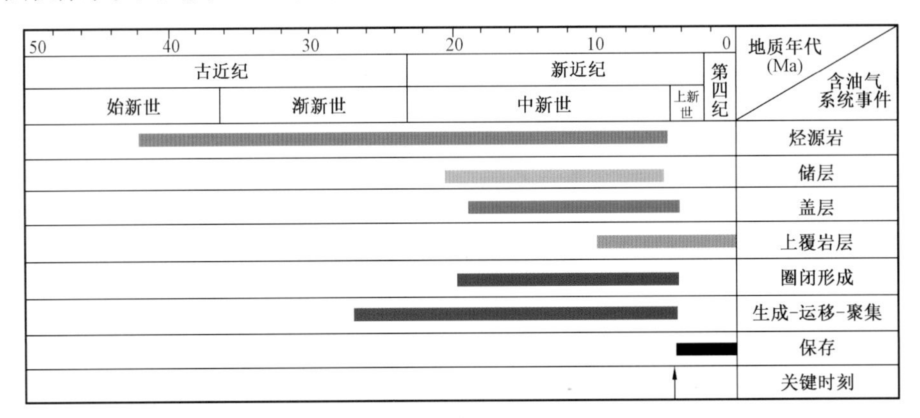

图4－48　西里伯斯盆地潜在中新统—中新统(?)含油气系统事件图

西里伯斯盆地自成盆以来,内部构造活动较微弱,经有限地震资料分析,尚未发现大幅度的构造圈闭。由于中新世的浊流沉积,且盆地一直处于深海沉积,故很有可能发育岩性圈闭。若局部深海泥岩烃源岩成熟能够提供油气来源,就能很好地富集到浊积砂体中。

五、勘探潜力评价

1. 成藏组合

综合前述研究表明,中中新统的石英浊积岩与上中新统潜在的碳酸盐浊积岩构成有效储层,整个中新统发育的泥岩可以提供封盖条件。因此,可以将中新统划分为一套潜在的中新统成藏组合(图4－49)。

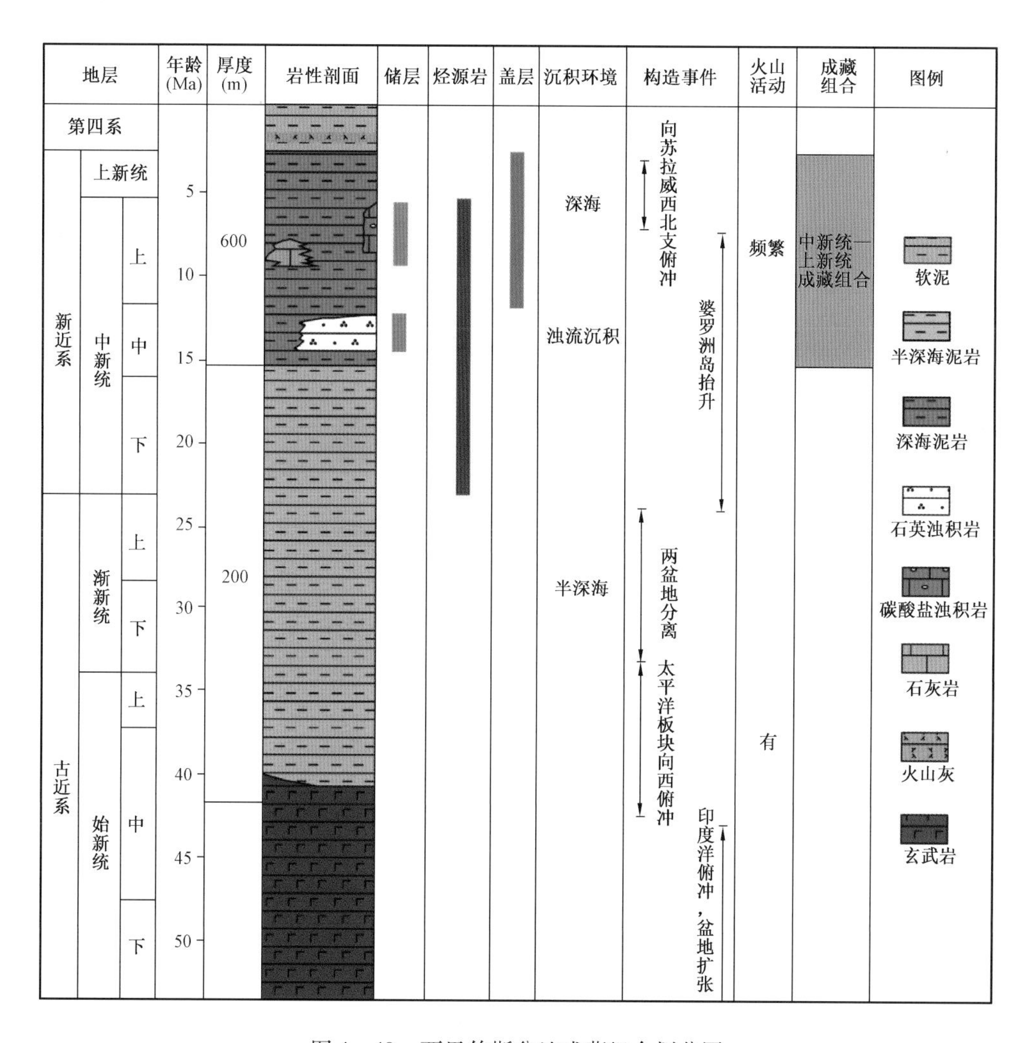

图 4－49 西里伯斯盆地成藏组合划分图

在西里伯斯盆地中新统成藏组合中，储层中新统的浊积砂岩的孔隙度大约为10%，主要分布在盆地的北部中部以及南部，分布范围大约有$3.4\times10^4km^2$（图4－50）。与成藏组合相关的圈闭类型主要是岩性圈闭。中新统和上新统的泥岩层能够提供区域性封盖条件。

2. 勘探潜力评价

西里伯斯盆地勘探程度较低，尚无油气发现。采用类比法预测西里伯斯盆地中新统成藏组合内待发现可采储量（P_{50}）为926×10^4bbl 油当量，其中石油为442×10^4bbl，天然气为$280.9\times10^8ft^3$。

在编制岩相古地理图，开展烃源岩、储层、盖层和油气保存状况等综合研究的基础上，预测了西里伯斯盆地油气勘探有利区带，在该盆地中划分出好有利区2个，较好有利区2个（图4－51）。

在盆地的中部和西北部发育两个有利区。西里伯斯盆地一直处于半深海至深海沉积，晚始新世至中新统的泥岩含有一定的有机质。地震勘探和钻井资料表明中新世沉积的浊积岩是一个良好储层，主要分布在盆地的东部、中部以及南部。盆地西北部发育一个生物礁，预测为一个潜在的优质储集体。盆地的区域性泥岩沉积能够提供封盖条件，主要储层为浊流沉积岩及生物礁体，所以该盆地的有利圈闭主要为岩性圈闭。烃源岩生排烃之后，就可以直接运移到储集体中。

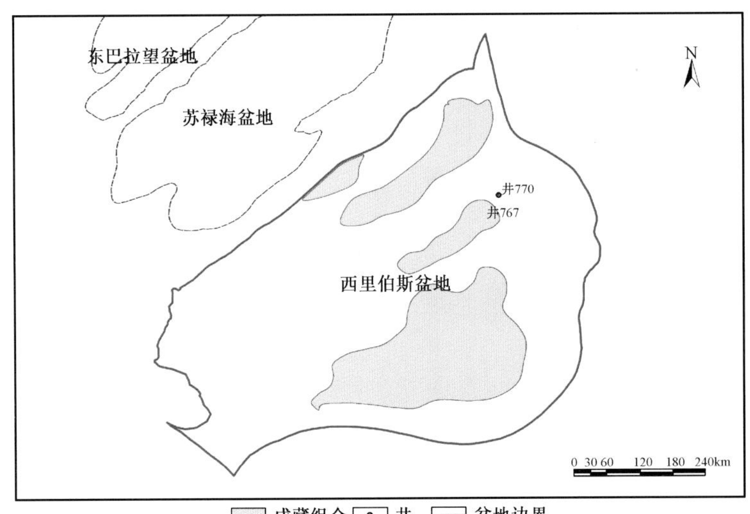

图4-50　西里伯斯盆地中新统成藏组合平面展布图

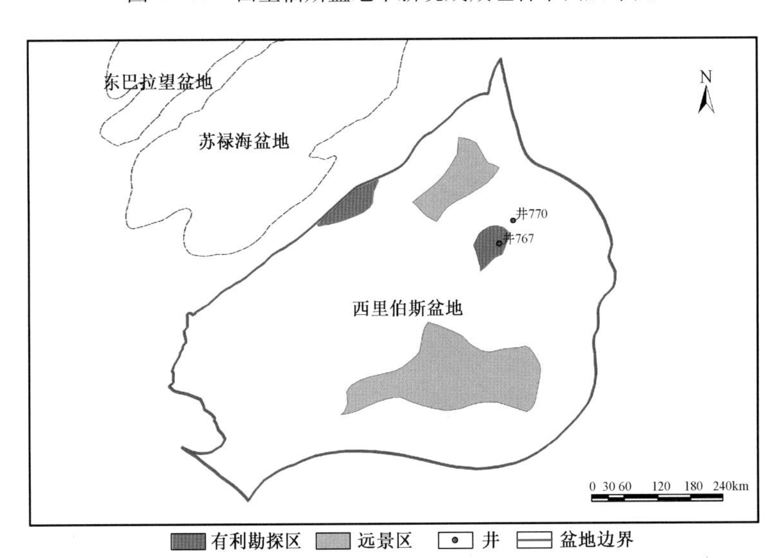

图4-51　西里伯斯盆地有利区分布图

根据地震资料预测，在盆地北部及南部可能发育储层，目前对两个区带的认识还未进行深入分析。作为较好有利区，主要的勘探风险为储层，若该区发育优质浊积体，将会取得油气勘探重大突破。

第五章　南海东缘弧前裂谷油气地质

第一节　构造沉积演化

一、沉积盆地分布

南海东缘弧前裂谷沉降区发育2个盆地（图1-4），包括卡加延盆地、比科尔盆地，总面积$6.64\times10^4km^2$，其中海上面积占50.7%。

卡加延盆地是位于菲律宾海板块西部的一个弧前盆地，盆地呈南北向展布，总面积$28202km^2$，其中陆上面积$20918.9km^2$，海上面积$7283.1km^2$，其中深水面积$4977.6km^2$（大于500m）。盆地自晚渐新世开始接受海相、海陆过渡相和非海相火山碎屑沉积。相关研究显示，盆地内早渐新世—更新世沉积物最大厚度可达9000m（图5-1）。

比科尔盆地地处菲律宾海沟与马尼拉海沟之间的菲律宾"沟弧盆"体系的北部。其北部为卡加延盆地，西部与吕宋盆地相邻，东部为菲律宾海沟，其盆地类型为弧前盆地（图5-2）。盆地总面积$45514.5km^2$，其中深水面积$26419.2km^2$。

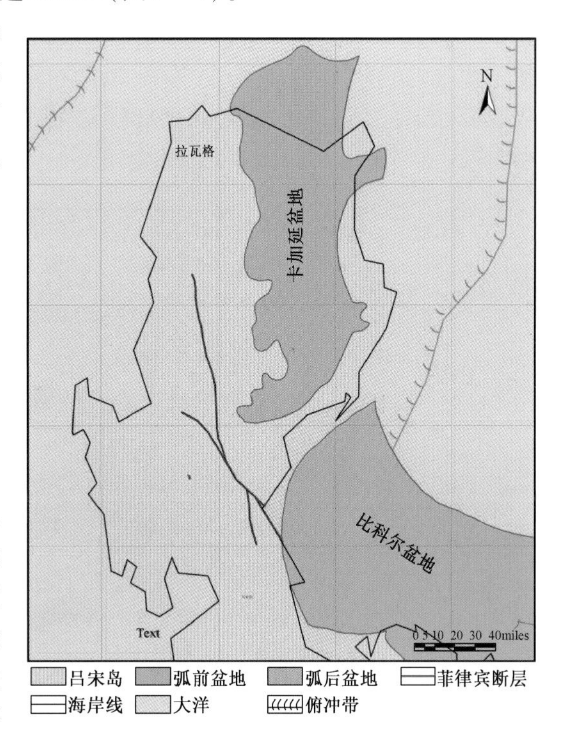

图5-1　卡加延盆地及相关构造位置图

二、构造沉积演化

1. 卡加延盆地构造沉积演化

1）区域构造背景

卡加延盆地的构造研究表明，中国台湾—吕宋地区表现出一种经受变形的大陆边缘接触关系，该接触呈现出岛弧与大陆边缘相撞且形成翻转俯冲带等特征。为了研究这些特征，一艘名为R/V Chiu Lien的海洋地球物理巡航船在1975年投入探测。目前大陆边缘与岛弧的碰撞罕见活跃，可以用来深入分析大洋和大洋岩石圈收敛机制。

研究表明，中中新世到晚中新世期间，吕宋火山弧北部延伸部分经历了西侧洋壳的俯冲作用。晚中新世时期，靠近亚洲板块边缘的区域开始经历碰撞变形。中国台湾南部菲律宾海板块与亚洲板块之间发生地壳—地壳接触变形，该区变形的沉积楔被抬升至台湾方向，并且组成了中国台湾半岛最南端的一部分区域。此外，重力异常模式表明吕宋弧向台湾中央山脉区存在俯冲作用，该俯冲一直延伸到台湾纵谷西侧至少40km处，菲律宾海板块的西部边缘在横剖面上的凿形特征即与此有关，且后期沿纵谷发育的全新世平移断层叠加发育于这些碰撞构造之上。

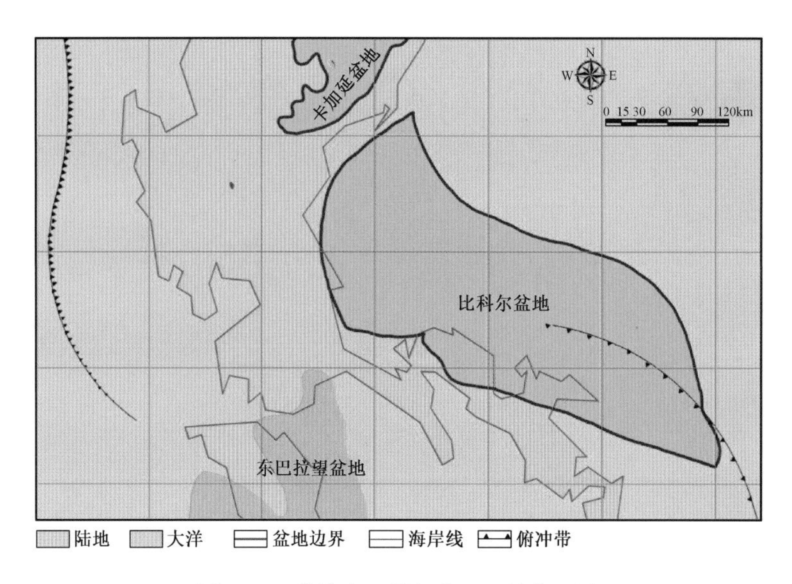

图5－2　菲律宾比科尔盆地区域位置图

中—晚中新世期间,在吕宋火山弧内侧及其西翼处堆积了不整合之下的火山岩和火山碎屑沉积岩(图5－3a)。火山爆发活动逐渐衰弱,最终在晚中新世停止,这可能与俯冲速度变慢或吕宋弧轴的侧向迁移有关。在中新世结束时消失的岛弧处于近海平面状态,岛弧演化期次大致划分如下:(1)火山碎屑凝灰岩和凝灰角砾岩堆积段;(2)沉积的改造和表生砾岩及砂岩(上都兰山组)沉积;(3)在陆源沉积物缓慢输入的净暖水条件下的礁灰岩(港口灰岩)浅海沉

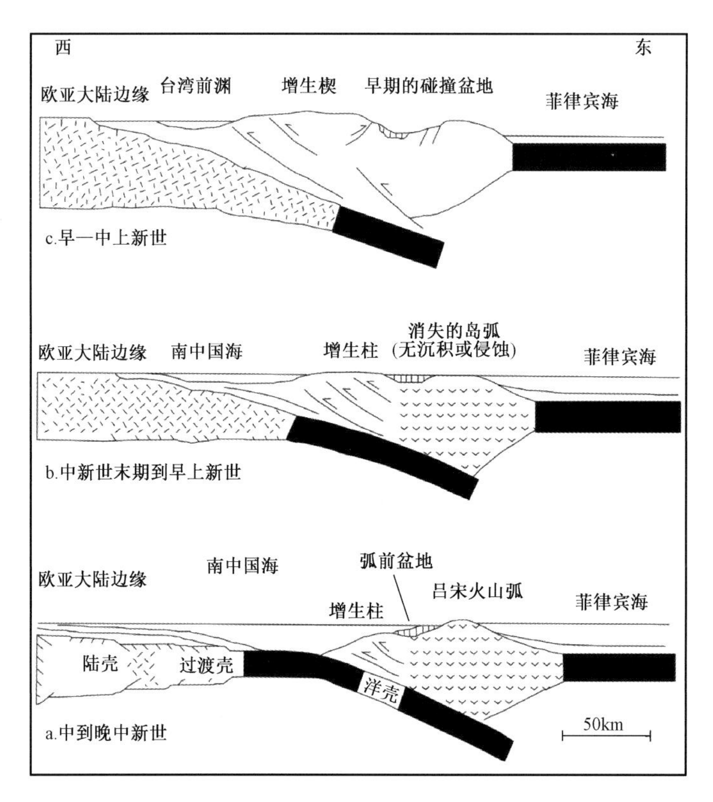

图5－3　吕宋岛附近板块构造图

积。上都兰山组砾岩和砂岩沉积主要形成于毗邻吕宋弧西翼岛弧裙礁的海底水道中。在岛弧出露部分与翼部海底水道之间,局部发育了浅海陆架和三角洲环境。中新世末期到上新世早期的不整合可能代表了一段无沉积作用或受到侵蚀作用的时期(图5-3b)。直接位于不整合面上的半深海相地层来自增生楔的泥岩沉积,反映出吕宋岛弧在上新世急剧沉降到水深大于1000m处(图5-3c)。

在卡林加(Kalinga)山麓和卡加延河之间,发育一个南北向伸展且褶皱特征明显的背斜区域,这些背斜主要出现在Ilagan组地层发育区。该区带共有约20个主要背斜,都表现为地形高点。这些具有对称与非对称背斜特征的褶皱与卡加延河和奇科河汇合处的Nassiping穹隆不同。如Cabalwan背斜和Enrile背斜,都表现出非常大型的断裂构造,此外,Pangul背斜也有类似特征。这三个构造位于褶皱带的中央部分。盆地内的褶皱与断层在卡林加山麓和卡加延背斜带有很好的显示(图5-4)。由西向东该区域的褶皱强度逐渐减弱。卡林加山麓的褶皱形态很大,部分近似为等斜褶皱,多数被正断层和走滑断层破坏,可见安山岩与闪长岩的分布。

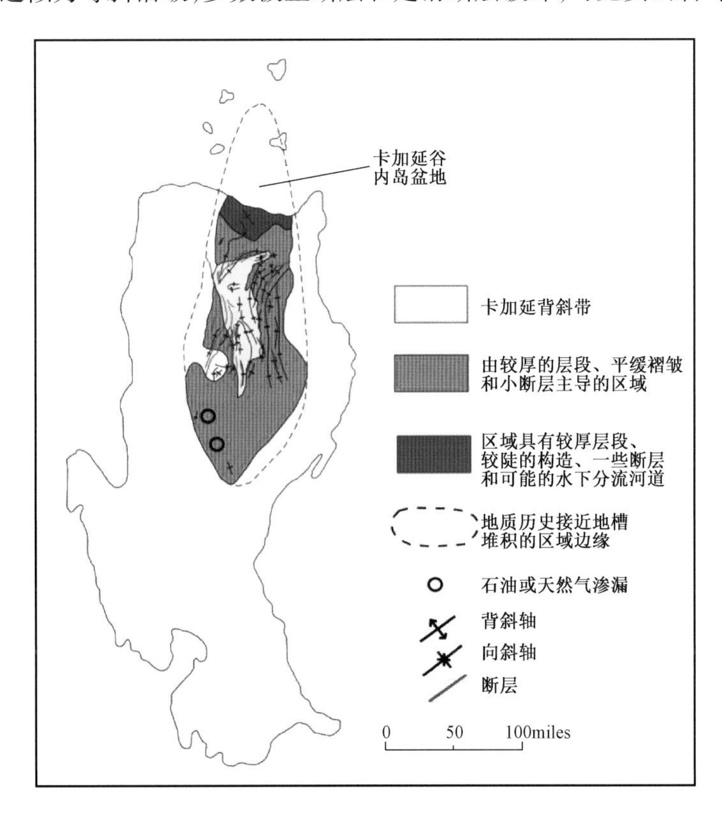

图5-4　卡加延盆地内部主要构造分布图(据Philippines等,1961修改)

研究表明,卡加延背斜带的褶皱大致分为三类。西倾的一类从Butigui背斜向北延伸至Camcamalog背斜,这些褶皱的西翼较薄,并且在Camcamalog背斜中可见到西部的部分不对称特征;其次是东倾的一类,从Tumauini背斜延伸到Tuao褶皱,由Ilagan组地层内闭合高差为700~1300m且延伸15~20km的褶皱组成。该倾向的褶皱以沿着东翼发展的高角度逆断层为特点,且由东南向西北发展雁列式褶皱,这可能由褶皱(Turaauini-南Tumauini)或同背斜走滑断层(Dagupan-XorthDagupan)导致;第三类包括卡加延背斜带北部全部背斜和东部三分之一的背斜,褶皱向东表现为不对称,如:Enrile背斜的西翼倾角为5°~10°,东翼则是垂直的。

2)构造演化

卡加延盆地形成于晚渐新世—早中新世,期间伴随着北部吕宋弧极性的反转和科迪勒拉中心火山弧向西的初始隆起。盆底快速向深海沉降并沉积了大约8000m厚的早渐新世—中新世海洋沉积物,主要为浊积岩,大多数岩屑与活动的科迪勒拉中心火山弧相关,不同岛弧演化期次特征有所不同(图5-5)。

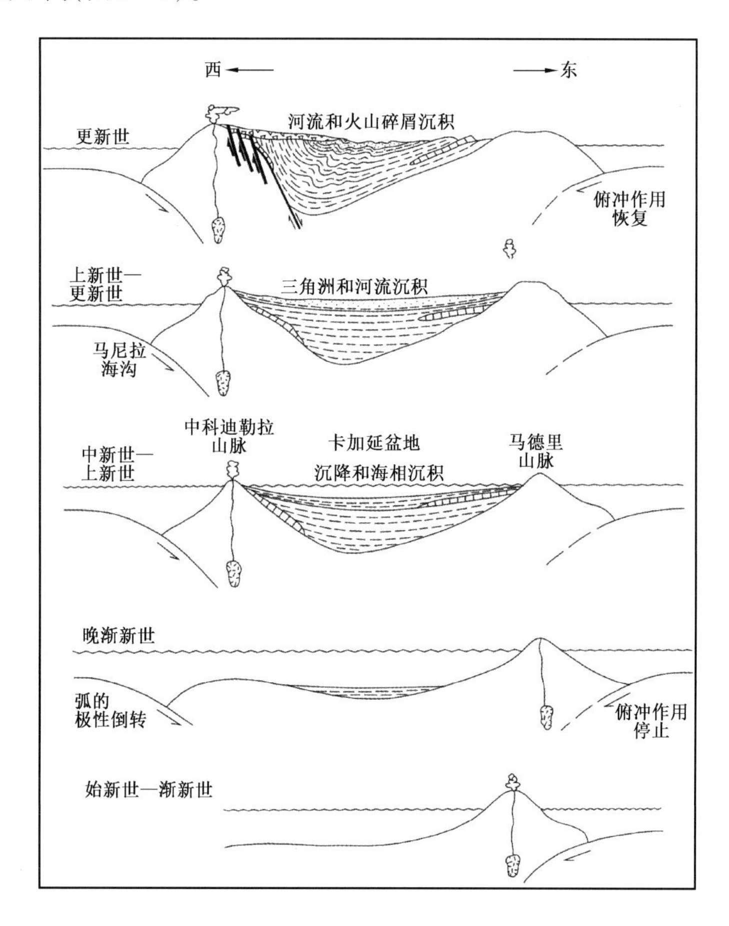

图5-5　卡加延盆地构造演化图(据M. E. Mathisen和C. F. Vondra,1983)

吕宋北部自中生代开始沿中国大陆边缘形成一个岛弧系统,并于古近纪迁移到现今的位置,该系统的形成是早古近纪亚洲大陆版块下部菲律宾盆地西部俯冲作用的反映,古近纪马德里山脉火山弧代表了此岛弧系统的残余部分,晚渐新世期间沿东—西向伸展延伸到马德里山脉火山弧,该伸展可能阻断了菲律宾板块的活动,并导致了马德里山脉弧极性的反转和菲律宾盆地板块下部中国南海海底南部向东的俯冲。科迪勒拉中央火山弧作为中国盆地海底南部俯冲作用的结果,于晚渐新世和早中新世开始形成。卡加延盆地也在同期形成于活动科迪勒拉中央山脉和不活动的马德里山脉之间。

卡加延盆地的沉降主要始于早中新世,主要集中于南北区域,即现在的科迪勒拉中央山脉。沉积主要始于渐新世,沉积物主要为浊积岩。该地区的区域性抬升发生在上新世—更新世,导致了三角洲、河流和火山碎屑的Ilagan及Awidon Mesa组400~2000m厚的沉积物。在中—晚更新世时期,科迪勒拉中心的抬升导致不稳定的沉积物向盆地剥离和重力滑脱,形成不对称甚至倒转的褶皱。这些褶皱的风化剥蚀产生了广泛的上新世—更新世的沉积物露头。

3)沉积地层

吕宋北部的沉积物与镁铁质火成岩有关并沉积于山间地槽,这些地槽并不总是与现今的构造盆地边缘一致,发育的碳酸盐岩属于岸礁类型。在晚中新世时期,盆地停止沉降,但是继续由上新世半咸水沉积物充填,其向上变为河流沉积(图5-6)。

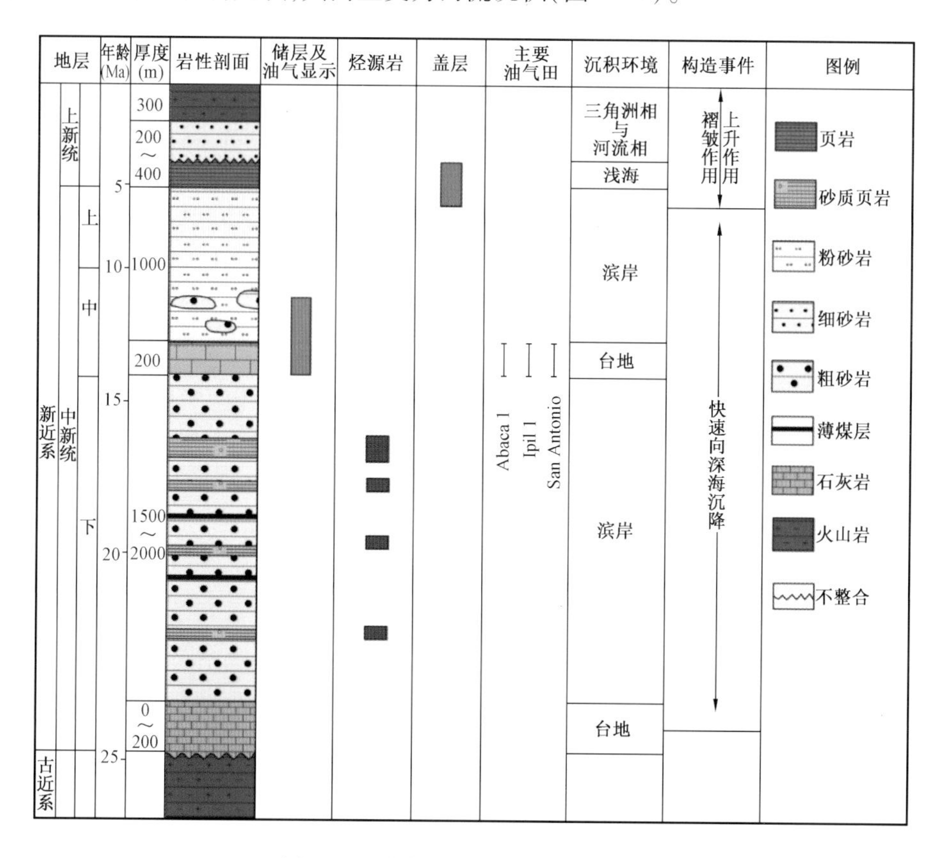

图5-6 卡加延盆地地层综合柱状图

据晚新近纪山脉的露头资料表明,菲律宾内最古老的岩石由多类型火成岩和变质岩组成。它们直接下伏于群岛陆地区域约30%的地层中。其中,包含铁质放射虫的硅质变质火山岩被认为是一个特殊的组合,尽管发生了变质作用,但气孔构造和枕状构造这类残余结构都保留在熔岩内。这些厚度很大的岩石遍及吕宋北部,可能向南沿着马德里山脉继续分布。该类型岩石也被大量发现于马尼拉山脉东部的基底岩石中。在吕宋岛、民都洛岛和巴拉望地区,这些岩石被辉长岩、闪长岩、石英闪长岩和花岗闪长岩广泛侵入。Baruycn放射虫硅质岩和吕宋Ilocos Norte基底复合物中的碧玉被认为是中生代产物,同时也是菲律宾群岛岩石样品中年龄最古老的类型。

新近系下中新统的地层是菲律宾内广泛分布的最古老的新近系沉积物,这表明该地区在临近新近纪时期的古地理发生了急剧变化。早中新世时期,一个明显的大范围海进导致局部海道的延伸。作为延伸的结果,新近系下部沉积物叠覆在较老的古近系之上,在吕宋北部卡加延河谷地区,其直接覆于基岩之上。在吕宋北部的卡加延河谷,新近系下中新统以基底Ibulao石灰岩(650ft,见表5-1)和厚层Lubuagan煤层组(5000~6600ft)为代表,由粗粒砂岩、交替的砂质页岩和薄层相间的低品位薄煤层组成。

表 5-1　卡加延盆地出露地层厚度表

地层	地层	厚度(ft)
Ilagan 砂岩	上新统	660 ~ 1320
Tuguegarao 砂岩	上—中中新统	3300
Callao 石灰岩	中中新统	650
Lubuagan 煤系	下中新统	5000 ~ 6600
Ibulao 石灰岩	下中新统	0 ~ 650
总计		9610 ~ 12520

新近系中—上中新统与下中新统有着大致相同的分布,并且一般整合于它们之上,主要为粉砂岩、页岩和石灰岩,粗粒相比较为罕见。沉积岩层的平均厚度约为1500ft,局部厚度可达3300ft。岩浆活动较少,煤系主要出现在民都洛岛、吕宋岛南部和吕宋岛北部的卡加延河谷。新近系中—上中新统沉积作用没有间断的持续进行。在吕宋岛的西北部—中部地区,粗粒碎屑沉积物的大量出现表明在陆地区域有重要的局部构造运动。吕宋岛西北—中部地区厚度较大的 Klondyke 砾岩(在 Bued 河谷厚度为 10000ft)表明在此类地区出现了强烈的隆升作用。新近系上中新统与中中新统相比有更广泛的分布,唯一一个已知新近系中中新统和上中新统整合接触的地区是吕宋中部位于阿尔拜向斜内部的伊洛伊洛盆地。上中新统沉积岩一般为细粒,且由砂岩、粉砂岩和泥灰岩组成。厚度范围从几英尺到 5000ft,但平均为 1500 ~ 2500ft。

新近纪上新世时期是盆地内最后一次海侵作用发育期。在中央菲律宾群岛,该地层由分布广泛的礁灰岩组成在 Sicalao - Casiggayan 隆起的卡加延河谷南部区域定义了一个层组,它由稳定的半咸水砂岩组成。上新统的 Ilagan 组地层覆在海相中新统的泥岩上部。Ilagan 组为细粒到中粒的砂岩、杂砂岩,颜色为绿色到黑色,单个单元厚 1 ~ 2m。Awidon Mesa 组由英安质的凝灰岩和凝灰质沉积物组成。它以双锥石英斑晶和自形的角闪石与钠长石为特点。该凝灰质沉积物为不同程度的棕黄色或灰白色,尽管它们保持着成分的均一性,但也表现出碎屑大小和磨圆度的多变性。

4)沉积相特征

中新世时期卡加延盆地西部发育盆地相,中部发育台地相,东部主要发育滨岸相,该三种沉积相均呈条带状分布。其中盆地相可作为烃源岩发育的潜在地区,台地相碳酸盐岩可作为较好的潜在储层。

2. 比科尔盆地构造沉积演化

1)构造演化

比科尔盆地区域构造演化大致可分为三个阶段:

(1)侏罗纪基底变质期:晚古生代—侏罗纪沉积陆源碎屑岩和石灰岩等。侏罗纪末,受板块俯冲作用的影响,区内火山作用频繁,早期沉积发生区域热变质作用;

(2)白垩纪—渐新世构造活动强烈期:该期沉积了一套碎屑岩—碳酸盐岩沉积;该期经历了燕山和喜马拉雅运动,其构造、岩浆作用强烈,地层内沉积地层常发生褶皱,地层间常呈不整合接触;

(3)新近纪—第四纪稳定沉积期:该期区内岩浆活动、构造作用整体较弱,盆地较稳定,沉积了厚度较大的稳定地层。

2)沉积地层及演化

研究区经历多期构造演化阶段,期间沉积了自古生界以来的地层,总体沉积特征如下(图5-7):

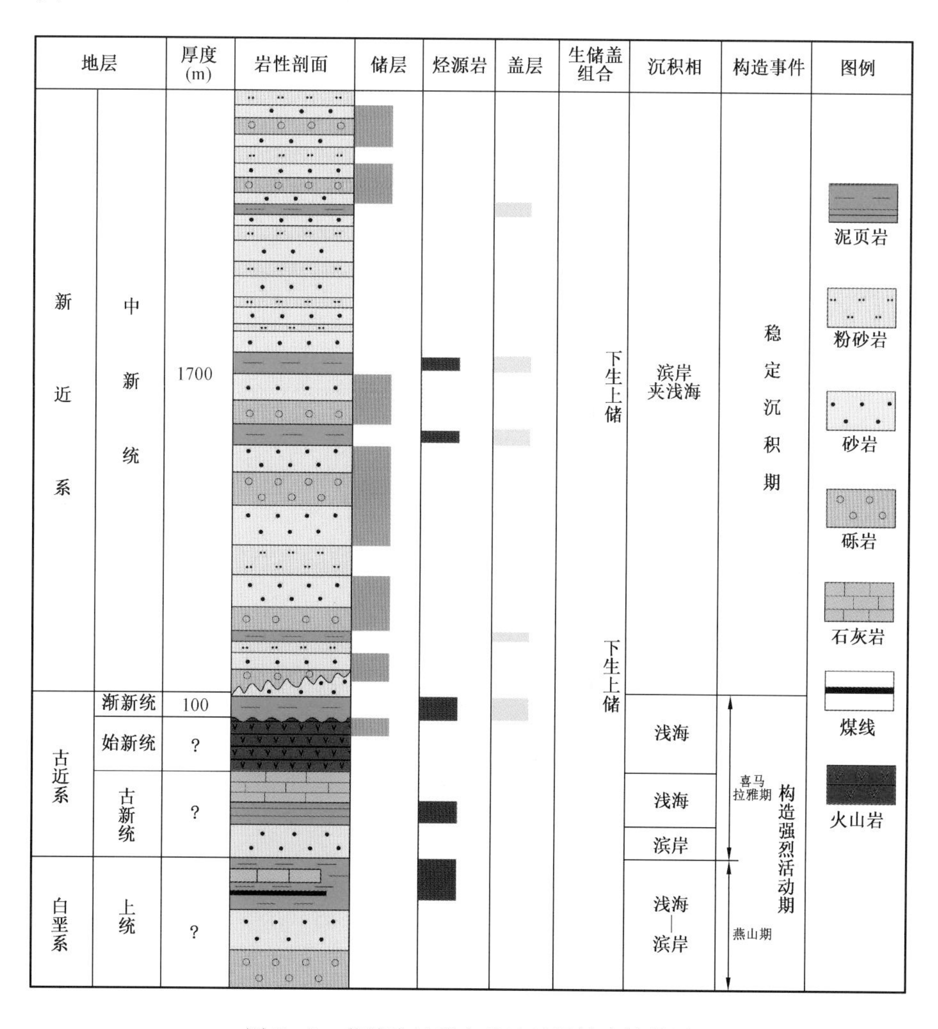

图5-7 菲律宾比科尔盆地地层综合柱状图

上古生界—侏罗系:主要由陆源碎屑岩和石灰岩组成,其岩性普遍发生变质。

白垩系:区内白垩系不整合于基底片岩之上;下白垩统岩性主要为玄武岩、安山质熔岩及碎屑岩、夹少量灰岩、地层中产 *Orbulina* 化石;上白垩统主要岩性为砾岩、砂岩和泥岩,夹玄武岩、石灰岩和煤线,产 *Grobotruncana* 化石;期间沉积的泥岩、煤层为区内重要的烃源岩。

古新统:岩性主要由砂岩、页岩、石灰岩及玄武岩质熔岩组成,夹少量火山碎屑岩;始新统:由砾岩、砂岩、煤、页岩、石灰岩及火山岩组成;渐新统:主体由泥岩、砂岩组成,受喜马拉雅期构造作用的影响,上部与新近系呈角度不整合接触,不同地区地层厚度和岩性差别较大。总体来看,区内古新统—始新统主体沉积砂岩、页岩、砾岩等陆源碎屑岩,少量火山岩;期间沉积的泥岩为区内烃源岩(图5-7)。

古近纪之后,区内主体转为稳定沉积期,沉积了新近系—第四系。新近系主体为陆源碎屑岩沉积,主要为砾岩、砂岩、粉砂岩及泥岩等岩石类型,碎屑岩呈多个砾岩、砂岩及泥岩交互沉积，泥岩主要发育于层段的中部；地层厚度大于1700m（图5－7）。第四系主体也为一套陆源碎屑岩沉积。

3）沉积相特征

区域沉积背景来看，白垩纪以来，比科尔盆地主体为海相沉积。

白垩纪地层中发育海相生物化石，其中下白垩统主体为火山岩夹碳酸盐岩，为浅海相；上白垩统主体为碎屑岩沉积，其下部为滨海相砂岩、砾岩沉积，上部为浅海相泥岩夹灰岩沉积，期间可能发育沼泽相的煤系地层。

古新世，区内主要发育滨浅海相，滨海相主要沉积细粒陆源碎屑岩，浅海相主要沉积泥岩和灰岩；渐新世主要发育浅海相，岩性主要为泥岩。

中新世—上新世，区内主体发育滨海相夹浅海相，其中滨海相主要发育细砂岩、粉砂岩及少量砾岩，构成了区内主要储层；浅海相主要为泥岩沉积，可作为烃源岩。

现今，区内主体由一系列岛屿组成，岛屿之间为滨浅海碎屑岩沉积。

第二节　卡加延盆地油气地质

一、油气勘探开发概况

卡加延盆地历经多轮油气勘探，但由于区块零散且作业时间跨度大，其整体勘探程度依然偏低，目前仍未取得大的油气发现。

迄今为止，已有多家公司对卡加延盆地进行了不同程度的勘探。阿拉贡电力和能源公司（APEC）于2005年2月22日被授予SC48区块的勘探权，其覆盖了卡加延盆地陆上部分的7480km^2。区块自2005年探测后几乎没有过新的钻探或地球物理资料采集。

PNOC－EC在2009年末对卡加延盆地SC37区块进行重力测量。PNOC－EC是本区块的唯一权利人和经营者。2008年5月7日，美国能源部官方选出了四家在投标区块中获胜的公司，并授与其PECR2006的五项服务合同（SC），PECR2006中的SC65Ⅰ区域位于卡加延盆地，并授于中新世矿业和能源公司，其为勃艮第全球勘探公司的一个子公司。

2008年9月的数据表明，Monte Oro资源和能源公司撤销在卡加延山谷北部德基52区块的圣洛伦佐区块70%的运营股权。Monte Oro资源公司于2007年3月接手该股份并于2008年3月钻入Monte Oro 1号探井，钻探结果没有任何的油气显示。

2009年6月16日，Monte Oro资源和能源公司被报道已官方退出SC48区块。阿拉贡电力和能源公司可能会接管该区块Monte Oro的股份和经营权。其与阿拉贡购入协议的条款签订分为两个阶段。阶段1表明Monte Oro获得区块内30%的产权并支付涉及SC48的全部支出。阶段2将给Monte Oro额外45%的股权（包括区块的经营权），即一共给予该公司75%的股份（图5－8）。

盆地开发过程中，多次出现石油和天然气渗漏，钻取的32口井中有15口井可见不同程度的油或气的显示。此外，4口井在钻杆试井时有气体流动到地面，其中最具经济效益的一口井目前生产速度为$100\times10^4ft^3/d$。

开发数据表明，卡加延盆地目前具可采储量的油田数为3个，可采天然气为$155.41\times10^8ft^3$，全部可采油当量为259×10^4bbl（图5－9）。

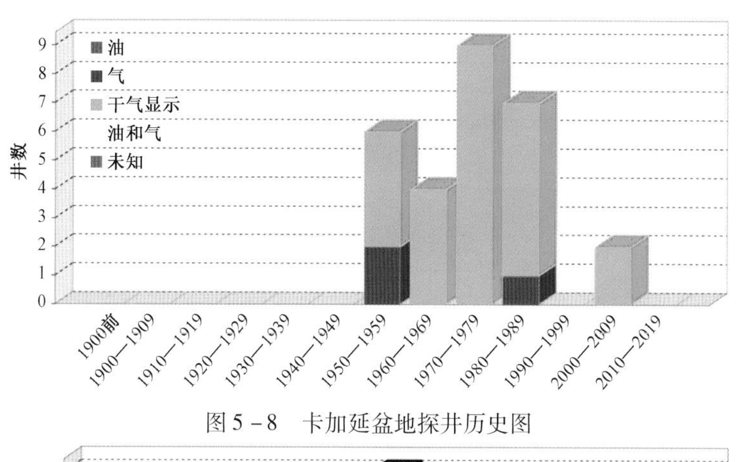

图 5-8　卡加延盆地探井历史图

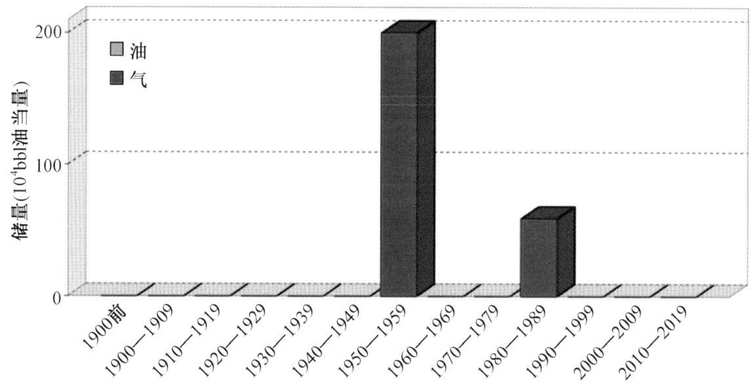

图 5-9　卡加延盆地储量规模分布图

二、烃源岩

卡加延盆地的烃源岩主要为盆地沉积泥岩。Lubuagan 煤系包含海相和非海相沉积物,由互层的砂质页岩和薄层相间的低品位薄煤层组成,总体厚度大,其中页岩及薄煤层的碳含量较高,为潜在的烃源岩产层(图 5-10 和图 5-11)。

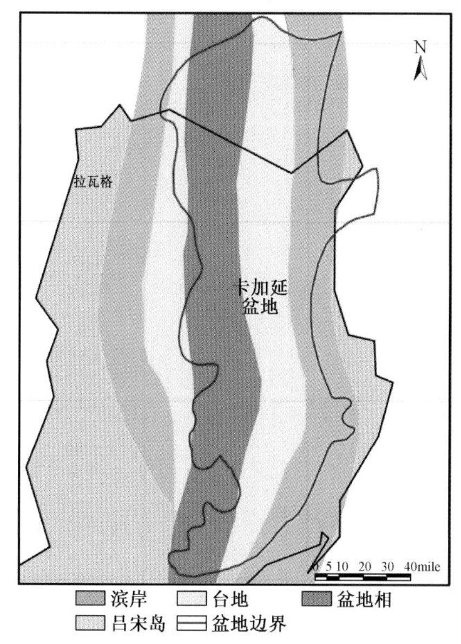

图 5-10　卡加延盆地中新世沉积相平面图

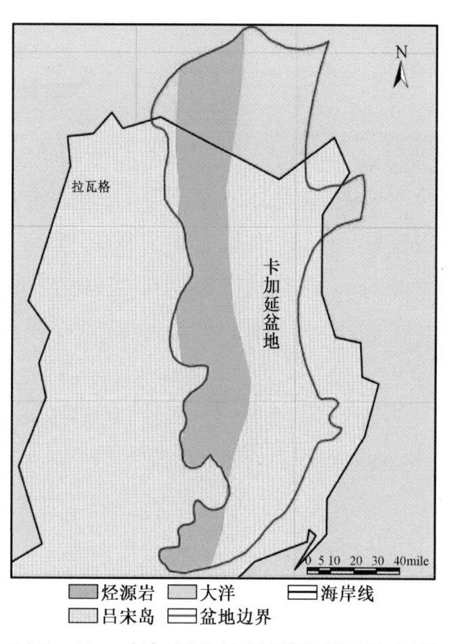

图 5-11　卡加延盆地烃源岩平面分布图

三、储盖组合

卡加延盆地主要有一个较大的气田(圣安东尼奥气田),储层为中新统的 Callao 组石灰岩。岩性主要是砂屑石灰岩,呈灰白色,具珊瑚状构造,总体含丰富的圆片虫类,下部呈块状,上部呈多孔状,具备优质储层的发育条件。

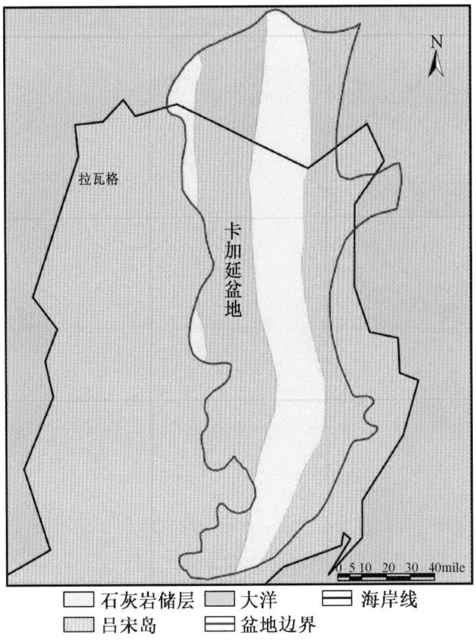

除 Callao 组石灰岩储层外,卡加延盆地还发育有其他一些潜在储层。Lubuagan 煤系地层中的粗粒砂岩孔隙度较高,且在该地层已有若干油气显示,预测其具较有利的油气勘探价值。其上覆的 Tuguegarao 组砂岩为孔隙度较高的粗粒碎屑岩,该地层下部也具有储集性能。此外,在孔隙度较低的 Ibulao 组石灰岩层中尚未发现有油气,但其发育广泛,可能不乏油气富集(图 5 - 12)。

图 5 - 12　卡加延盆地潜在储层平面分布图

四、油气形成与运聚

卡加延盆地内油气成藏组合均属于一个含油气系统,即中新统含油气系统。该含油气系统烃源岩以盆地沉积泥岩为主,储层为中新统的 Callao 组石灰岩,盖层为上中新统的 Cabagan 组页岩(图 5 - 13)。

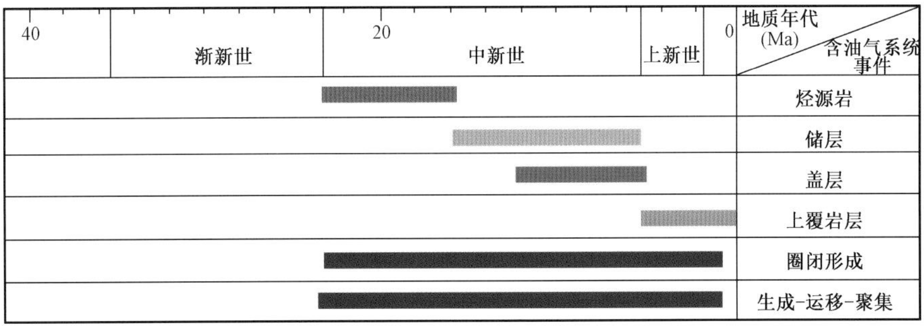

图 5 - 13　卡加延盆地中新统含油气系统事件图

卡加延盆地发育的主要盖层为上中新统的 Cabagan 组页岩,其分布较为稳定,是主要的潜在区域盖层。盆地中具有重要圈闭的几个北倾背斜构造位于盆地的中心部位,这些构造在盆地河口处与向海的远端有轻微的构造收缩,预测在收缩区域的构造圈闭和地层圈闭为有利的油气聚集场所。这样的构造也可能提供油气向同期地层中运移并积累的机会。

五、勘探潜力评价

1. 成藏组合

依据现有地质资料,本次研究将卡加延盆地划分出一个成藏组合,即中新统地层成藏组合。成藏组合范围覆盖盆地内已发现的三个油田(Abaca1、Ipil1 和 San Antonio),该成藏组合储层为中新统的 Callao 石灰岩,盖层为中新统页岩,圈闭类型主要为背斜圈闭(图 5 - 14 和图 5 - 15)。

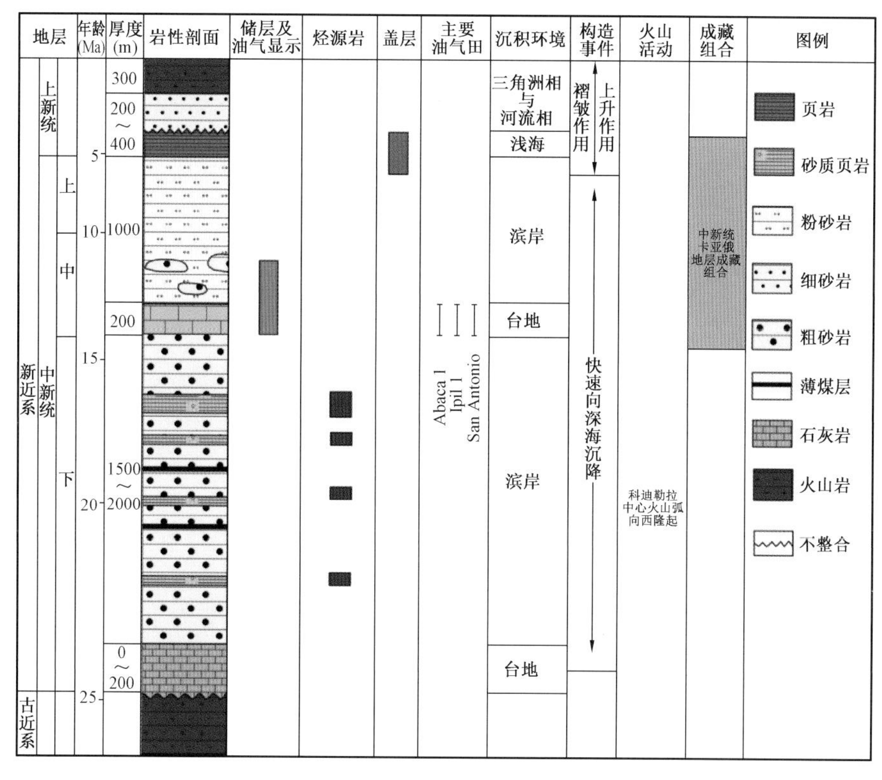

图5-14　卡加延盆地成藏组合纵向划分图

2. 勘探潜力评价

卡加延盆地发现3个油气田，即Abaca1油田、Ipil 1油田和San Antonio油田。采用主观概率法预测待发现石油资源量为287×10^4bbl，凝析油为389×10^4bbl，天然气为$1548\times10^8ft^3$，待发现油气资源当量为3345×10^4bbl油当量。

卡加延盆地中新世沉积相分布特征显示出了盆地内有利储层与烃源岩的分布区（图5-16）。盆地中部及西部发育台地相，呈带状分布的台地相碳酸盐岩为有利的潜在储层，

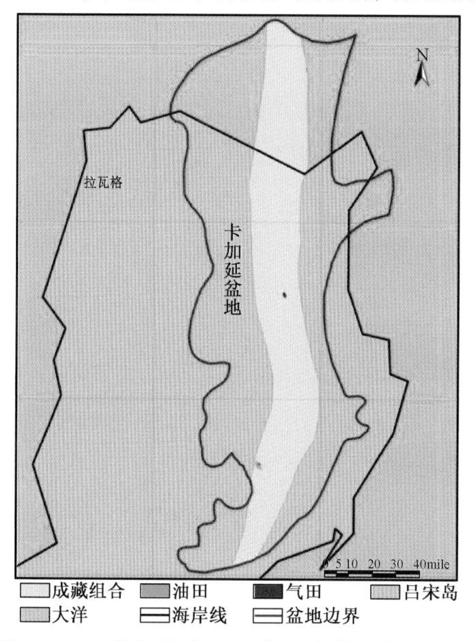

图5-15　中新统卡加延盆地成藏组合平面图

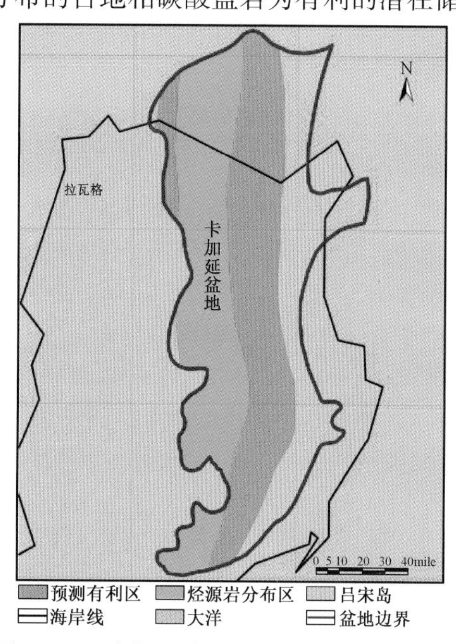

图5-16　卡加延盆地有利油气勘探区分布图

两个台地相之间的盆地相是烃源岩的主要分布区。在潜在的储层分布区的中部地区，背斜带及断层也为圈闭的形成提供条件，即卡加延盆地的中部地区为有利的油气勘探潜景区。

第三节　比科尔盆地油气地质

一、油气勘探开发概况

20 世纪 70—90 年代，陆续有石油公司在比科尔盆地开展油气钻探，目前共有 6 口钻井，其中 5 口钻井深度为 4000 ~ 5000ft，1 口钻井深度为 2905ft。区内的 6 口油气勘探井，均未见油气显示。

二、烃源岩

吕宋中央盆地维克多利亚 1 号井（该井深度 3225m）的烃源岩分析显示，由浅层至深层，镜质组反射率范围为 0.25% ~0.36%，表明所钻层段的成熟度小于生油成熟度；总有机碳含量平均 0.3% ~0.6%，个别岩层高达 1.2% ~5.8%，同时孢子体颜色为淡黄金色或金色，此外，有机物质包括惰性组分、镜质组分、腐泥组分（通常在中深岩层中）和壳质组分。总体来看，该钻孔中的烃源岩品质较差、不成熟、易成气；但是，该井中部地层仍夹有一些易成油的层段。

吕宋中央盆地 3 口钻孔资料显示，该地区平均地热梯度为 1.66℃/100m，而比科尔盆地的平均地温梯度为 2.7℃/100m，最小地温梯度为 2.2℃/1000m。可以看出，比科尔盆地具有较高的地温梯度，更有利于盆地内烃源岩的成熟。

如前所述，白垩纪以来，比科尔盆地主体为滨浅海相碎屑岩夹碳酸盐岩沉积，部分层段发育沼泽相煤层；其中，浅海相泥岩、石灰岩及沼泽相煤系地层可作为盆地内潜在有效烃源岩。层位上，烃源岩主要分布于白垩系上部、古新统及渐新统，中新统也有少量分布（图 5 – 17）；区域上，潜在烃源岩主要发育于盆地中西部地区。

三、储盖组合

分析显示，厚度较大的滨浅海相砂砾岩及充填于盆地中的浊积砂岩广泛分布于整个吕宋中央谷盆地中；其中，砂岩中长石、火山岩碎屑含量较多，表明其结构成熟度较低；此外，对维克多利亚 1 井及吕宋盆地的露头砂岩分析，其孔隙度为 14.4% ~31.5%，渗透率为 738 ~3680mD，表明区内砂岩具有较好的物性，可以作为较好的储集体。邻区比科尔盆地具有相似的沉积环境，区内广泛发育中新世滨海相的砾岩、砂岩（图 5 – 17），可作为区内较好的储层；平面上主要分布于盆地西部靠海一侧。

区内渐新世—上新世，发育多套浅海相泥岩，层厚 50 ~ 100m（图 5 – 17），分布具有区域性；且新近纪区内构造作用较弱，为稳定沉积期，渐新世及中新世沉积的浅海相泥岩受后期构造作用破坏较弱，为区内区域性沉积盖层，有利于油气的保存。

四、油气形成与运聚

1. 含油气系统

比科尔盆地发育白垩系—新近系含油气系统（图 5 – 18）。

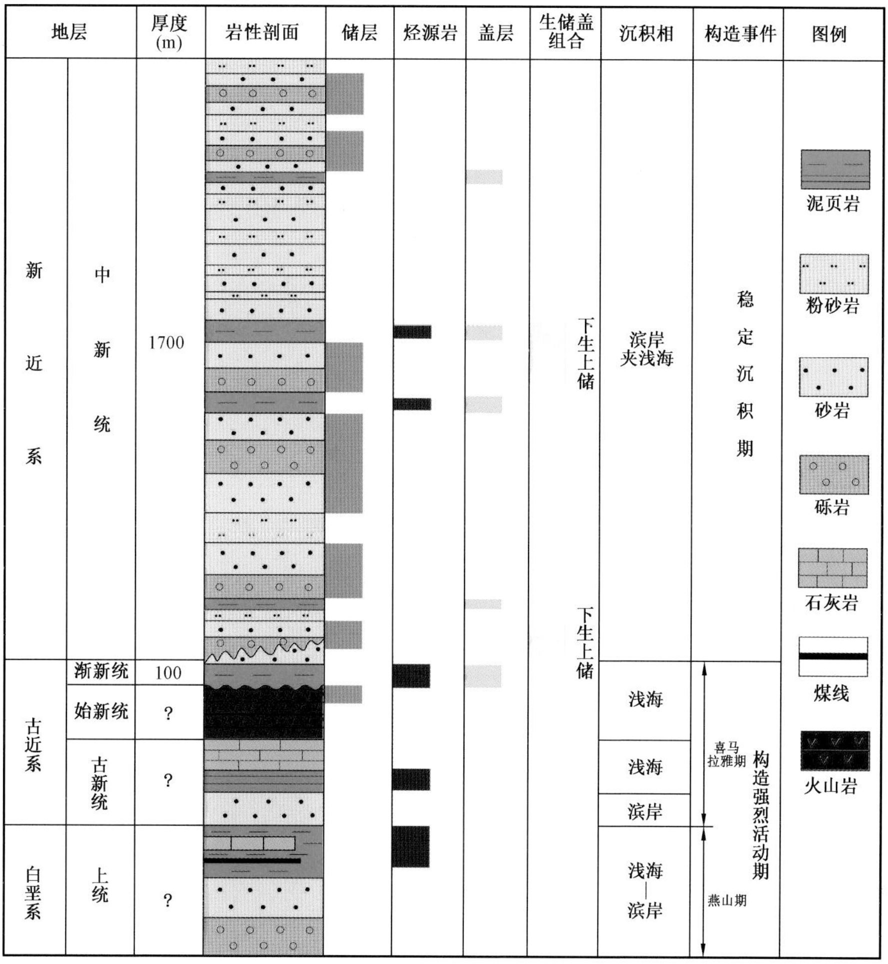

地层		厚度(m)	岩性剖面	储层	烃源岩	盖层	生储盖组合	沉积相	构造事件	图例
新近系	中新统	1700					下生上储 下生上储	滨岸夹浅海	稳定沉积期	泥页岩 粉砂岩 砂岩 砾岩 石灰岩 煤线 火山岩
古近系	渐新统	100						浅海	构造强烈活动期 喜马拉雅期	
	始新统	?								
	古新统	?						浅海 滨岸		
白垩系	上统	?						浅海—滨岸	燕山期	

图 5－17　菲律宾比科尔盆地地层综合柱状图

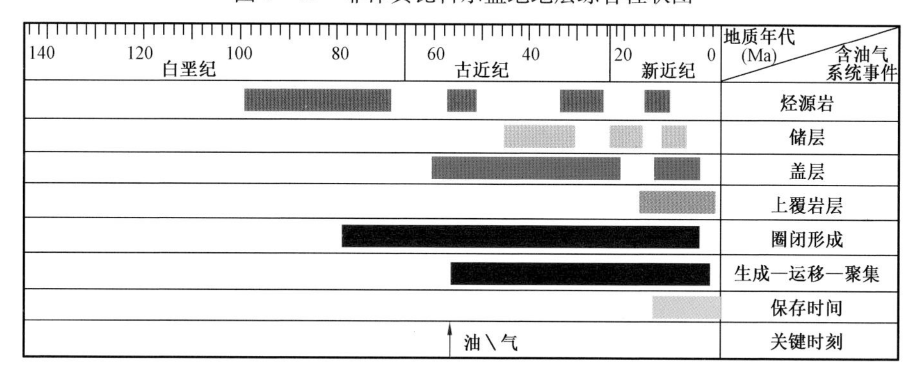

图 5－18　菲律宾比科尔盆地白垩系—新近系含油气系统事件图

研究表明，白垩纪以来，区内主体为滨浅海相碎屑岩夹碳酸盐岩沉积，部分层段发育沼泽相煤层；其中白垩系上段、古新统及渐新统的浅海相泥岩和沼泽相煤层为区内油气生成提供潜在的物质基础。该含油气系统潜在储层为古近系火山岩和新近系滨海相的砾岩和砂岩；吕宋中央盆地的砂岩具有较好的物性，且比科尔盆地与吕宋中央盆地具有相似的沉积相环境，指示比科尔盆地发育的滨海相砂岩也具有较好的物性。比科尔盆地主要盖层为古近纪和新近纪浅海相的泥岩。

2. 圈闭类型

比科尔盆地主要的圈闭类型为背斜、岩性、地层圈闭及少量火山岩潜在圈闭。白垩系上段—渐新统烃源岩的生排烃从古近纪一直持续到现在。受菲律宾断裂的影响，盆地西北部发育一雁列式断裂—褶皱组合，受其影响，盆地中可能发育一些断裂圈闭和背斜圈闭。同时，受东部菲律宾俯冲带的影响，盆地中心部位发育大型背斜圈闭，同时，盆地深处发育一系列的逆冲断层，其可把浅部潜在圈闭与盆地深部较成熟的油源层沟通起来。此外，盆地内也发育一系列的三角洲沉积体、水道砂及盆地—陆坡超覆层，可以形成潜在的岩性、地层圈闭。比科尔盆地可能发育有与火山岩侵入和与早期横切盆地的构造有关的潜在圈闭。这些潜在圈闭都可作为区内下步油气勘探的重点区。

五、勘探潜力评价

1. 成藏组合

综合对盆地内烃源岩、储层、盖层、圈闭、含油气系统、沉积相及构造事件等的分析，比科尔盆地划分出中新统成藏组合（图 5 – 19）。纵向上，该成藏组合的烃源岩主要来自下伏白垩系—古近系浅海相泥岩和沼泽相的煤系地层，少量来自中新统内部浅海相泥岩；储层主要为中

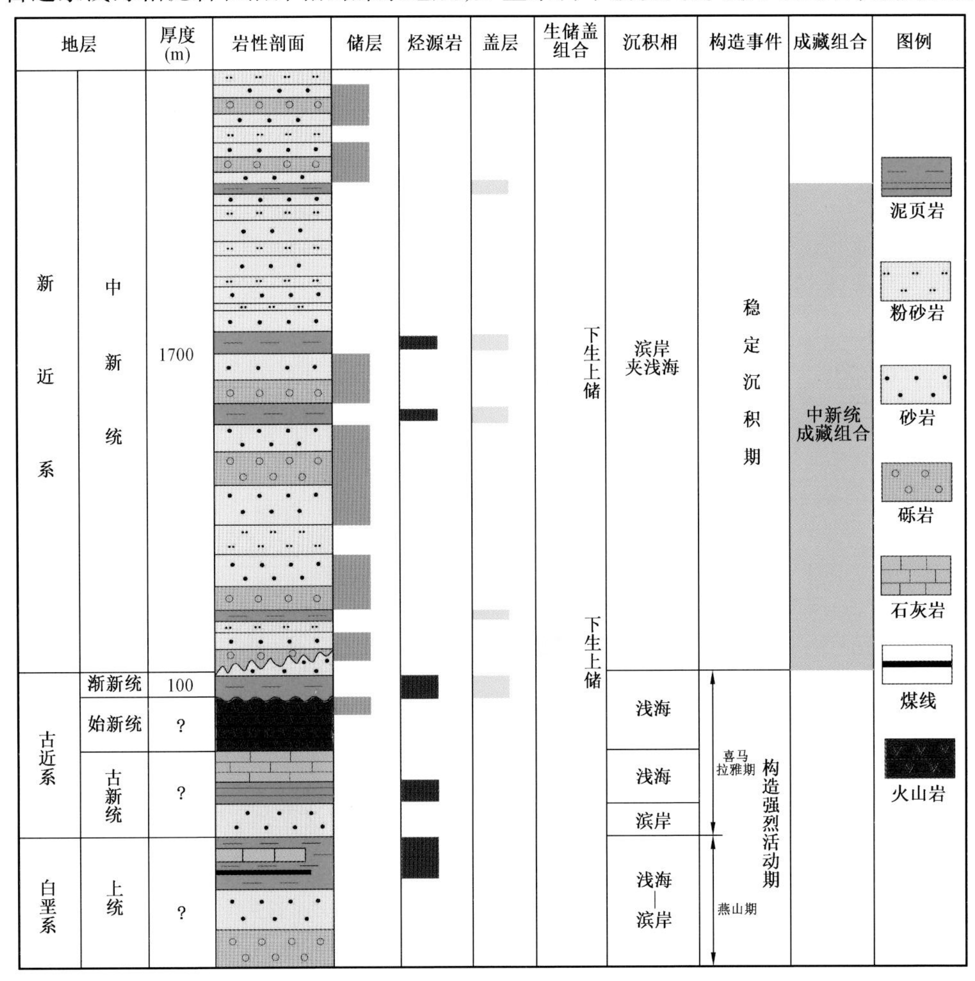

图 5 – 19 菲律宾比科尔盆地成藏组合划分图

新统中下部滨海相砂砾岩层；中新统中上部浅海相泥岩作为区域性盖层。平面上，该成藏组合主要分布于盆地南部靠近菲律宾岛弧地区（图5－20）。

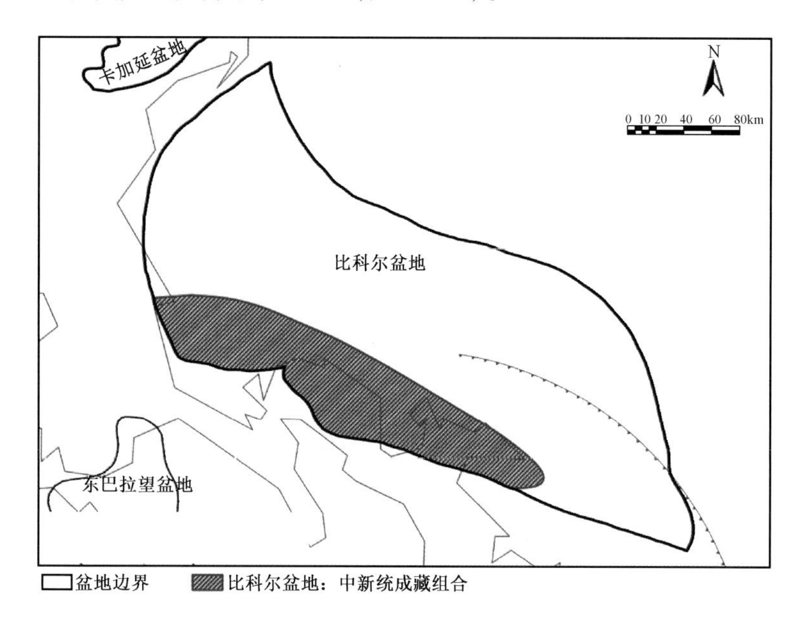

图5－20　菲律宾比科尔盆地成藏组合平面分布图

2. 勘探潜力评价

目前盆地内未发现油气藏，采用类比法进行资源评价，结果表明，待发现石油资源量为 1878×10^4bbl，凝析油为 332×10^4bbl，天然气为 947.4×10^8ft^3，油当量为 3788×10^4bbl。

在盆地构造、区域地层充填演化、沉积古地理、石油地质要素分析、含油气系统及成藏组合等研究成果综合分析的基础上，对比科尔盆地潜在有利油气聚集区进行了初步预测，盆地内潜在油气聚集区主要位于盆地南部滨海地区（图5－21）。

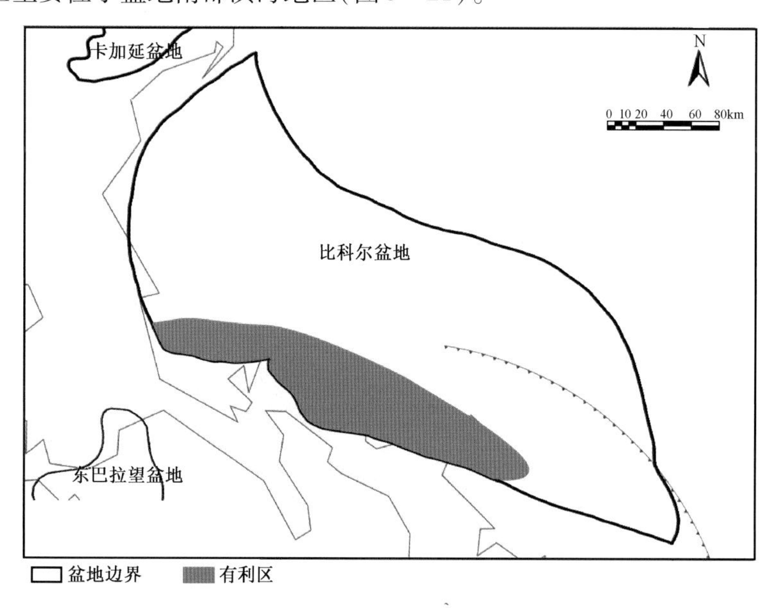

图5－21　菲律宾比科尔盆地油气有利勘探区分布图

盆地南部滨海地区主要发育滨岸相的砂砾岩体，其具有较好的储集物性，为区内潜在的储层；同时，盆地东北部发育大面积浅海—半深海相泥岩，为区内潜在烃源岩，其生成的油气可顺着陆架斜坡向上运移，汇聚到滨海地区潜在的储层中；储层上部发育多套浅海相泥岩，为盆地区域性盖层；并且期间区内构造作用整体较稳定，这有利于油气后期保存；区域位于滨岸地带，水体较浅，较容易开展勘探工作；因此盆地南部滨岸相砂砾岩体可作为区内潜在油气聚集区，亦为下步油气勘探的有利区。

第六章　中南半岛及南海东缘油气分布规律及主控因素

含油气盆地油气富集程度首先取决于烃源岩的质量及数量，油气丰富程度高的盆地必定具有优质烃源岩，盆地类型控制烃源岩的热演化及油气成藏；而与烃源岩有机质丰度、类型和演化程度最为紧密联系的即为沉积环境。从盆地类型、沉积相以及油气藏的地质要素对中南半岛及南海东缘9个盆地的油气分布规律及主控因素进行了解剖，总结了油气成藏模式。

第一节　已发现油气储量分布特征

一、总体分布特征

中南半岛及南海东缘油气资源较为富集，研究区有6个盆地有油气发现，油气2P储量总计达到175.3×10^8bbl油当量，其中石油储量为136.7×10^8bbl，占全部储量的72.4%，天然气储量为20×10^{12}ft^3，所占比例为19.9%，凝析油较少，为3.7×10^8bbl（表6－1）。其中中南半岛3个盆地2P油气可采储量为172.7×10^8bbl油当量，占全区总储量98.5%，南海东缘3个盆地油气2P可采储量较少，为2.6×10^8bbl油当量（图6－1）。已发现油气主要集中于昆山—万安盆地，油气2P可采储量达到166.6×10^8bbl油当量，其中石油2P可采储量为133.4×10^8bbl，凝析油3.5×10^8bbl，天然气17×10^{12}ft^3（图6－1）。

表6－1　中南半岛及南海东缘主要含油气盆地已发现2P储量表

分区	国家	盆地名称	2P可采储量			
			天然气（10^{12}ft^3）	石油（10^8bbl）	凝析油（10^8bbl）	油气（10^8bbl）
南海东缘	菲律宾	卡加延盆地	0.016	0	0	0.03
	菲律宾	东巴拉望盆地	0	0.03	0	0.03
	菲律宾、马来西亚	苏禄海盆地	1.341	0.05	0.15	2.51
中南半岛	泰国、老挝、柬埔寨、越南	呵叻高原盆地	0.982	0	0.08	1.77
	泰国	湄南盆地	0.671	3.28	0	4.43
	越南、中国、印度尼西亚	昆山—万安盆地	17.206	133.38	3.51	166.55
合计			20.215	136.73	3.73	175.32

二、储层埋深分布

油气2P储量总体埋深特征表明，全区已发现油气2P储量在1000m到大于4000m的深度均有分布，在2000～3000m油气2P储量较高。南海东缘含油气储层主要埋深为2000～3000m，中南半岛及南海东缘储量埋深普遍较深（>2000m）（图6－2）。

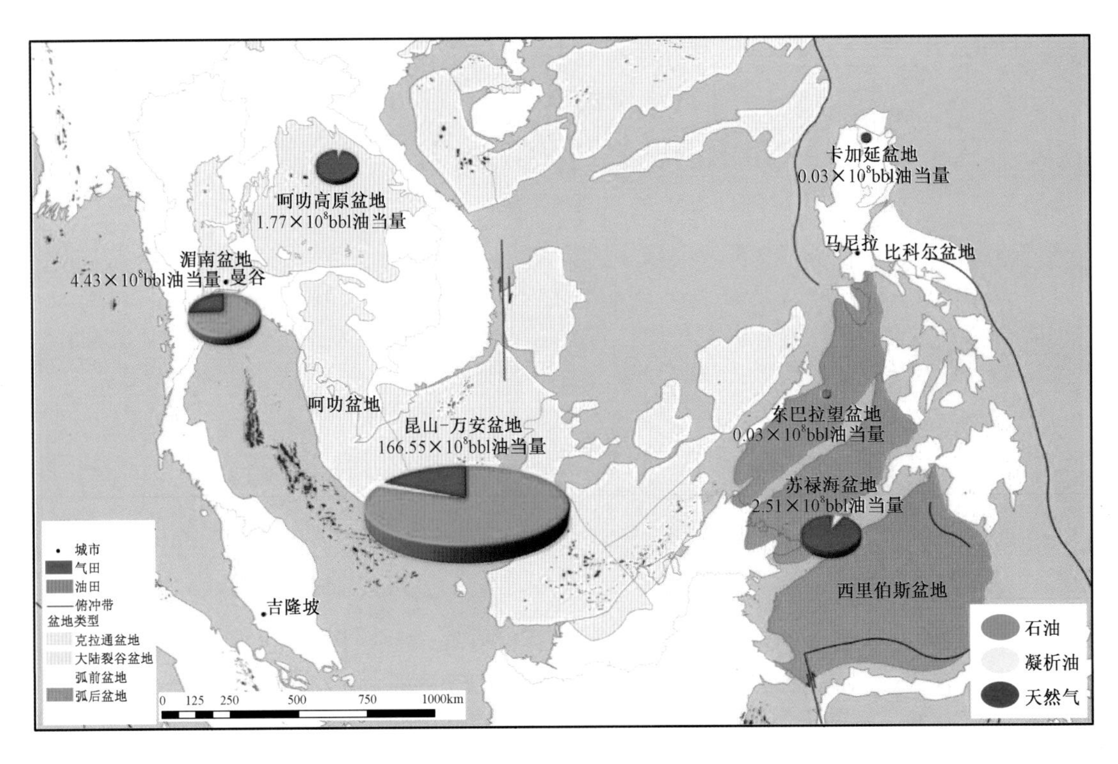

图6－1　中南半岛及南海东缘已发现油气2P储量分布图(单位:MMboe)

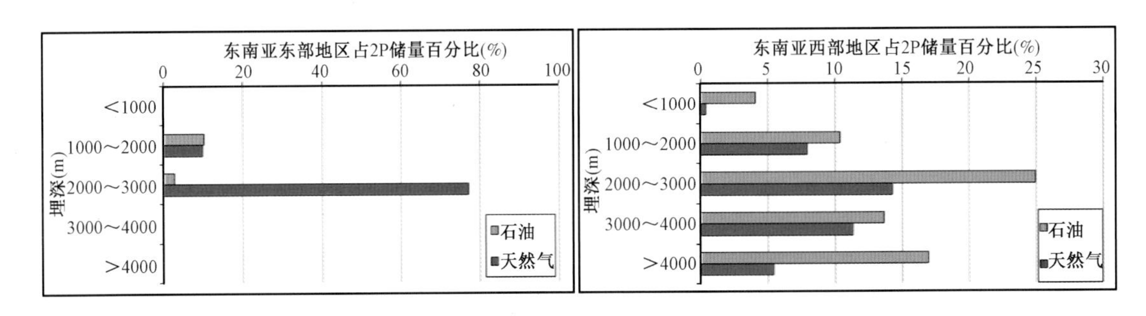

图6－2　中南半岛及南海东缘主要盆地储量埋深对比图

三、不同层系分布

全区在不同层系的油气储量差异较大(表6－2)。区内油气2P储量主要分布于新近系、古近系及前新生代(P、K)地层;不同地区各层系储量差别较大,中南半岛各层系分布较均匀,南海东缘地区主产层为新近系。

表6－2　中南半岛及南海东缘各层系2P油气资源量统计表(单位:10^8bbl油当量)

地区	南海东缘	中南半岛
前新生代	0	2.04
古近系	0	123.91
新近系	2.56	46.80
第四系	0	0

四、盆地类型分布

全区本次评价的盆地主要分为四种类型：弧后盆地、大陆裂谷盆地、克拉通盆地和弧前盆地（表6－3）。盆地类型控制油气2P储量，其中大陆裂谷盆地油气最富集；不同类型盆地油、气、凝析油储量差异较大（图6－3）。

表6－3　中南半岛及南海东缘各盆地类型可采油气资源量统计表

盆地类型	天然气2P储量（10^8bbl油当量）	石油2P储量（10^8bbl油当量）	凝析油2P储量（10^8bbl油当量）	总2P储量油当量（10^8bbl油当量）
弧后盆地	9.60	2.86	1.26	13.72
大陆裂谷盆地	24.76	48.19	3.51	76.46
克拉通盆地	1.10	0.38	0	1.48
弧前盆地	5.38	0.08	0.26	5.72

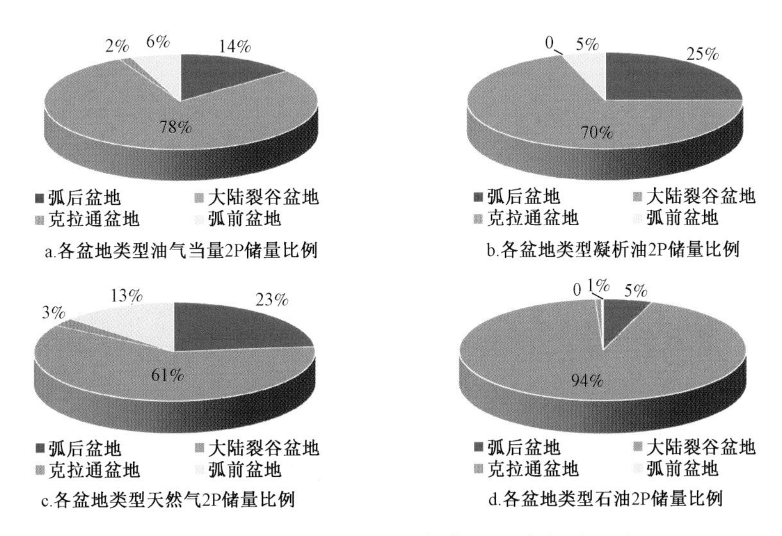

图6－3　不同盆地类型油气资源量分布对比图

不同地区盆地类型存在一定差异，南海东缘主要盆地类型有弧前盆地与弧后盆地，中南半岛主要盆地类型有大陆裂谷盆地与克拉通盆地。同一地区各盆地类型中石油储量也存在差异，南海东缘弧后盆地石油储量最大，中南半岛大陆裂谷盆地石油储量最大（图6－4a、b）。

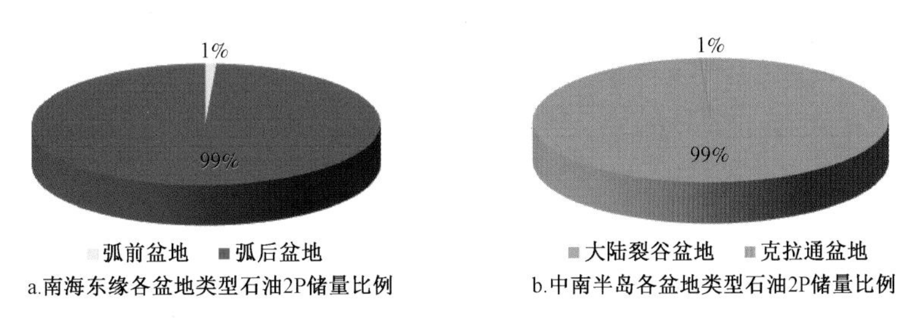

图6－4　不同盆地类型石油分布对比图

另外，同一地区各盆地类型中天然气储量也存在差异；南海东缘弧后盆地天然气储量最大，中南半岛大陆裂谷盆地天然气储量最大。可以看出，三个地区的油、气都分别集中在同一个盆地类型中（图6－5a、b）。

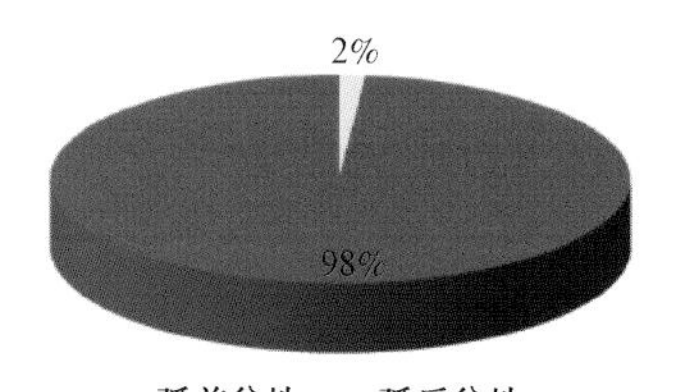

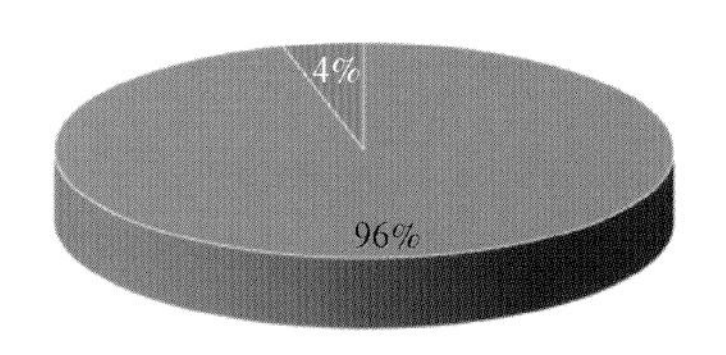

弧前盆地 弧后盆地
a.南海东缘地区各盆地类型天然气2P储量比例

大陆裂谷盆地 克拉通盆地
b.中南半岛地区各盆地类型天然气2P储量比例

图 6－5 不同盆地类型天然气储量分布对比图

五、沉积相

沉积相类型对油气储量也有一定程度的控制作用。区内沉积类型多样，陆相、过渡相、海相地层均发现有油气田；三角洲相油气储量最丰富，浅海、湖泊相其次，河流相较少，其他相类型也有少量油气储量（图 6－6）。

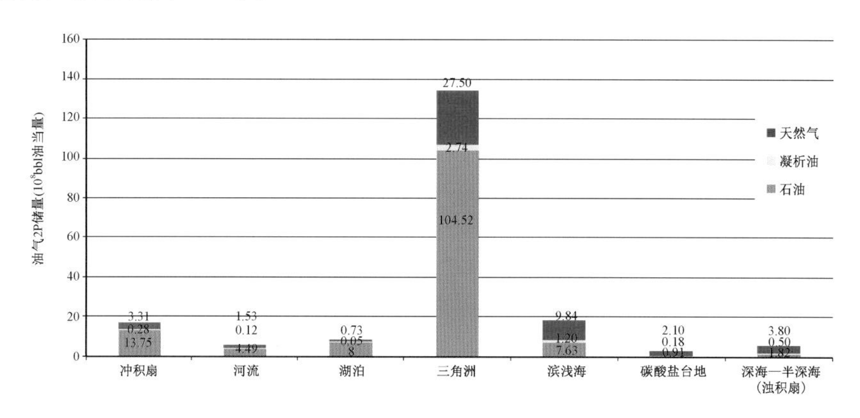

图 6－6 中南半岛及南海东缘不同类型沉积相中油气资源分布对比图

不同地区发育不同类型沉积相，其油气储量存在差异。中南半岛发育多种不同类型的沉积相，南海东缘沉积相类型则较为集中。从图中可以看出，中南半岛和南海东缘以三角洲相油气储量最大（图 6－7）。

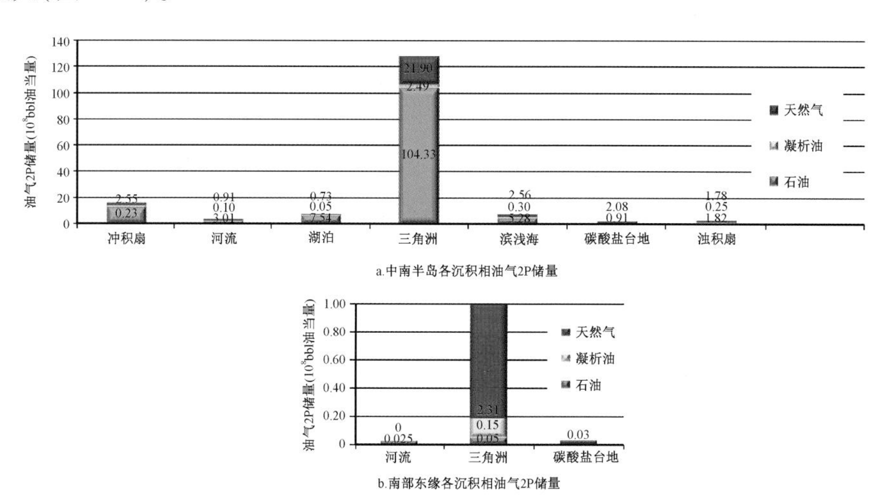

图 6－7 中南半岛及南海东缘不同类型沉积相中油气资源分布对比图

第二节　待发现油气资源分布特征

一、盆地分布

南海东缘的4个盆地面积大多超过$20\times10^4km^2$，最大沉积厚度达到6km以上，待发现资源量最大，达到$(7.13\sim228.51)\times10^8$bbl油当量（其中昆山—万安近$229\times10^8$bbl油当量）；中南半岛待发现资源量相对最少（表6－4）。

表6－4　中南半岛及南海东缘主要含油气盆地待发现资源评价结果表

盆地名称	成藏组合	石油（10^8bbl）	凝析油（10^8bbl）	天然气（$10^{12}ft^3$）	油气当量（10^8bbl）
湄南盆地	上渐新统—上新统	5.44	0.007	0.499	6.28
	上渐新统—中中新统	0.80	0.008	0.005	0.81
	小计	6.24	0.0153	0.504	7.13
呵叻高原盆地	上石炭统—二叠系	0.69	3.68	8.09	18.32
	白垩系—三叠系	0.42	0.83	2.00	4.69
	小计	1.11	4.51	10.09	23.01
卡加延盆地	中中新统	0.03	0.039	0.155	0.33
比科尔盆地	中新统	0.19	0.033	0.095	0.38
呵叻盆地	石炭系—白垩系	0.44	0.20	4.14	7.78
昆山—万安盆地	上白垩统—上新统	23.83	3.87	14.46	52.65
	上白垩统—下渐新统	123.13	14.48	4.20	144.86
	上渐新统—上新统	26.35	3.10	0.899	31.00
	小计	173.32	21.46	19.56	228.51
东巴拉望盆地	中新统	1.55	0.002	0.01	1.57
苏禄海盆地	中—上中新统	0.07	0.62	0.506	1.56
西里伯斯盆地	中中新统—上新统	0.04	0	0.028	0.09
合计		192.43	27.80	40.95	290.83

二、盆地类型分布

南海东缘发育7个大陆裂谷盆地、6个弧前盆地、7个弧后盆地和1个克拉通盆地。大陆裂谷盆地主要分布在巽他陆块（中南半岛），弧前、弧后盆地主要集中在菲律宾岛弧带（南海东缘）。数据分析表明，大陆裂谷盆地待发现资源量达到251.29×10^8bbl油当量，占全区待发现资源量主体；其次为克拉通盆地（呵叻高原盆地）；弧后盆地待发现油气资源量相比弧前盆地要大，可达弧前盆地待发现资源量的3倍多（表6－5）。

表6－5　中南半岛及南海东缘各类型盆地群待发现油气资源量统计表

盆地类型	石油（10^8bbl）	凝析油（10^8bbl）	天然气（$10^{12}ft^3$）	待发现油气当量（10^8bbl）
大陆裂谷盆地	186.54	21.84	24.93	251.29
弧前盆地	1.01	0.40	1.25	3.57
弧后盆地	3.97	1.07	4.82	13.23
克拉通盆地	1.11	4.51	10.09	23.01

中南半岛盆地类型以大陆裂谷盆地为主,呵叻高原盆地是本次研究中唯一的克拉通裂谷盆地。在中南半岛待发现油气资源量主要集中于大陆裂谷盆地中,其中克拉通盆地中油气资源量占这一地区的近10%。南海东缘盆地类型以弧前盆地和弧后盆地为主,弧后盆地待发现资源量明显大于弧前盆地;其中,石油、天然气、凝析油待发现资源量在弧后盆地的分布比例超过该区的70%(图6-8),中南半岛待发现资源量明显高于南海东缘(图6-9)。

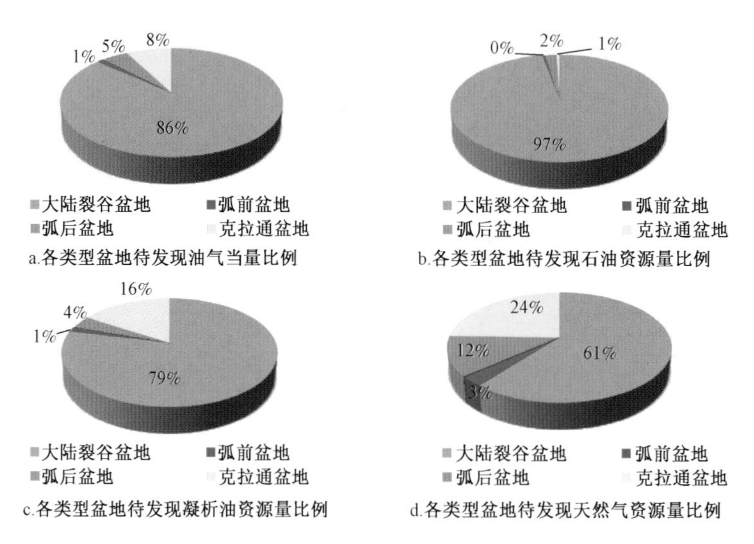

图6-8 不同盆地类型待发现资源量比例对比图

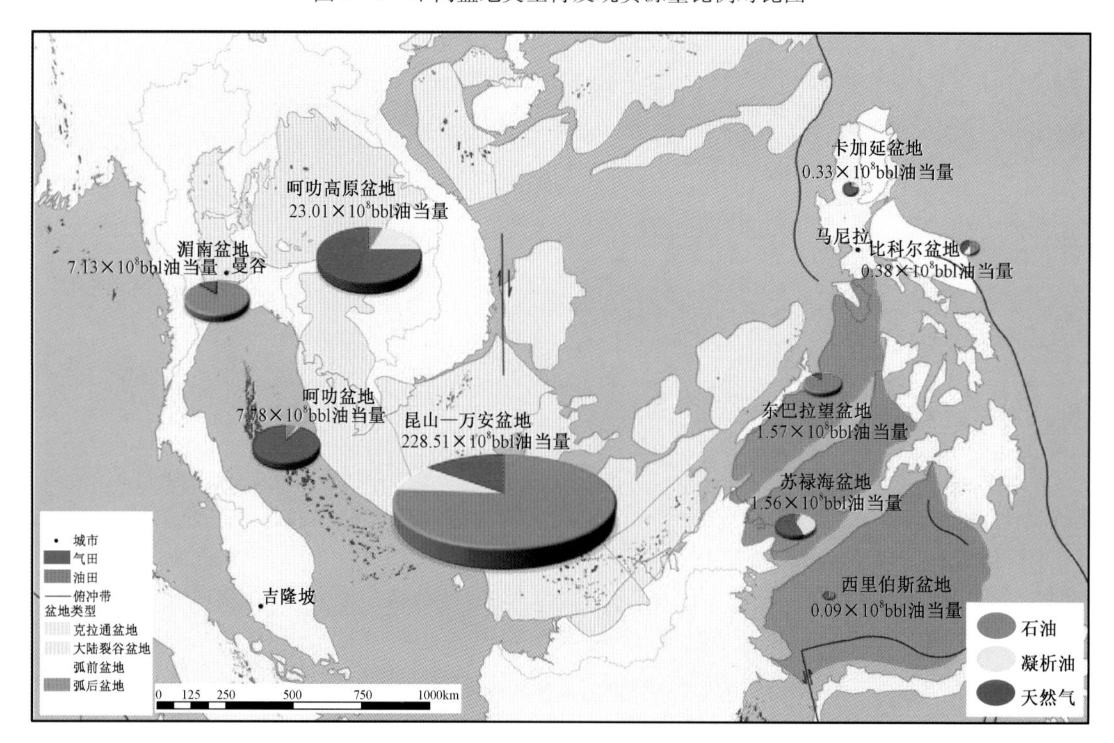

图6-9 中南半岛及南海东缘待发现油气资源平面分布图

盆地待发现油气资源量丰度对盆地评价及勘探开发具有重要的指导作用。在研究区待发现资源量数据统计表的基础上,综合考虑各自盆地面积,绘制了研究区9个含油气盆地的待发现资源量丰度分布图(图6-10)。中南半岛昆山—万安盆地、湄南盆地待发现资源量丰度分

别为 13.95×10^4bbl 油当量/km^2、5.26×10^4bbl 油当量/km^2，均为好的油气勘探潜力区。南海东缘的西里伯斯盆地资源丰度最低为200bbl 油当量/km^2，勘探潜力有限。

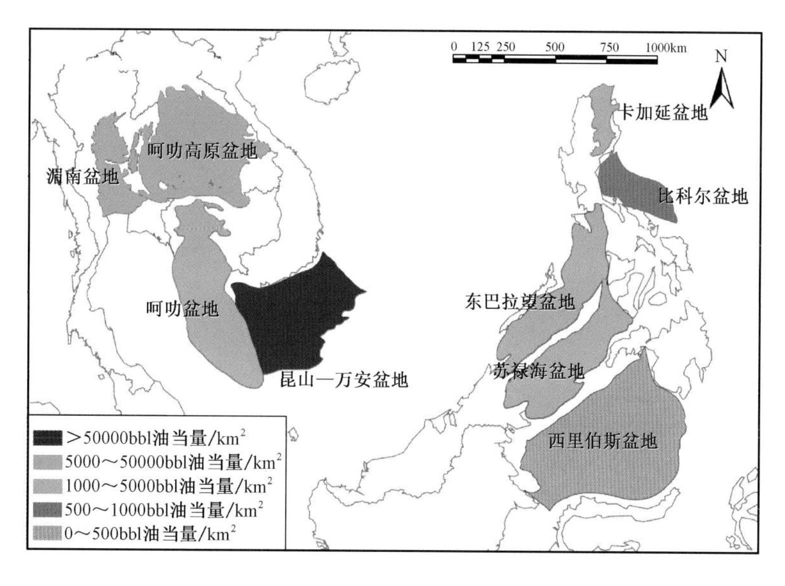

图6-10　中南半岛及南海东缘待发现油气资源丰度分布图

以上分析明确了盆地类型成为影响待发现油气资源量的主要因素，并在地层分布、油气资源结构等方面都有凸显。图上显示的资源分布特征，在一定程度上指示出有利区带评价及优选的方向，中南半岛待发现资源潜力要明显优于南海东缘。

三、层系分布

待发现油气资源在中南半岛及南海东缘不同层系油气富集差异性明显（表6-6）。

表6-6　中南半岛及南海东缘各层系待发现油气资源量统计表（单位：10^8bbl 油当量）

区域	石炭系	二叠系	三叠系	侏罗系	白垩系	古近系	新近系	第四系
中南半岛	—	24.15	5.08	—	1.93	170.24	65.00	—
南海东缘	—	—	—	—	—	—	3.96	—

中南半岛盆地待发现油气资源分布的地层比较多，从二叠系一直到新近系都有分布，新近系中已经超过 60×10^8bbl 油当量，古近系中最多，达到 170×10^8bbl，对于全区都是最大的；南海东缘盆地待发现油气资源只集中分布在新近系中，有近 4×10^8bbl 油当量。

第三节　油气分布规律及主控因素

一、总体分布规律

1. 平面分布

研究区常规油气最终可采资源量达到446 $\times10^8$bbl 油当量，主要集中于中南半岛的3个主要含油气盆地中，占全部资源量的96.8%（表6-7）。

表 6-7　中南半岛及南海东缘主要含油气盆地总资源评价结果表

盆地名称	总油气资源量			
	石油总资源量（10^8bbl）	凝析油总资源量（10^8bbl）	天然气总资源量（$10^{12}ft^3$）	总资源量油当量（10^8bbl 油当量）
湄南盆地	9.52	0.02	1.175	11.56
呵叻盆地	0.44	0.20	4.136	7.78
呵叻高原盆地	1.11	4.59	11.069	24.78
昆山—万安盆地	306.70	24.97	36.770	395.06
西里伯斯盆地	0.04	0	0.028	0.09
卡加延盆地	0.03	0.04	0.170	0.36
比科尔盆地	0.19	0.03	0.095	0.38
东巴拉望盆地	1.57	0.002	0.010	1.59
苏禄海盆地	0.12	0.77	1.847	4.07

研究表明，中南半岛的 4 个盆地面积大多超过 $20 \times 10^4 km^2$，最大沉积厚度达 6000m 以上，其中昆山—万安盆地总资源量最大。油气组成结构上，中南半岛及南海东缘石油、天然气均较丰富（图 6-11）。

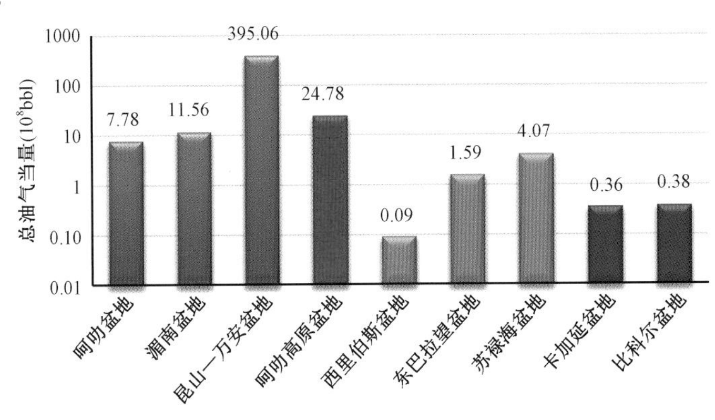

图 6-11　中南半岛及南海东缘各盆地总油气资源统计图

中南半岛盆地类型以大陆裂谷盆地为主，仅呵叻高原盆地为克拉通盆地。数据分析显示，区内总油气资源量主要集中于大陆裂谷盆地；其中石油、凝析油和天然气均主要分布于大陆裂谷盆地中（图 6-12a、b、c、d）。

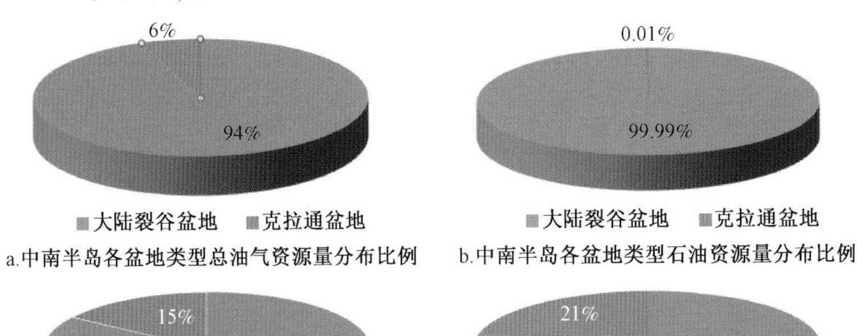

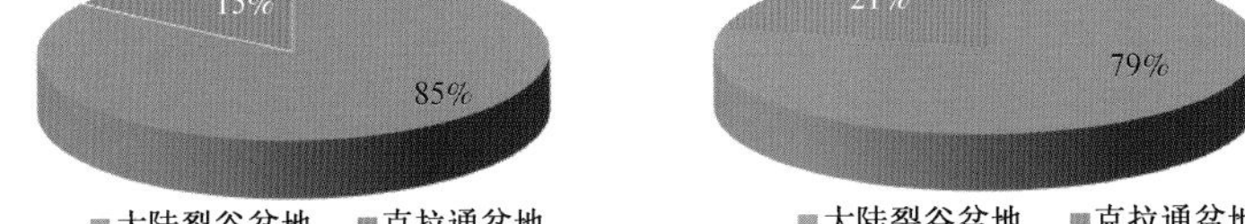

图 6-12　中南半岛各盆地类型油气资源量分布对比图

南海东缘主要发育弧前盆地和弧后盆地，数据分析显示，弧后盆地总油气资源量明显大于弧前盆地；其中，石油、天然气、凝析油均主要集中于弧后盆地中(图6－13a、b、c、d)。

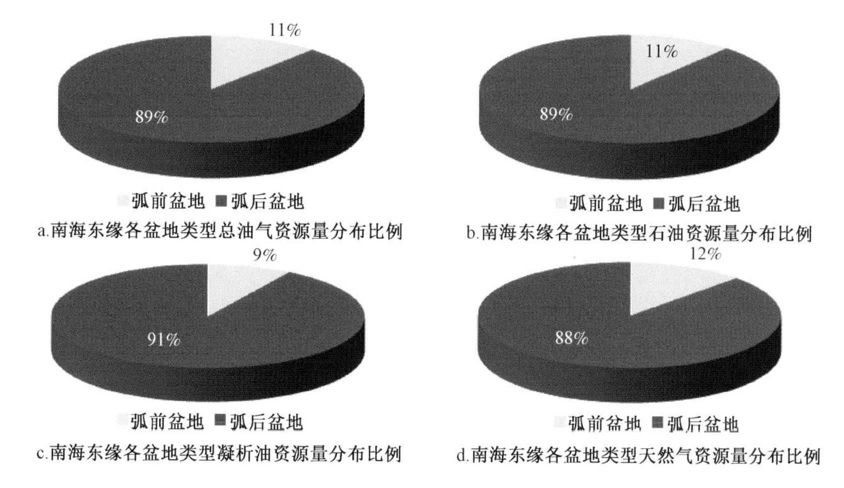

图6－13　南海东缘各盆地类型资源量分布对比图

对研究区油气总资源量进行统计分析并绘制了研究区不同地区油气总资源量的分布特征图(图6－14)。从图中可知，中南半岛总资源量最为丰富，油气资源量可达339.18×10^8bbl油当量；南海东缘相对较差。

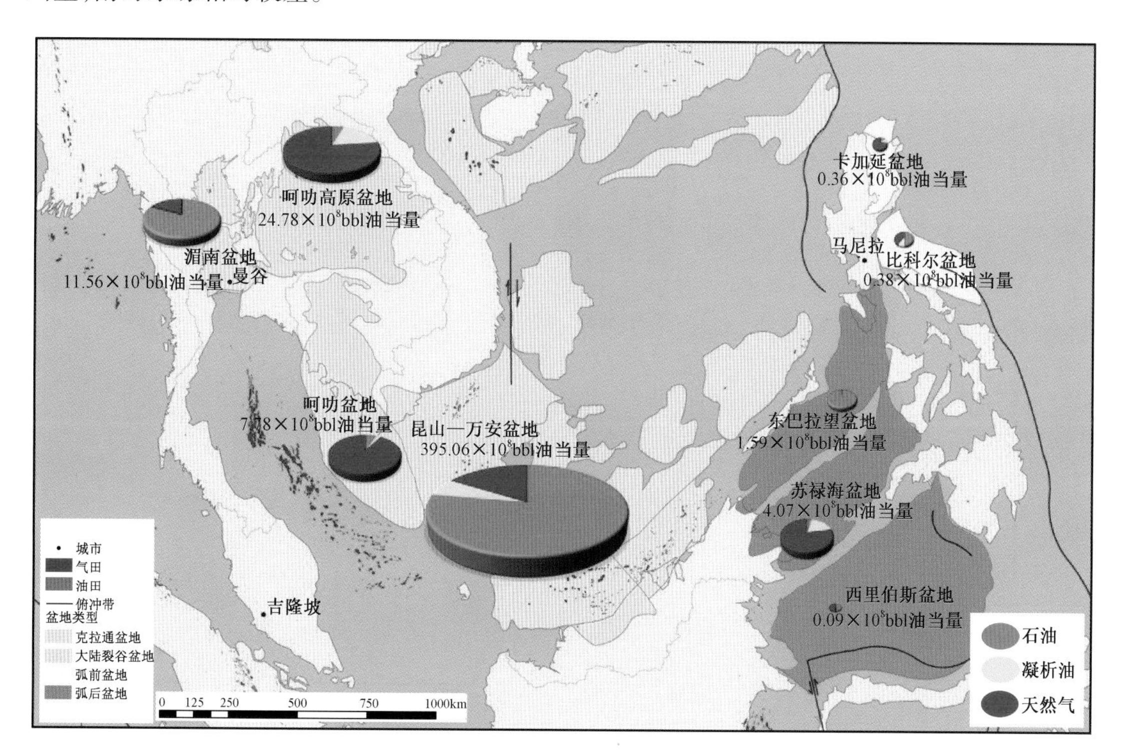

图6－14　中南半岛及南海东缘各含油气盆地总资源量分布图

2. 层系分布

研究区各盆地油气资源在不同区域各层系中的分布具有明显差异性(表6－8)。中南半岛盆地总油气资源分布层系较多，其中以古近系油气资源量最丰富(约294×10^8bbl油当量)，二叠系和新近系其次，三叠系和白垩系相对较少；南海东缘盆地总油气资源只集中分布于新近系，约 6.5×10^8bbl 油当量（图 6－15 和图 6－16）。

表 6－8　中南半岛及南海东缘各层系总油气资源量统计表（单位：10^8bbl 油当量）

区域	石炭系	二叠系	三叠系	侏罗系	白垩系	古近系	新近系	第四系
中南半岛	—	25.66	5.34	—	2.20	294.27	11.70	—
南海东缘	—	—	—	—	—	—	6.50	—

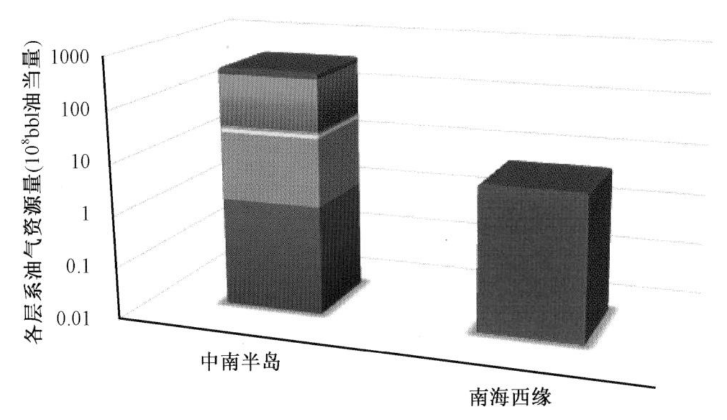

图 6－15　中南半岛及南海东缘各层系总油气资源分布图

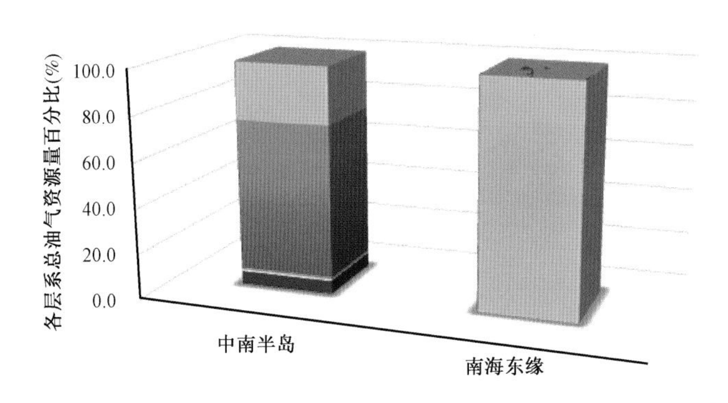

图 6－16　中南半岛及南海东缘各层系总油气资源百分比统计图

二、油气富集主控因素

含油气盆地油气富集程度首先取决于烃源岩的质量及数量，含油气丰富的盆地必定具有优质烃源岩，盆地类型控制烃源岩的热演化及油气成藏；而与烃源岩有机质丰度、类型和演化程度最为紧密联系的即为沉积环境。所以研究盆地的含油气富集程度即要从沉积相、盆地类型以及油气藏的地质要素来分析油气差异的主控因素。

1. 盆地类型

全球含油气盆地随着地质历史发展呈现阶段性而有世代的演化，在纵向上发育不同层次的含油气系统，横向上呈现不同形式的平面构造。正是这样的盆地整体，特别是大型盆地，表现出结构上的多样性，生储盖组合的多相性和盆地不同部位油气聚集条件的可变性，因而必须进行各阶段盆地结构的分析。由此,可以根据盆地不同的板块背景、基底性质、沉降机制、变形样式和结构特点,将盆地划分为对油气生成、运移和保存具有控制作用的若干构造单元。

目前对于研究区 9 个含油气盆地总体分为 4 种盆地类型,即大陆裂谷盆地、克拉通盆地、弧后盆地以及弧前盆地。研究区大陆裂谷油气资源最为丰富,勘探潜力较大;其次为克拉通盆地和弧后盆地;弧前盆地勘探潜力较差(表 6 - 9)。

表 6 - 9　中南半岛及南海东缘研究区盆地类型与油气资源量关系表

盆地类型	石油总资源量 (10^8bbl)	凝析油总资源量 (10^8bbl)	天然气总资源量 (10^{12}ft^3)	总资源量油当量 (10^8bbl)
大陆裂谷盆地	325.06	25.35	42.81	424.22
克拉通盆地	1.11	4.59	11.07	24.78
弧后盆地	6.56	2.31	10.86	27.60
弧前盆地	1.39	0.65	4.59	9.95

注:表中统计的克拉通盆地类型在研究区只有呵叻高原盆地对统计结果有所影响,但其单盆地产量较高。

研究区发育不同类型的盆地,其油气富集程度差异较大。因此盆地类型是影响油气生成、运移和聚集的主控因素之一;在同类盆地中,盆地面积也是影响油气资源量不可忽视的重要因素,如大陆裂谷盆地主要富集于昆山—万安盆地,而呵叻盆地和湄南盆地则相对较小。

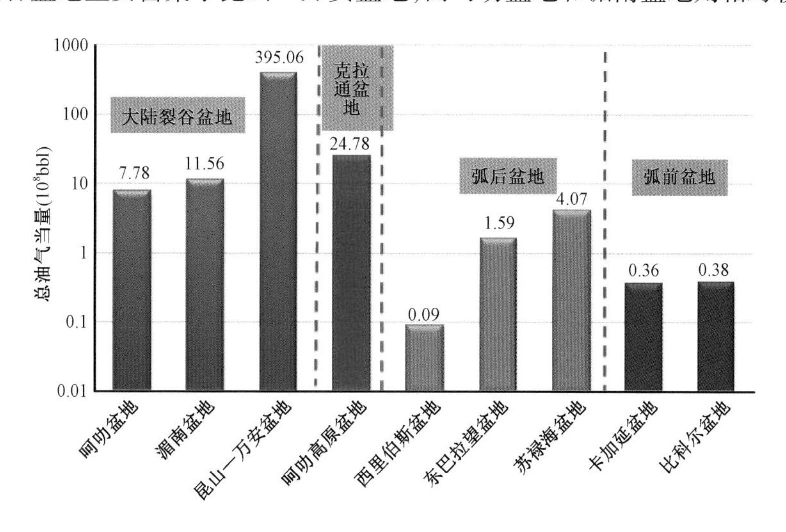

图 6 - 17　中南半岛及南海东缘含油气盆地类型与油气资源量关系

1)大陆裂谷盆地

研究区主要的大陆裂谷型盆地分布在中南半岛,以昆山—万安盆地为代表。昆山—万安盆地中南昆山次盆早期为伸展构造背景,如半地堑、地垒和地堑、倾斜断块;后期盆地遭受挤压,形成大断裂背斜构造,在裂谷期,主要发育张性构造,如基底多发育正断层,随后沉降期,主要发育正断层、盆地大型生长断层下降盘滚动背斜等构造以及岩性圈闭。这对油气生成运移成藏具有重要意义,可以形成大型油气田。研究表明昆山—万安盆地在中中新世晚期至晚中新世早期为反转期,该期盆地整体遭受到挤压隆升,发育较多构造圈闭和岩性圈闭,有利于油气的运移和保存。

2)克拉通盆地

本次研究的9个盆地中只有呵叻高原盆地为克拉通盆地,该盆地就经历了长期的构造演化,构造运动相对稳定,通常具有沉积区域面积大,烃源岩含量较高的特征。呵叻高原盆地从构造演化史上经历了晚石炭世—早三叠世裂谷期,裂谷作用的结果在盆地内形成一系列受基底控制的半地堑、地堑、地垒、滚动断块、门式断层以及雁列式断层。后经历了早三叠世—中三叠世印支Ⅰ期造山运动期;中三叠世—晚三叠世主要裂谷运动期;晚三叠世—早侏罗世印支Ⅱ期造山运动期;中侏罗世—晚白垩世坳陷作用热沉降期。盆地在中侏罗世前期形成了大量的构造断裂,为烃源岩的沉积以及油气运移提供场所,中侏罗后期一直处于热沉降阶段,构造相对稳定,有利于烃源岩的热成熟,生成大量油气,同时盖层在较稳定的构造背景下,很少遭到破坏,因此也往往形成较大的油气田。

3)弧前盆地

弧前盆地是目前公认的油气成藏较差的研究区,这主要归因于以下原因:弧前盆地具有海陆过渡相沉积环境和低地温梯度的特征,其烃源岩通常具有丰度低、类型差、成熟度低的特点,制约着油气的生成与油气藏的形成。但部分地区由于岩浆沿着断裂上涌作用,加速了烃源岩的成熟,有利于油气的生成,这就决定了油气生成的不均一性,同时由于弧前盆地处于特殊的构造活动区,往往形成的圈闭遭受破坏,弧前盆地晚期构造活动一般较为强烈,其对油气藏的影响多为继承性和破坏性的,油气多沿断裂逸散至地表。这决定了弧前盆地在勘探的地位中,往往处于次要地位。

4)弧后盆地

弧后盆地是沟—弧—盆体系中重要的盆地类型,相比较弧前盆地,首先在沉积厚度上总体较弧前盆地大,沉积环境以滨浅海—三角洲等海陆过渡相为主,有机质丰度通常为差—中等,干酪根类型为Ⅱ—Ⅲ型,而部分陆相湖盆泥页岩有机质丰度较高,干酪根类型为Ⅰ—Ⅱ型,同时由于弧后盆地往往为浅海—三角洲—河流相等海陆过渡相—陆相沉积环境,其中砂层、风化层等孔渗条件较好,具有良好的储集条件,与砂岩互层的泥(页)岩为封盖层,能够在弧后盆地组成多套储盖组合。由于弧后盆地在形成早期为张性构造环境,常发育众多正断层控制的断块圈闭,后期局部挤压易形成背斜、断背斜以及逆断层控制的断块圈闭。另外弧后盆地局部遭受岩浆侵入,在其周边还可发育一系列岩性圈闭,这就决定了弧后盆地具有较多的储集体类型。在保存方面,弧后盆地张性断裂非常发育,为油气运移的主要通道;盆地形成后往往未遭受强烈构造运动,内部砂体的连续性相对较好,可以与张性断裂组合形成阶梯状运移通道。故相对弧前盆地,弧后盆地具有更好的油气生、运、聚条件。

2. 沉积相

通过对中南半岛及南海东缘含油气盆地沉积相的统计,对研究区主要沉积相类型的分布特征开展分析。

区内主要包括巽他陆块和菲律宾岛弧带,菲律宾岛弧带发育弧前和弧后两类盆地,油气资源匮乏。巽他陆块内除呵叻高原盆地为克拉通盆地外,其他三个盆地均为大陆裂谷盆地。呵叻高原盆地由于构造运动相对稳定,主要的沉积相带因演化期次和沉积环境均存在差异,其中油气资源丰富的昆山—万安盆地沉积环境最为多样。储层的相关研究表明,中南半岛及南海东缘地区储层可发育于河流相、湖相、潮坪相、海相碎屑岩和海相碳酸盐岩沉积。已发现油气储量的油气分布统计显示:区内油气资源储量巨大,主要富集于海相沉积环境(海相三角洲、滨浅海、碳酸盐岩台地,大于50%)。

三、成藏要素分析

1. 烃源岩

1）烃源岩沉积类型

按盆地演化与主要生油气阶段的关系，中南半岛及南海东缘烃源岩可分为5种类型：（1）裂谷或裂陷早期湖相烃源岩，发育于始新世—渐新世，位于裂谷底部；（2）裂陷晚期海陆过渡相烃源岩，发育于渐新世—早中新世；（3）裂后早期（坳陷期）生气烃源岩，主要在早中新世海相层；（4）裂后晚期（坳陷期）生油气烃源岩，主要形成于新近纪；（5）新生代和中生代海相生气为主的烃源岩。

2）烃源岩的沉积环境

中南半岛及南海东缘中部的南海西缘，从湄南盆地到昆山—万安盆地，下部烃源岩基本上以湖泊相为主，形成于渐新世同裂谷期，而上部晚渐新世—中新世坳陷期烃源岩逐渐过渡为三角洲、沼泽、潟湖等海陆过渡相。南海东缘卡加延盆地、比科尔盆地、东巴拉望盆地、苏禄海盆地以及西里伯斯盆地烃源岩主要以渐新世—中新世浅海相为主，形成于裂陷晚期至裂后早期，上部中新世烃源岩如苏禄海盆地部分为三角洲相烃源岩。平面上，从东向西中南半岛及南海东缘区烃源岩沉积环境总体由海相或海陆过渡相向陆相过渡的趋势；垂向上，烃源岩具有由下往上由陆相、海陆过渡相到海相分布特点。

3）烃源岩地球化学特征

中南半岛及南海东缘地区烃源岩总有机碳含量为中等—高；干酪根类型多样，以Ⅱ—Ⅲ型干酪根为主，局部发育Ⅰ—Ⅱ型干酪根，总体上为中等—好烃源岩。研究区南部岛弧带弧后盆地、南海西南缘和呵叻高原盆地都属于地温梯度较高的新生代沉积盆地，其生油门限多在2000～3000m之间，局部地区甚至可以达到1000～1500m或更低。印支半岛上的呵叻盆地地温梯度为中等—偏低。因此，中南半岛及南海东缘大部分烃源岩都处于成熟到过成熟阶段（表6－10）。

表6－10　中南半岛及南海东缘地区烃源岩特征表

盆地名称	次盆名称	盆地类型	地质年代		烃源岩	岩性	干酪根类型	R_o（%）	TOC（%）	油/气	构造背景
呵叻高原盆地		克拉通	中生代	白垩纪	Phu Phan组	木质、煤颗粒		0.83	4		热沉降
					Sao Khua组	粉砂岩、黏土岩			0.04～0.11		热沉降
					Phra Wihan组	薄层煤层		0.98～1	72.6		热沉降
				侏罗纪	Phu Kradung组	粉砂岩、黏土岩		1.03	0.05～0.22		坳陷
				三叠纪	Huai Hin Lat组	湖相页岩、黏土岩	Ⅰ、Ⅱ、Ⅲ	1.2～4.9	0.05～6.6		裂谷
					Nam Phong组	粉砂岩、黏土岩		0.91	0.03～0.11		裂谷
			晚古生代	二叠纪	上Clastics组	黏土岩、煤			7.3	气	裂谷
					下Clastics组	页岩、泥晶灰岩				气	裂谷
呵叻盆地		大陆裂谷	中生代	三叠纪—侏罗纪		泥岩、碳质泥岩					坳陷

续表

盆地名称	次盆名称	盆地类型	地质年代		烃源岩	岩性	干酪根类型	R_o（%）	TOC（%）	油/气	构造背景
湄南盆地	湄南	大陆裂谷	新生代	早中新世	阿基坦阶—波尔多阶	泥岩	Ⅰ型		1.2～6.9		转换拉张
				渐新世	下夏特阶—上夏特阶	泥岩	Ⅰ型		1.2～6.9		转换拉张
	彭世洛	大陆裂谷	新生代	晚渐新世—中中新世	Chum Saeng 组	湖相黏土岩	Ⅱ、Ⅲ型	0.62	1.1～42		转换拉张
					Lan Krabu 组	黏土岩	Ⅱ、Ⅲ型				转换拉张
昆山—万安盆地	九龙	大陆裂谷	新生代	中新世	Bach Ho 组	黏土层	Ⅲ型	0.46	0.5～3		坳陷
					Con Son 组	薄煤层、煤质黏土岩	Ⅲ型	0.37～1.2	0.4～34.5		坳陷
					Dong Nai 组	碳质黏土岩	Ⅲ型		0.4～1.5	气	沉降
				渐新世	Tra Cu 组、Tra Tan 组	黏土岩、页岩	Ⅱ、Ⅲ型	0.34～0.59	1.7	油、气、凝析气	裂谷
	南昆山	大陆裂谷	新生代	早中新世	Dua 组	薄煤层、碳质页岩	Ⅰ型—Ⅲ型	0.3～1.34	6～85		晚期断裂
				渐新世	Cau 组	薄煤层、碳质页岩	Ⅲ型	0.3～1.34	2～78		早期断裂
东巴拉望盆地		弧后	新生代	中—晚中新世	Paragua 组	深海泥岩	Ⅲ型		0.5～3		坳陷
苏禄海盆地		弧后	新生代	晚中新世	Ganduman 组	煤					苏禄海槽
				晚中新世	Sebahat 组	煤、页岩	Ⅱ、Ⅲ型		1～3		苏禄海槽
				早中新世	Tanjong 组	页岩			2.23		南中国海俯冲
				渐新世	Labang 组	煤					南中国海俯冲
西里伯斯盆地		弧后	新生代	晚始新世—中新世		半深海—深海泥岩		<0.5	0.25～5		
比科尔盆地		弧前	新生代	渐新世		浅海泥岩、石灰岩、煤层		0.25～0.36	0.3～0.6		喜马拉雅期
				古新世							
			中生代	晚白垩世							燕山期
卡加延盆地		弧前	新生代	早中新世		砂质页岩、薄煤层					

到目前为止，中南半岛及南海东缘大部分油气都是来自近岸有机质，从二叠纪、三叠纪、侏罗纪至白垩纪均有发现（图6－18）。呵叻盆地烃源岩发育时代主要为三叠纪—侏罗纪。区域上，中南半岛及南海东缘地区新生代烃源岩时代从西往东逐渐变新，由始新世到渐新世至中新世。其油气的生成与烃源岩的类型密切相关，一般深湖相烃源岩生烃能力强，主要以生油为主；浅湖和浅海相烃源岩生烃潜力较好，其生油和生气潜力相差不大，生气能力可能略强；海陆交互相（近岸）烃源岩生烃潜力最强，不仅可生成大量的石油，而且生气潜力大于生油能力，其生气潜力也要强于湖相烃源岩；深海相烃源岩生烃潜力较差，其生气潜力略大于生油能力。此外油气的生成与分布还与地温梯度等因素有关，地温梯度偏低的新生代盆地由于烃源岩成熟度低，一般以生油为主。

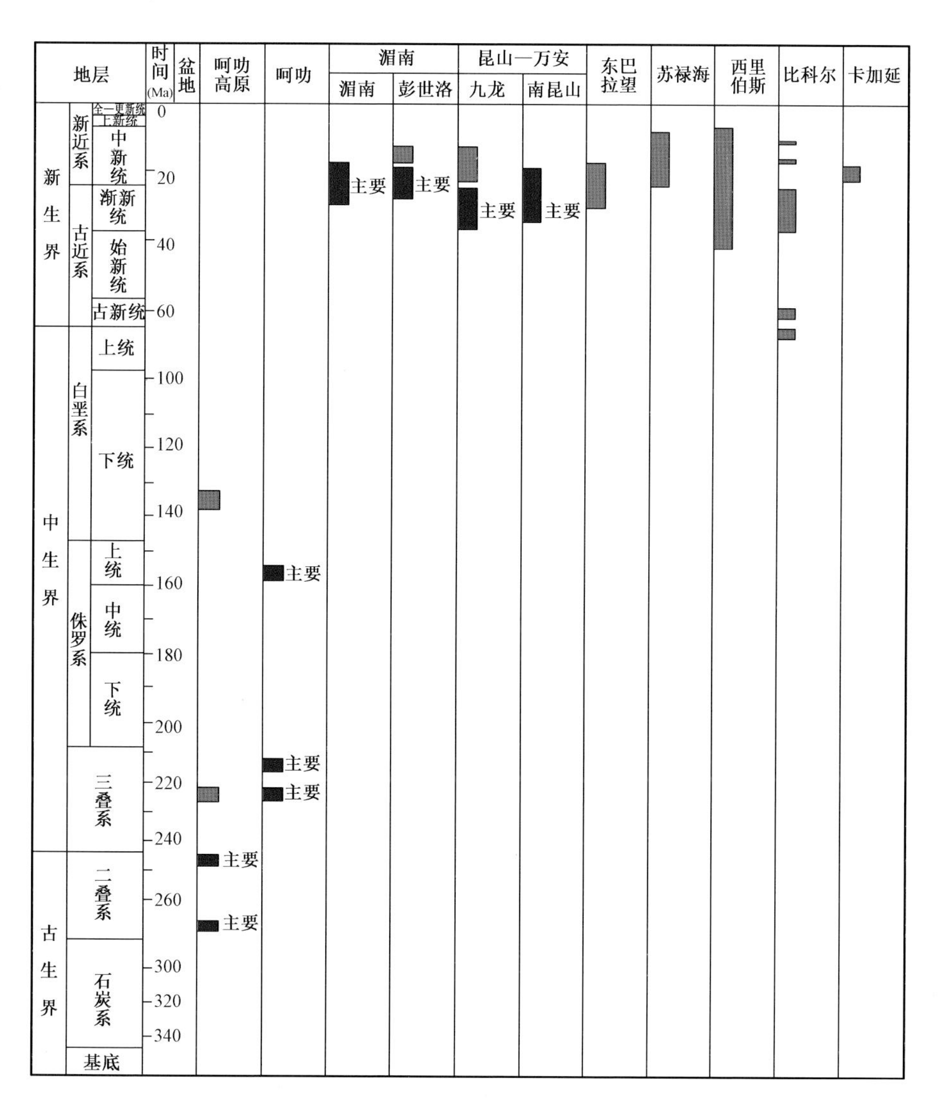

图6－18　中南半岛及南海东缘主力烃源岩层位分布图

在油气分布上，中南半岛及南海东缘时代较新地层中的天然气所占比重大，主要是受地层中烃源岩性质及气体优先运移控制。与湖相烃源岩相比，近岸烃源岩为天然气主要来源。

2. 储层分布特征

1)储层时代

研究区储层的时代分布范围广,古生代、中生代、新生代均有储层发育,其中尤以新生代储层为主。同裂谷晚期(坳陷期)是中南半岛及南海东缘储层主要形成期,即新生代盆地储层主要发育时期为渐新世和中新世,湄南盆地和昆山—万安盆地还发育前古近纪基岩。古生代、中生代储层主要分布在呵叻盆地和呵叻高原盆地,时代为二叠纪和三叠纪(表6-11)。

表6-11 中南半岛及南海东缘储层特征表

盆地名称	次盆名称	盆地类型	地质年代		储层	岩性	沉积环境	孔隙度(%)	渗透率(mD)	构造背景
呵叻高原盆地		克拉通	中生代	早白垩世	Phu Phan 组	砂岩	辫状河相	1.5~10		热沉降
				早白垩世	Khok Kraut 组	砂岩	河流相、湖泊相	7.5~14.5		热沉降
				三叠纪	Nam Phong 组	砂岩	河流相、湖泊相	1.5~4.5		坳陷
					Huai Hin Lat 组	砂岩	河流相、湖泊相			
			古生代	二叠纪	Pha Nok Khao 组	碳酸盐岩	浅海相	0~19	0.1	裂谷
呵叻盆地		大陆裂谷	中生代	早白垩世		砂岩	河流相、湖泊相			热沉降
			古生代	早二叠世		碳酸盐岩	浅海相			裂谷
湄南盆地	彭世洛	大陆裂谷	新生代	中中新世	Pratu Tao 组	砂岩	三角洲平原			转换伸展
				晚渐新世—早中新世	Lan Krabu 组	砂岩	河道	2~31	2000	转换伸展
			新生代前	前新生代		火山岩、变质岩				
	湄南	大陆裂谷	新生代	中中新世	兰盖阶—中塞拉瓦莱阶	砂岩	三角洲相、河流相	10~25	85~1000	转换拉张
				早中新世	阿基坦阶—波尔多阶	砂岩	三角洲相、河流相	10~25	85~1000	
				晚渐新世		砂岩	冲积扇相、三角洲相、河流相			转换拉张
昆山—万安盆地	九龙	大陆裂谷	新生代	中中新世	Con Son 组	砂岩	潮下带、河流相、湖相			坳陷期
				早中新世	Bach Ho 组	砂岩	潮下带、湖相	10~20		坳陷期
				晚渐新世	Tra Tan 组	砂岩	海湾、潟湖	12~24	200~1800	裂谷期
				早渐新世	Tra Cu 组	砂岩	非海相三角洲	13~17	0.1~50	裂谷期
			新生代前	前新生代	基底	酸性岩浆岩	侵入岩	1~15	1~1000	裂谷期

续表

盆地名称	次盆名称	盆地类型	地质年代		储层	岩性	沉积环境	孔隙度（%）	渗透率（mD）	构造背景
昆山—万安盆地	南昆山	大陆裂谷	新生代	晚中新世	Nam Con Son 组	碳酸盐岩	浅海—深海相	10 ~ 30	5 ~ 300	沉降期
				中中新世	Mang Cau 组	碳酸盐岩	浅海相	15 ~ 20	200 ~ 2000	晚期断裂
				中中新世	Thong 组	砂岩	浅海相			晚期断裂
				早中新世	Dua 组	砂岩	三角洲相—滨岸相			晚期断裂
				晚始新世—渐新世	Cau 组	砂岩	冲积扇相、河流相、湖泊相			早期断裂
			中生代	晚白垩世	基底	火山岩		15 ~ 20		
东巴拉望盆地		弧后	新生代	晚中新世—早上新世	Paragua 组	浊积砂岩	深海	30		
				中—晚中新世	Matinloc 组	浅水砂岩	浅海	27 ~ 31		
				早中新世	Nido 组	碳酸盐岩	浅海大陆架	25 ~ 32	3. 3 ~ 35	
				早中新世	Pagasa 组	浊积砂岩	浅海—深海相	25	0. 4 ~ 4. 8	
苏禄海盆地		弧后	新生代	更新世	Togopi 组	碳酸盐岩	浅海陆棚相			
				晚中新世	Sebahat 组	粉砂岩	三角洲相	28	800 ~ 1500	
				早—中中新世	Segama 群	碳酸盐岩	浅海—深海相			
				早中新世	Tanjong 组	粉砂岩	三角洲相	20 ~ 25	10 ~ 300	同裂谷期
西里伯斯盆地		弧后	新生代	晚中新世		碳酸盐岩、浊积砂岩	半深海—深海相			
				中中新世		石英浊积砂岩	半深海—深海相			
比科尔盆地		弧前	新生代	中新世		砂岩、砾岩	滨岸夹浅海相	14. 4 ~ 31. 5	738 ~ 3680	稳定沉积期
				始新世		火山岩	浅海相			构造活动期
卡加延盆地		弧前	新生代	中中新世	Tuguegarao 组	砂岩	浅海陆棚相			
					Callao 组	砂屑石灰岩	浅海陆棚相			

2)储层类型和岩性

中南半岛及南海东缘储层类型多样,总体上以砂岩和碳酸盐岩/生物礁为主,部分有火山岩和浊积砂岩。新生代碎屑岩储层广布全区,以渐新统—上新统为主;碳酸盐岩/生物礁储层分布范围也较广泛,主要位于研究区中部、南部和东部,时代为二叠世、侏罗世、始新世—上新世,以中新世最为发育。火山岩储层主要分布在湄南盆地、昆山—万安盆地以及比科尔盆地,浊积砂岩储层类型仅分布在东巴拉望盆地和苏禄海盆地中。

中南半岛及南海东缘新生代沉积总体表现从陆相—海陆过渡相—海相碎屑岩和碳酸盐岩—浅海—深海相泥岩的逐渐退积型的层序特征。由于新生代盆地所处构造位置、经历区域构造事件以及海水运动方向不同,形成中南半岛及南海东缘地区储集体的沉积相类型多样,有陆相、海陆过渡相和海相等各种沉积体系。因此,沉积环境和海水运动方向对同一时期相邻但不同区域储层类型的发育有一定的控制作用。新生代期间,中南半岛及南海东缘地区发生古近纪早期、新近纪(渐新世晚期—中新世中期)两次主要海侵旋回,以及新近纪(中新世晚期—上新世早期)晚期海退旋回,它们与中南半岛及南海东缘储层的分布、类型密切相关。其中,新近纪海侵和海退旋回形成的地层是中南半岛及南海东缘主要含油气层位。

3)储层类型和油气关系

新近纪海侵和海退旋回形成的海侵或海退砂岩和碳酸盐岩是中南半岛及南海东缘最重要的储层。砂岩又可分为同裂陷期砂岩和后裂陷期砂岩,同裂陷期砂岩主要发育在渐新世,上始新统也部分发育。裂后期(包括新近纪海进和海退)砂岩主要发育在渐新世晚期—上新世,以中新统分布最为广泛。同裂陷期砂岩一般以产油为主。裂后期(包括新近纪海侵和海退)碳酸盐岩在中南半岛及南海东缘也广泛分布,储层发育大量礁体(斑礁、塔礁、岸礁、环礁与点礁等),已发现大量的油气资源,其中尤以天然气为主。

3. 圈闭特征

研究表明中南半岛及南海东缘分别受印度板块和西太平洋板块俯冲影响,在其演化过程中,由于板块俯冲角度变化,导致构造强度和性质变动频繁,造成弧后盆地发生挤压作用。挤压期弧后盆地发生构造反转,形成了大量构造型圈闭,如大型背斜、断背斜、断块及基底隆起等;与此同时非稳态储集体进入深水形成大量岩性圈闭。对研究区已发现资源量统计上可以看出,构造圈闭以及岩性圈闭具有丰富的油气资源。

裂谷盆地由于受陆相沉积环境的影响,发育多套储盖组合。圈闭主要为与同生断裂相关的背斜和断背斜,圈闭数量多,但规模小,常形成多个自生自储油气藏,油气层跨度大,垂向上具有多层系、相互叠置特征。这种油气分布特征造成该类盆地油气勘探成功率相对较高,中型油气田较多,但难以形成巨型油气田。

中南半岛南部主要受古南中国海扩张和印度板块俯冲双重影响,两重作用在不同时期表现出不同的重要性。大陆裂谷的昆山—万安盆地依次经历拉伸、挤压和热沉降三个阶段,构造、岩性圈闭与之在时间域内对应响应;而弧前性质的盆地,基本处于俯冲挤压状态,构造圈闭为主导圈闭。由于沉积环境的不断变化,还可形成大量构造—地层、岩性复合型圈闭,如不整合圈闭、基岩裂缝圈闭、礁体及碳酸盐建隆圈闭。

对研究区9个盆地的圈闭类型进行了统计分析表明,主要的含油气盆地以构造配的、岩性圈闭为主,地层圈闭较少(图6-19)。

通过对中南半岛及南海东缘不同圈闭类型的已发现油气储量分布分析表明,构造圈闭对油气资源量影响最大,岩性圈闭次之、地层圈闭最少(图6-20)。

根据勘探程度和资料情况,对研究区油气成藏期次的确定主要采用生排烃期法,结合圈闭形成期法进行综合界定。理论依据如下:

(1)油气藏的形成是油气生成、运移、聚集的结果。没有油气生成并从烃源岩中排到储层中,就不可能有油气藏的形成。从微观角度来讲,油气的生成、排出、运移成藏是一个连续的过程。油气藏的形成过程在油气从烃源岩中生成并排出之后就开始了。也就是说,烃源岩中油气开始生成并排出的时间是油气藏形成的最早时间。即是,盆地主要烃源岩的主要生、排烃期就是油气藏形成的主要时期,分析烃源岩的生排烃史对综合分析油气藏的成藏过程是至关重要的。

(2)油气藏的形成时间是油气在圈闭中聚集的结果,只有形成了圈闭,油气才能聚集;换言之,油气藏形成时间绝不会早于圈闭的形成时间。所以,可以根据圈闭形成的时间确定油气藏形成的最早时间。

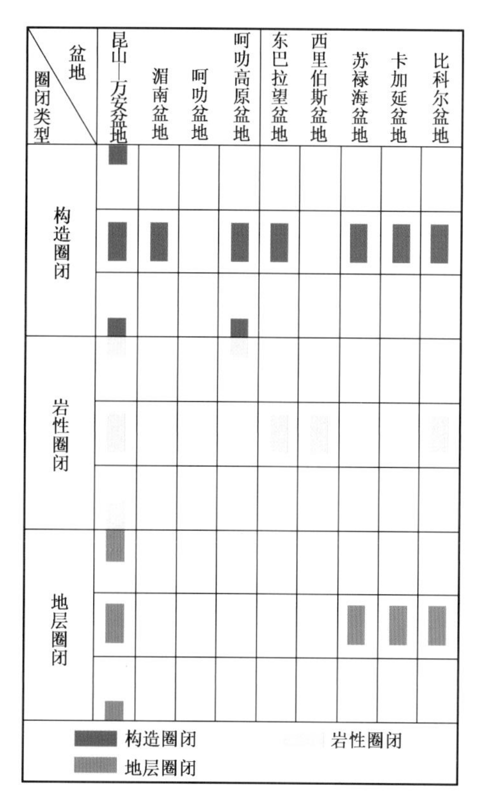

图6-19　中南半岛及南海东缘地区圈闭类型统计图

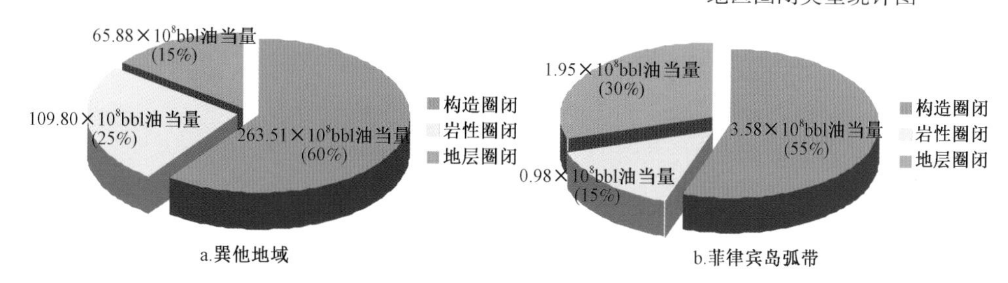

图6-20　中南半岛及南海东缘地区圈闭类型与已发现油气储量关系图

对一个地区的油气生成历史和构造演化历史的分析是研究油气成藏期次和时间的基础,本次研究对研究区含油气盆地成藏其次进行研究(图6-21和图6-22)。

中南半岛及南海东缘盆地基本为新生代演化而来,此地区新生代发生三期重要的构造地质事件:① 印度洋洋壳沿苏门答腊—爪哇海沟向巽他陆块俯冲;② 菲律宾海板块向菲律宾陆块俯冲;③ 南中国海洋盆扩张。这三期构造事件宏观控制着中南半岛及南海东缘各盆地烃源岩的热演化程度,进而控制其油气成藏期次。

受板块构造控制,中新世前,烃源岩早期埋藏较浅,演化程度不高,早期生烃有限;或者虽然早期也达到了一定的演化程度,生成了相当数量的油气,但是由于后期的构造活动,使得早期形成的油气大部分被破坏,对现今的油气藏勘探贡献不大。

中南半岛及南海东缘区烃源岩成熟期主要为中新世,尤以早中新世为主。中新世期间,盆地稳定沉降,中南半岛及南海东缘地区诸盆地沉积活跃,被动陆缘、裂谷、弧后、弧前盆地持续沉积,各盆地基本都处于坳陷阶段,烃源岩埋深不断加大,中新世期间同步进入门限深度,开始

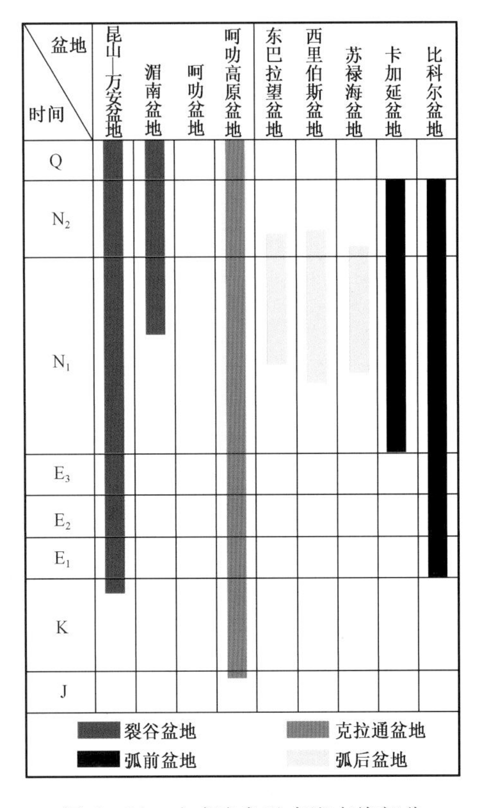

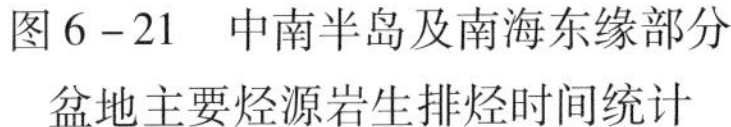

图 6－21　中南半岛及南海东缘部分盆地主要烃源岩生排烃时间统计

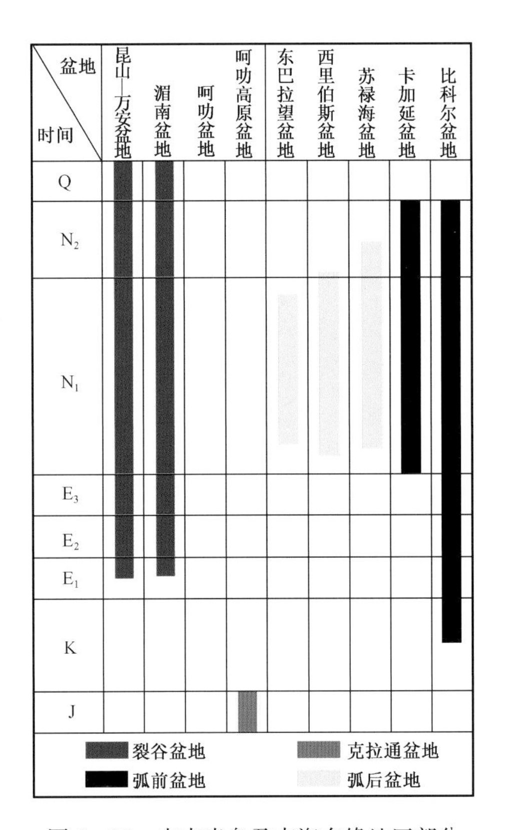

图 6－22　中南半岛及南海东缘地区部分盆地主要圈闭形成时间统计

大量生烃，中新世即为中南半岛及南海东缘地区油气成藏的主要时间。除呵叻高原克拉通盆地外，其他盆地均表现出显著的统一性和同步性。

由此可得结论：中南半岛及南海东缘区油气成藏期次与盆地类型无关，而与盆地所处的板块大地构造背景密切相关，其相关性主要体现在大地构造不同发展阶段，各盆地烃源岩做出的同步响应，统一于中新世进入生烃门限。

以下结合各地区各盆地主要圈闭的形成时间对上述成藏期次的归纳结果加以佐证：中南半岛及南海东缘各盆地主要圈闭的时间比其烃源岩的主要排烃时间稍早或同步，烃源岩生排烃法所得结论相对可靠。

四、成藏模式

油气成藏模式即油气藏形成机制的综合表示形式，油气藏的形成除了有生、储、盖基本配置条件外，更重要的是圈闭的形成及其与油气生成、运移的关系。通过对中南半岛及南海东缘地区 9 个盆地成藏主控因素的分析，并对研究区主要含油气盆地主要的成藏特征进行了归纳和总结，表明研究区主要的圈闭类型以构造圈闭和岩性圈闭为主，地层圈闭较少。通过对研究区已发现资源量的统计表明，构造圈闭和地层圈闭更利于大中型油气田的形成，同时从石油地质条件分析表明，在烃源岩主要生烃、排烃时期，生烃凹陷及其附近已有早期或同时形成的构造圈闭与其匹配，此类圈闭则是油气聚集成藏的有利场所，在此以昆山—万安盆地为例。

中南半岛（巽他地块）昆山—万安盆地，在盆地裂谷期形成了大量的烃源岩沉积中心，圈闭最初为同裂谷期（始新世—渐新世），在中中新世早期到晚中新世早期经历构造反转，晚中新世晚期发生区域沉降。形成了大量的褶皱和基底断裂,为油气运移提供通道。下渐新统烃源岩生烃后,一部分油气在浮力作用下运移到上渐新统的砂岩储层中,在形成的构造背斜部聚集成藏,为典型的下生上储的成藏模式。同时另一部分油气会沿着基底断裂运移到基底花岗岩储层中,形成了部分上生下储的成藏模式。在圈闭类型中岩性圈闭是昆山—万安盆地中重要的圈闭类型,对于泥岩中形成的"甜点"构造,由于围岩的阻挡油气可运聚集成藏(图6-23)。考虑到昆山—万安盆地形成了较多的构造圈闭且气源供给充足,并具有利的储盖层配置,构成完整的含气系统等条件,研究认为该盆地极易形成大中型油气田。

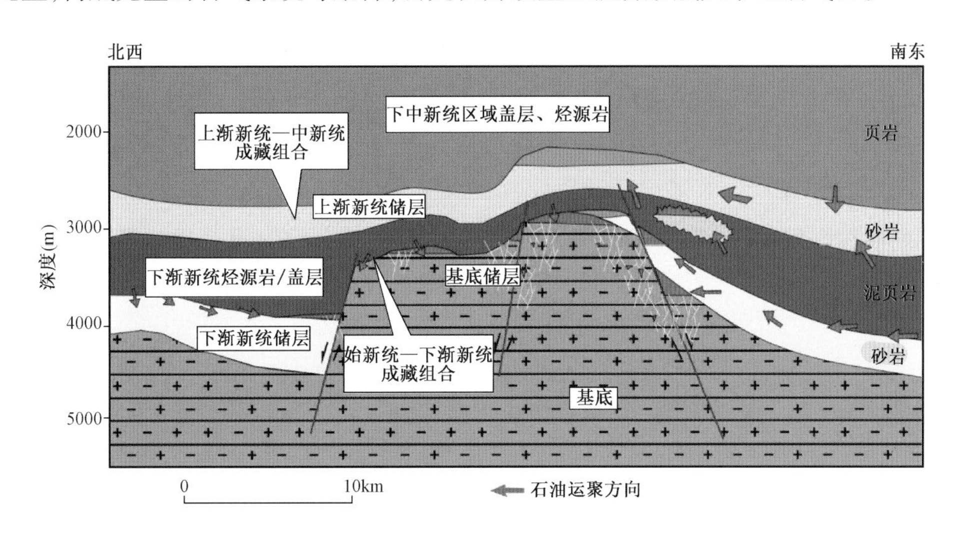

图6-23 昆山—万安(九龙)盆地成藏模式

第四节 含油气盆地综合评价有利区优选

一、含油气盆地评价量化指标

在对中南半岛及南海东缘9个含油气盆地进行油气资源总体评价基础上,通过对石油地质特征指标及相关单因素条件进行赋值,用积分的方法建立评价的相对量化标准,以实现对每个盆地进行定量—半定量的评价。这一方法就是通过赋值以整合盆地油气资源评价的各项指标,即赋值包括盆地类型与规模、盆地构造演化及其对成藏后期改造、盆地资源及丰度、油田数与储层特征等等,进而实现对各个盆地的较为系统、合理、准确的定量—半定量评价和优选。

对中南半岛及南海东缘地区含油气盆地主要选择的石油地质特征指标及赋值为下列8个。

1. 盆地类型

不同类型的盆地其含油性有较大的差异,根据研究区内各类盆地发现特征,其赋值标准是:

被动大陆边缘盆地、大陆裂谷盆地、克拉通盆地	10分
前陆盆地、弧后盆地、增生边缘增生盆地	7分
弧前盆地、深海沉积	3分

2. 盆地形成时代与成盆后的改造程度

根据研究区所处的地质构造条件，不仅盆地形成的时代对于盆地含油气情况有较大的影响，而且，成盆后的构造影响起到相当重要的作用。因此，各类盆地其赋值标准是：

新生代形成的盆地或中生代形成的盆地，但后期改造不强烈　10 分

新生代形成的盆地或中生代形成的盆地，但后期改造较强　7 分

古生代形成的盆地或虽是中、新生代形成的盆地，但已经过强烈后期改造　3 分

3. 盆地的大小

盆地面积 $>15\times10^4km^2$　10 分

盆地面积 $=(10\sim15)\times10^4km^2$　7 分

盆地面积 $<10\times10^4km^2$　3 分

4. 总油气资源量

盆地的油气资源量（单位：10^8bbl 油当量）是盆地评价的基础，设其加权系数为 1.2，其赋值的标准是：

资源量 $>10\times10^8$bbl 油当量　12 分

资源量 $=(1\sim10)\times10^8$bbl 油当量　8.4 分

资源量 $<1\times10^8$bbl 油当量　3.6 分

5. 资源丰度

资源丰度指每平方千米所含有的资源量（单位：10^4bbl 油当量/km^2），这是一个重要的参数，设其加权系数为 1.2，其赋值的标准是：

资源丰度 $>1\times10^4$bbl 油当量/km^2　12 分

资源丰度 $=(0.1\sim1)\times10^4$bbl 油当量/km^2　8.4 分

资源丰度 $<0.1\times10^4$bbl 油当量/km^2　3.6 分

6. 局部构造和已发现的油气田数

盆地内部构造及油气圈闭的形态、数量等因素，涉及勘探程度问题。根据各盆地类型特征，本次赋值将其加权系数设定为 0.8，其评分标准是：

圈闭类型多样，以背斜和礁体为主；形态完整；形成时间早；面积大；可靠程度高，数量大于 30 个　8 分

圈闭类型多样，以背斜为主；岩性圈闭较多，面积较大的少，可靠程度一般，数量在 10～30 个　5.6 分

圈闭类型较单调；可靠程度一般；数量少于 10 个　2.4 分

7. 油气储量

由于盆地的勘探程度不一，有些盆地可能已有重要的发现或已有探明的大型油气田，有的可能还处在勘探初期，根据目前发现和探明的油气储量（油当量），其赋值标准是：

发现或探明油气储量 $>5\times10^8$bbl 油当量　10 分

发现或探明油气储量 $=(2\sim5)\times10^8$bbl 油当量　7 分

发现或探明油气储量 $<2\times10^8$bbl 油当量　3 分

8. 盆地资源类型

考虑到海外勘探开发的经济效益，盆地油气资源以油为主最佳，其赋值标准是：

以油为主 10 分

油气兼探 7 分

以气为主 3 分

上述各项指标在赋值量化时，10 分代表“好”，7 分为“较好”，3 分为“差”。同时，充分考虑到各项指标对总体评价贡献上的差别，因而，在第 4 项油气的资源量和第 5 项资源丰度两项已增设了加权系数为 1.2，而第 6 项局部构造和已发现的油气田数的加权系数为 0.8。

基于以上评分细则，并结合研究区盆地综合分析相关成果，对盆地综合评价制定出如下定性标准：大于 60 分的为Ⅰ类盆地，可作为首选进行勘探工作的盆地；40 ~ 60 分之间的为Ⅱ类盆地，可作为积极准备，寻找机会，适时介入勘探工作的盆地；小于 40 分的盆地可以作为Ⅲ类盆地，可以作为后备油气资源区。

二、含油气盆地评分及优选

根据以上制定的评分标准，对中南半岛及南海东缘含油气盆地进行了评价，其中昆山—万安盆地总得分为 76 分，为最高得分；其次为呵叻高原盆地以及湄南盆地，其得分分别为 66 分、65.4 分（表 6 - 12）。在本次评价中，中南半岛各盆地普遍得分相对较高，即油气勘探开发潜力最大。根据盆地级别划分标准，对 9 个含油气盆地划分级别，Ⅰ类盆地共 3 个，分别为昆山—万安盆地、呵叻高原盆地及湄南盆地；Ⅱ类盆地共 2 个，分别为呵叻盆地、东巴拉望盆地等；Ⅲ类盆地共 4 个，分别为苏禄海盆地、西里伯斯盆地、卡加延盆地、比科尔盆地等（表 6 - 12）。

三、有利区评价量化指标

在同一盆地内，区带的勘探潜力评价指标主要包括成藏条件、待发现资源量、生储盖发育的沉积相类型、生储盖匹配程度等。对于不同盆地区带的潜力评价，需要进一步结合盆地划分级别、沉积相类型、生储盖匹配程度以及待发现资源量等，分别对其赋权值，具体评分公式如下。

$$E_m = B_m + F_m \times F_i + M_m \times M_i + U_d \times U_i$$
$$= B_t(0.5 + 0.1 \times F_i + 0.2 \times M_i + 0.2 \times U_i)$$

式中 E_m——综合评价得分；

B_t——各盆地评分值；

B_m——盆地加权评分值；

F_m——沉积相类型评分；

M_m——匹配程度评分；

U_d——待发现资源量评分；

F_i, M_i, U_i——均为各个评分项目具体单元，$i = 1, 2, 3$。

在区带赋值权重系数分配上，盆地综合评价所占权重最大为 0.5；生储盖匹配程度对含油气系统及成藏组合具有重要意义，同时待发现资源量直接涉及区带可能的油气丰度，所以分别赋权重为 0.2；沉积相类型则控制了生储盖条件的发育，其参考价值赋权值为 0.1。同时对于每一项评分指标又进行了细分（表 6 - 13）。

表 6-12　中南半岛及南海东缘主要含油气盆地综合评价一览表

总得分	盆地名称	资源类型		盆地类型		盆地时代		盆地面积 (10^4km^2)		油气资源量(×1.2)(10^8bbl 油当量)		资源丰度(×1.2)(10^4bbl 油当量/km^2)		局部构造与油气田数(×0.8)		已发现油气储量(10^8bbl 油当量)	
		油/气	得分	类型	得分	时代	得分	面积	得分	资源量	得分	资源丰度	得分	油气田数	得分	油当量	得分
76	昆山—万安盆地	油、气	7	大陆裂谷	10	新生代	7	26.48	10	395.06	12	14.92	12	84	8	166.55	10
66	呵叻高原盆地	油、气	7	克拉通	7	古生代	3	22.97	10	24.78	12	1.08	12	>30	8	1.77	7
65.4	湄南盆地	油、气	7	大陆裂谷	10	新生代	10	6.29	3	11.56	8.4	1.84	12	47	8	4.43	7
50.2	东巴拉望盆地	油、气	7	弧后	7	新生代	7	14.55	7	1.59	8.4	0.11	8.4	1	2.4	0.03	3
50.4	呵叻盆地	油	10	大陆裂谷	10	古—中生代	3	21.74	10	7.78	8.4	0.36	3.6	0	2.4	0	3
33.4	卡加延盆地	气	3	弧前	3	新生代	7	2.80	3	0.36	3.6	0.13	8.4	3	2.4	0.03	3
28.6	比科尔盆地	气	3	弧前	3	新生代	7	5.89	3	0.38	3.6	0.07	3.6	0	2.4	0	3
49.4	苏禄海盆地	气	3	弧后	3	新生代	7	14.53	7	4.07	8.4	0.28	8.4	8	5.6	2.51	7
35.6	西里伯斯盆地	气	3	弧后	3	新生代	7	35.86	10	0.09	3.6	0.003	3.6	0	2.4	0	3

表 6-13　中南半岛及南海东缘有利区优选综合评价表

<table>
<tr><th rowspan="2">有利区评价标准</th><th rowspan="2">(B_m)盆地评分(×0.5)</th><th colspan="3">(F_m)沉积相类型(×0.1)</th><th colspan="3">(M_m)生储盖匹配程度(×0.2)</th><th colspan="3">(U_d)待发现资源量(×0.2)</th></tr>
<tr><th>(1)三角洲、碳酸盐岩台地、滨浅海等(×0.5)</th><th>(2)滨浅湖、河流、浊积扇等(×0.3)</th><th>(3)半深湖—深湖、半深海—深海等(×0.2)</th><th>(1)好(×0.5)</th><th>(2)较好(×0.3)</th><th>(3)一般(×0.2)</th><th>(1)>1000(×0.5)</th><th>(2)100~1000(×0.3)</th><th>(3)<100(×0.2)</th></tr>
</table>

注：Ⅰ类有利区：>45 分；Ⅱ类有利区：35~45；Ⅲ类有利区：<35 分。

运用上述评价公式对各个含油气盆地内有利区进行综合评价。通过对有利区评价分值的分布特征进行分析，并结合相关油气实际开发效果，对各盆地有利区级别划分出三类：评价分值>45 分，为Ⅰ类有利区；评价分值为 35~45 分，为Ⅱ类有利区；评价分值<35 分，为Ⅲ类有利区。

四、有利区优选

通过对中南半岛及南海东缘 9 个盆地进行综合评价，对盆地已发现资源量、待发现资源量以及有利区面积进行了统计分析(表 6-14)。盆地累计评价面积为 $279\times10^4km^2$，其中有利区面积为 $70.8\times10^4km^2$，约占总评价面积的 25.3%。研究表明，主要的含油气区位于中南半岛，均具有较好的成藏组合匹配关系，盆地面积较大，具备形成大型油气田的条件，为研究区内最重要的油气勘探区。通过对研究区含油气盆地综合评分，结合成藏组合以及有利区带分布特征对 9 个盆地进行了有利区级别分类(表 6-15 及图 6-24)。

表 6-14　中南半岛及南海东缘含油气盆地油气资源量统计表

盆地级别	盆地名称	得分	已发现资源量(10^8bbl 油当量)	待发现资源量(10^8bbl 油当量)	有利区面积(km^2)
Ⅰ类	昆山—万安盆地	76	166.55	228.51	16384
	呵叻高原盆地	66	1.77	23.01	95757
	湄南盆地	65.4	4.43	7.13	13549
Ⅱ类	呵叻盆地	50.4	0	7.78	70214
	东巴拉望盆地	50.2	0.03	1.57	20957
	苏禄海盆地	49.4	2.51	1.56	14887
Ⅲ类	西里伯斯盆地	35.6	0	0.09	48597
	卡加延盆地	33.4	0.03	0.33	10162
	比科尔盆地	28.6	0	0.38	10118

表 6-15　中南半岛及南海东缘有利区综合评分表

<table>
<tr><th>盆地名称</th><th>盆地得分</th><th>盆地级别(×0.5)</th><th>单盆地有利区</th><th>有利区位置</th><th colspan="2">沉积相类型(×0.1)</th><th colspan="2">生储盖匹配程度(×0.2)</th><th>待发现资源量(10^8bbl 油当量)(×0.2)</th><th>有利区综合评分</th><th>有利区级别</th></tr>
<tr><td rowspan="2">昆山—万安盆地</td><td rowspan="2">76</td><td rowspan="2">0.5</td><td>好</td><td>九龙次盆中部、南部和南昆山次盆中部和中西部</td><td>基底、三角洲前缘、碳酸盐岩台地、浊积扇、浊积水道、生物礁</td><td>0.5</td><td>好</td><td>0.5</td><td rowspan="2">228.51</td><td>57.00</td><td>Ⅰ</td></tr>
<tr><td>较好</td><td>九龙次盆西部和昆山隆起以及南昆山次盆的西部、最南部</td><td>潮下带、陆棚陆坡</td><td>0.2</td><td>较好</td><td>0.3</td><td>51.68</td><td>Ⅰ</td></tr>
</table>

续表

盆地名称	盆地得分	盆地级别（×0.5）	单盆地有利区	有利区位置	沉积相类型（×0.1）		生储盖匹配程度（×0.2）		待发现资源量（10^8bbl 油当量）（×0.2）	有利区综合评分	有利区级别
呵叻高原盆地	66	0.5	好	Khorat 次盆北部、Phu Phan 隆起中东部及 Sakhon – Nakhon 次盆东南部	三角洲前缘、碳酸盐岩台地相	0.5	好	0.5	23.01	49.50	Ⅰ
			较好	Sakhon – Nakhon 次盆北部、Loei – Phetchabun 褶皱带中部及 Khorat 次盆西北部	三角洲平原、河流	0.2	较好	0.3		44.88	Ⅱ
湄南盆地	65.4	0.5	好	彭世洛府、湄南府地区	河流、三角洲前缘	0.5	好	0.5	7.13	46.43	Ⅰ
			较好	彭世洛次盆西部边缘、曼谷地区	扇三角洲、河流	0.5	一般	0.2		42.51	Ⅱ
呵叻盆地	50.4	0.5	较好	盆地东南部呵叻次盆区、西部磅逊次盆区以及北部洞里萨湖盆区	滨浅海、碳酸盐岩台地、三角洲、河流、湖泊	0.5	一般	0.2	7.78	32.76	Ⅲ
东巴拉望盆地	50.2	0.5	好	Balabac 次盆、Bancauan 次盆盆地中部靠东巴拉望岛的区域	台地碳酸盐岩、三角洲前缘砂体、生物礁	0.5	较好	0.3	1.57	33.63	Ⅲ
			较好	Balabac 次盆、Bancauan 次盆和盆地北部区域、盆地中部靠东巴拉望岛的区域	浊积扇砂岩体	0.3	较好	0.3		32.63	Ⅲ
苏禄海盆地	49.4	0.5	好	Sandakan 次盆	三角洲前缘	0.5	好	0.5	1.56	35.07	Ⅱ
			较好	研究区中部	浊积扇砂岩体	0.2	一般	0.2		30.63	Ⅲ
西里伯斯盆地	35.6	0.5	好	研究区中部及西北部	深海—半深海	0.2	较好	0.3	0.09	22.07	Ⅲ
		0.5	较好	盆地南部及北部	深海—半深海	0.2	一般	0.2		21.36	Ⅲ
卡加延盆地	33.4	0.5	好	盆地中部台地发育带	碳酸盐岩台地相	0.5	一般	0.2	0.33	21.04	Ⅲ
比科尔盆地	28.6	0.5	好	盆地西部滨岸海相发育区	滨岸相	0.2	一般	0.2	0.38	17.16	Ⅲ

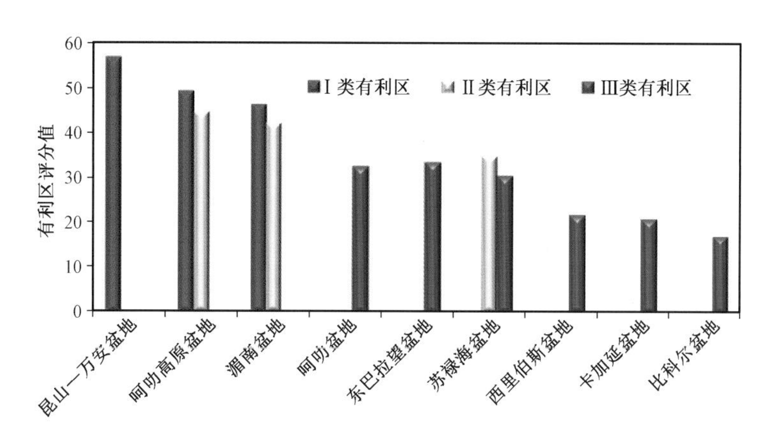

图6－24　中南半岛及南海东缘有利区带综合评分图

在中南半岛及南海东缘含油气盆地综合研究的基础上，定量—半定量方法对研究区盆地级别进行了量化评价，分级出了3类盆地，并在此基础上，采用区域有利区评价指标对大区油气潜在有利区进行了评价，并指出油气有利勘探目标区（图6－25）。

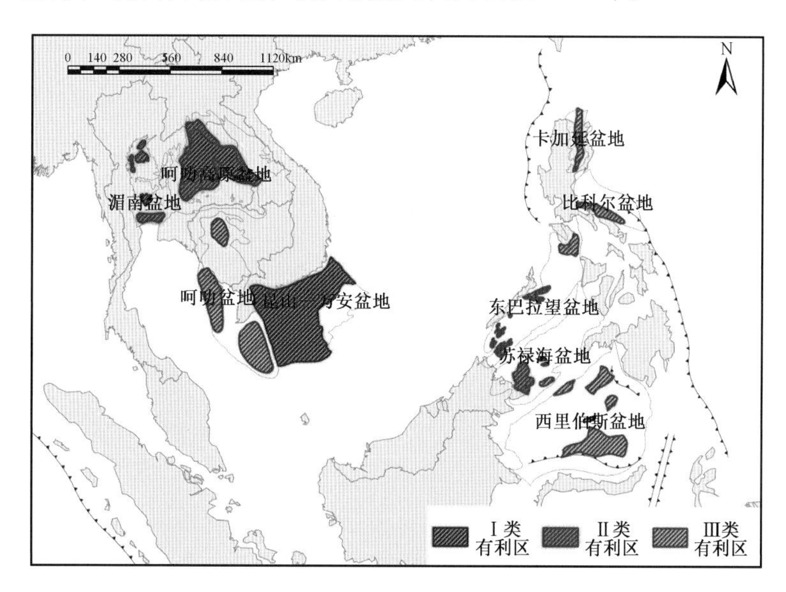

图6－25　中南半岛及南海东缘有利勘探区带分布图

Ⅰ类盆地中首选盆地为中南半岛的昆山—万安盆地，有利区带均为Ⅰ类，可以作为首选有利区进行投资，勘探开发前景好。呵叻高原盆地和湄南盆地均发育Ⅰ类有利区和Ⅱ类有利区，具备较好的勘探潜力。呵叻高原盆地是Ⅰ类盆地中唯一的克拉通盆地，由于其在晚石炭世便开始接受沉积，沉积面积大，圈闭类型多，成藏组合匹配关系好，具有形成大型油气田的潜力。

Ⅱ类盆地中多发育Ⅲ类有利区，少数发育Ⅱ类有利区。需对该类盆地及其有利区开展进一步潜力分析和投资研究。如苏禄海盆地综合评分较低，但Sandakan次盆为Ⅱ类有利区，应予以高度关注。

Ⅲ类盆地中，油气勘探潜力一般较小，主要以Ⅲ类区带为主，包括西里伯斯盆地、比科尔盆地等。

总体上，中南半岛及南海东缘地质结构相对复杂，基础地质研究程度和油气资源勘查程度差异较大，部分盆地的油气勘探开发程度较低。

参考文献

冯庆来,杨文强,等.2008. 泰国北部清迈地区海山地层序列及其构造古地理意义. 中国科学D辑:地球科学,38(11):1354-1360.

G. H. Packham 著. 金康辰译.1994. 东南亚西部右旋的板块构造和沉积盆地发育. 译自 Geology. 20(2):36-38.

郭令志,马瑞士,等.1998. 论西太平洋活动大陆边缘中—新生代弧后盆地的分类和演化. 成都理工学院学报,25(2):134-144.

焦方正.1998. 中国周边国家油气工业. 北京:石油工业出版社.

金之钧,张金川.1999. 油气资源评价技术. 北京:石油工业出版社,35-48.

金之钧,张金川.2002. 油气资源评价方法的基本原则. 石油学报,23(1):19-23.

金之钧.1995. 五种基本油气藏规模概率分布模型比较研究及其意义. 石油学报,16(3):6-13.

康安,杨磊.2010. 中国近海及东南亚地区古近纪断陷盆地湖相烃源岩及油气藏分布[J]. 新疆石油地质,04:337-340.

匡立春,王东坡.1994. 弧后盆地的形成机制及沉积特征. 世界地质,13(3):15-20.

匡立新,王东坡.1994. 弧后盆地的形成机制及沉积特征. 世界地质,13(3):15-20.

李兴振,刘朝基.2004. 泰国大湄公河次地区构造单元划分. 沉积与特提斯地质,24(4).

Murrary R W,张传恒译.1991. 海相燧石、页岩中的稀土元素指相标志. 地质科技情报,10(1):32-37.

P.Д. 罗德尼科娃,李寿田.1987. 东南亚沉积盆地的地球动力作用和油气形成过程. 海洋地质译丛,03:16-21.

邱中建,龚再升.1999. 中国油气勘探;近海油气区. 北京;石油工业出版社.

任建业,李思田.2000. 西太平洋边缘海盆地的扩张过程和动力学背景. 地学前沿,7(3):203-211.

施美凤,林方成.2013. 东南亚缅泰老越柬五国与中国邻区成矿带划分及成矿特征. 沉积与特提斯地质,33(2).

田作基,吴义平,等.2014. 全球常规油气资源评价及潜力分析. 地学前缘,1.

童晓光,2009. 论成藏组合在勘探评价中的意义. 西南石油大学学报,31(6):1-8.

童晓光,关增淼.2001. 世界石油勘探开发图集. 亚洲太平洋地区分册. 北京:石油工业出版社.

童晓光,何登发.2001. 油气勘探原理和方法. 北京;石油工业出版社.

童晓光,李浩武,肖坤叶,等.2009. 成藏组合快速分析技术在海外低勘探程度盆地的应用. 石油学报,30(3):317-323.

童晓光.2009. 快速分析技术在海外低勘探程度盆地的应用. 石油学报,30(3):1-9.

王炯辉,刘葵,徐兵,等.2002. USGS2000 世界油气资源评价待发现油气资源预测法. 中国地质矿产经济,12.

吴时国.2001. 弧前盆地天然气水合物分布区的地质特征——以东南海槽为例. 天然气地球科学,12(1):16-21.

肖序常.1988. 喜马拉雅岩石圈构造演化. 北京:地质出版社.

姚伯初,万玲,刘振湖.2004. 南海海域新生代沉积盆地构造演化的动力学特征及其油气资源. 中国地质大学学报,29(5):543-549.

叶德燎.2005. 东南亚石油资源与勘探潜力. 中国石油勘探,10(1).

于开财,李胜利,于兴河,等.2010. 裂谷盆地深层石油地质特征与油气成藏条件. 地学前缘,17(5):289-295.

张传恒,张世红.1998. 弧前盆地研究进展综述. 地质科技情报,17(4):1-5.

张杰,鲁银涛.2014. 始新统油气系统:泰国湾东北部油气勘探新层系. 海洋学报,36(7).

张林晔,李政,孔祥星,等.2014. 成熟探区油气资源评价研究——以渤海湾盆地牛庄洼陷为例. 天然气地球科学,25(4):477-489.

张永刚,许卫平,王国力,等.2006. 中国东部陆相断陷盆地油气成藏组合体. 北京:石油工业出版社,50-105.

朱伟林,胡平,江文荣,等.2012. 国外含油气盆地丛书:南亚—中南半岛及南海东缘含油气盆地. 北京:科学出版社.

朱伟林,胡平,江文荣,等.2012. 南亚—东南亚含油气盆地.北京:科学出版社.

Abhijit Mukherjee, Alan E. Fryar, William A. Thomas. 2009. Geologic, geomorphic and hydrologic framework and evolution of the Bengal basin, India and Bangladesh. Journal of Asian Earth Sciences, 34:227 – 244.

Alam M, Alam M M, Curray J R, et al. 2003. An overview of the sedimentary geology of the Bengal Basin in relation to the regional tectonic frame work and basin – fill IHStory. Sedimentary Geology, 155(3/4):179 – 208.

Allen P A, Allen J P. 1990. Basin analysis; Principles and applications. London; Blackwell Scientific Publishing.

Alves T M, Kurtev K, Moore G F, et al. 2014. Assessing the internal character, reservoir potential, and seal competence of mass – transport deposits using seismic texture; A geophysical and petrophysical approach. AAPG bulletin, 98(4):793 – 824.

Aoyagi K, Asakawa T. 1984. Paleotemperature analysis by authigenic minerals and its application to petroleum exploration. AAPG Bulletin, 68(7):903 – 913.

Bachman S B, Lewis S D, Schweller W J. 1983. Evolution of a forearc basin, Luzon Central Valley, Philippines. AAPG Bulletin, 67(7):1143 – 1162.

Capitanio F A, Morra G, Goes S. 2007. Dynamic models of downgoing plate – buoyancy driven subduction; Subduction motions and energy dissipation. Earth Planet. Lett. 262(1 – 2):284 – 297.

CCOP. 2002. Energy Overview in East and Southeast Asia. Petromin, 28(6):8 – 43.

Cheng Y C, Lee P L, Lee T Y. 2000. Estimating exploration success ratio by fractal geom etry. Bulletinof Canadian Petroleum Geology, 48(2):116 – 122.

Courteney S, Soeparjadi R A, Ahmad S M S. 1988. Oil and gas developments in Far East in 1987. AAPG Bulletin, 72(10):241 – 291.

Crovelli R A, Balay R H. 1986. FASP analytic resource appraisal program for petroleum play analysis. Computer & Science, 12(4B):423 – 475.

Desheng L. 1984. Geologic evolution of petroliferous basins on continental shelf of China. AAPG Bulletin, 68(8): 993 – 1003.

Dickinson W R, Seely D R. 1977. Structure and stratigraphy of fore arc rejions. American Association of Petrolem Geologists Bulletin. (63):2 – 31.

Dickinson W R, Seely D R. 1979. Structure and stratigraphy of forearc regions. Bull. Am. Assoc. Petrol. Geol., 63:2 – 31.

Dickinson W R. Forearc basins. In; Busby C J, Ingersoll R V eds. Tectonics of Sedimentary Basins. Cambridge Mas – sachusetts; Blackwell Science, 1995. 211 – 261.

Divi R S. 2004. Probab ilisticm ethods in petroleum resource assessment, with some examples using data from the Arabian region. Journal of Petroleum Science and Engineering, 42:95 – 106.

Drew L J, Lawrence J. 1997. Undiscovered Petroleum and Mineral Resource. New York; Plenum Press, 38 – 147.

Durkee E F, Pederson S L. 1961. Geology of northern Luzon, Philippines. AAPG Bulletin, 45(2):137 – 168.

Emery K O. 1980. Continental margins – Classification and petroleum prospects. AAPG Bulletin, 64(3):297 – 315.

Fletcher G L, Soeparjad R A. 1984. Oil and Gas Developments in Far East in 1983. The American Association of Petroleum Geologists Bulletin. 68(10).

Fletcher G L, Soeparjadi R A. 1984. Oil and gas developments in Far East in 1983. AAPG Bulletin, 68(10): 1622 – 1675.

Fulthorpe C S, Schlanger S O. 1989. Paleo – oceanographic and tectonic settings of early Miocene reefs and associated carbonates of offshore Southeast Asia. AAPG Bulletin, 73(6):729 – 756.

Föllmi KB. 2012. Early Cretaceous life, climate and anoxia. Cretaceous Research, 35:230 – 257.

Gardner J M, Shor A N, Jung W Y. 1998. Acoustic imagery evidence for methane hydrates in the Ulleung Basin. Marine Geophysical Researches, 20(6):495 – 503. Kluwer Academic Publishers, Dordrecht, Netherlands.

Gerbault M, Cembrano J, Mpodozis C, et al. 2009. Continental margin deformation along the Andean subduction zone; Thermo – mechanical models. Phys. Earth Planet. Int., 177(3 – 4):180 – 205.

Gester G C. 1944. World Petroleum Reserves and Petroleum Statistics. AAPG Bulletin,28(10):1485 – 1505.

Gladenkov Y B. 1980. Stratigraphy of Marine Paleogene and Neogene of Northeast Asia (Chukotka, Kamchatka, Sakhalin);Geologic Notes. AAPG Bulletin,64(7):1087 – 1093.

Haggart J W,Matsukawa M,Ito M. 2006. Paleogeographic and paleoclimatic setting of Lower Cretaceous basins of East Asia and western North America,with reference to the nonmarine strata. Cretaceous Research,27(2):149 – 167.

Hedberg H D. 1970. Continental margins from viewpoint of the petroleum geologist. AAPG Bulletin,54(1):3 – 43.

Hodgetts D, Imber J, Childs C, et al. 2001. Sequence stratigraphic responses to shoreline – perpendicular growth faulting in shallow marine reservoirs of the Champion field, offshore Brunei Darussalam, South China Sea. AAPG bulletin,85(3):433 – 457.

Holloway N H. 1982. North Palawan block, Philippines——Its relation to Asian mainland and role in evolution of South China Sea. AAPG Bulletin,66(9):1355 – 1383.

Honza E,Fujioka K. 2004. Formation of arcs and backarc basins inferred from the tectonic evolution of Southeast Asia since the Late Cretaceous. Tectonophysics,384(1):23 – 53.

Hotchkiss H. 1962. Petroleum Developments in Middle East and Adjacent Countries. AAPG Bulletin,46(7):1241 – 1280.

Hyndman R D. 2010. The consequences of Canadian Cordillera thermal regime in recent tectonics and eletonics and elevation;a review. Can. J. Earth Sci. ,47(5):621 – 632.

IHS Energy. 2013. Basin Monitor,Khorat Plateau Basin,Thailand[DB].

Irving E M. 1952. Geological IHStory and petroleum possibilities of the Philippines. AAPG Bulletin, 36 (3): 437 – 476.

James W. Schmoker,Timothy R. Klett. U. S. 2000. Geological Survey Assessment Model for Undiscovered Conventional Oil,Gas,and NGL Resources – The Seventh Approximation,2000[CD – ROM]. U. S. Geological Survey World Energy Assessment.

Kamvong T,Zaw K. 2009. The origin and evolution of skarn – forming fluids from the Phu Lon deposit,northern Loei Fold Belt, Thailand; Evidence from fluid inclusion and sulfur isotope studies. Journal of Asian Earth Sciences, 34(5):624 – 633.

Kaufmann G F. 1961. Petroleum developments in Far East during 1960. AAPG Bulletin,45(7).

Kim G Y,Yi B Y,Yoo D G,Ryu B J,Riedel M. 2011. Evidence of gas hydrate from downhole logging data in the Ulleung Basin,East Sea. Marine and Petroleum Geology,28(10):1979 – 1985.

Kim J H,Torres ME,Hong W L,et al. 2013. Pore fluid chemistry from the Second Gas Hydrate Drilling Expedition in the Ulleung Basin(UBGH2);Source,mechanisms and consequences of fluid freshening in the central part of the Ulleung Basin,East Sea. Marine and Petroleum Geology,47:99 – 112.

Kingston D R,Dishroon C P,Williams P A. 1983. Global basin classification system. AAPG bulletin,67(12):2175 – 2193.

Kobayashi H, Endo K, Sakata S, et al. 2012. Phylogenetic diversity of microbial communities associated with the crude – oil,large – insoluble – particle and formation – water components of the reservoir fluid from a non – flooded high – temperature petroleum reservoir. Journal of bioscience and bioengineering,113(2):204 – 210.

L aherrere J. 2000. Distribution of filed sizes in a petroleum system;parabolic fractal lognormal or stretched expotential Marine and Petroleum Geology,17:539 – 546.

L B Magoon, J W Schmoker. 2000. The Total Petroleum System – The Natural Fluid NetworkThat Constrains the Assessment Unit[CD – ROM]. U. S. Geological SurveyWorld Energy Assessment.

Lee G H,Yi B Y,Yoo D G,Ryu B J,Kim H J. 2013. Estimation of the gas – hydrate resource volume in a small area of the Ulleung Basin, East Sea using seismic inversion and multi – attribute transform techniques. Marine and Petroleum Geology,47:291 – 302.

Leggett J K,McKerrow W S,Casey D M. 1982. The anatomy of a Lower Paleozoic accretionary forearc;the southern uplands of Scotland. In;In;Leggett J K ed. Trench – Forearc Geology. Geol. Soc. London Spec. Publ. (10),495 – 519.

Leyden R, Ewing M, Murauchi S. 1973. Sonobuoy refraction measurements in East China Sea. AAPG Bulletin, 57(12):2396 – 2403.

Liu J, Chu G, Han J, et al. 2009. Volcanic eruptions in the Longgang volcanic field, northeastern China, during the past 15,000 years. Journal of Asian Earth Sciences, 34(5): 645 - 654.

Madon M B H, Abolins P, Hoesni M J B. Malay Basin. 1999. Marican M H. Mansor M I. The Petroleum Geology and Resources of Malaysia. Kuala Lumpur: Petronas.

Magara K. 1980. Evidences of primary oil migration. AAPG Bulletin, 64(12): 2108 - 2117.

Mahmood Alam, M. Mustafa Alam, Joseph R. Curray et. al. 2003. An overview of the sedimentary geology of the Bengal Basin in relation to the regional tectonic framework and basinfill IHStory. Sedimentary Geology. 155: 179 - 208.

Mamo B, Strotz L, Dominey - Howes D. 2009. Tsunami sediments and their foraminiferal assemblages. Earth - Science Reviews, 96(4): 263 - 278.

Miller B M. 1982. Application of exploration play analysis techniques to the assessment of conventional petroleum resources by the USGS. Geological Survey, 34(1): 55 - 64.

Moldowan J M, Seifert W K, Gallegos E J. 1985. Relationship between petroleum composition and depositional environment of petroleum source rocks. AAPG bulletin, 69(8): 1255 - 1268.

Murrary R W. 1994. Chemical critrria to identify the depositional environment of chert; general principles and applications. Sedimentary Geol, 90: 213 - 232.

Murrary R W. 1994. Cemical criteria to identify the depositional environment of chert; general principles and applicathions. Sedimentary Geol. , 90: 213 - 232.

Mustapha K A, Abdullah W H. 2013. Petroleum source rock evaluation of the Sebahat and Ganduman Formations, Dent Peninsula, Eastern Sabah, Malaysia. Journal of Asian Earth Sciences, 76: 346 - 355.

Okuyama Y, Todaka N, Sasaki M, Ajima S, Akasaka C. 2013. Reactive transport simulation study of geochemical CO_2 trapping on the Tokyo Bay model - With focus on the behavior of dawsonite. Applied Geochemistry, 30: 57 - 66.

Paul Mann, Lisa Gahagan, Mark B Gordon. 2003. Tectonic Setting of the World's Giant Oil and Gas Fields in Giant Oil and Gas Fields of the Decade 1990 - 1999. AAPG Memoir, 78: 15 - 105.

Petter A L, Steel R J. 2006. Hyperpycnal flow variability and slope organization on an Eocene shelf margin, Central Basin, Spitsbergen. AAPG bulletin, 90(10): 1451 - 1472.

Pimm A C. 1972. Shatsky Rise Sediments; Correlation of Lithology and Physical Properties with Geologic IHStory; Geological Note. AAPG Bulletin, 56(2): 364 - 370.

Podruski J A. 1988. Contrasting character of the Peace River and Sweetgrass arches, Western Canada Sedimentary Basin. Geoscience Canada, 15(2): 94 - 97.

Raju P V S. 2009. Petrography and geochemical behaviour of trace element, REE and precious metal signatures of sulphidic banded iron formations from the Chikkasiddavanahalli area, Chitradurga scIHSt belt, India. Journal of Asian Earth Sciences, 34(5): 663 - 673.

Ranneft T S M, Hopkins Jr R M, Froelich A J, et al. 1960. Reconnaissance Geology and Oil Possibillities of Mindanao. AAPG Bulletin, 44(5): 529 - 568.

Ronald R. Charpentier, Klett T R. 2005. Guiding Principles of USGS Methodology for Assessment of Undiscovered Conventional Oil and Gas Resources. Natural Resources Reasearch, 14(3): 175 - 186.

Ronald R. Charpentier, Timothy R. 2000. Klett. Monte Carlo Simulation Method[CD - ROM]. U. S. Geological Survey-World Energy Assessment.

S. Suzuki, Inoue, Y. Waseda. 2008. Changes in chemical state and local structure of green rust by addition of copper ions. Corrosion Science, 50(6): 1761 - 1765.

Scheidecker W R. 1977. Petroleum developments in Far East in 1976. AAPG Bulletin, 61(10): 1832 - 1879.

Schuenemeyer J H, Drew L J. 1991. A forecast of undiscovered oil and gas in the Niigata Basin; the unfolding of a very large exploration play. AAPG Bulletin, 75(6): 1107 - 1115.

Schuppli H M. 1946. Geology of oil basins of East Indian archipelago. AAPG Bulletin, 30(1): 1 - 22.

Soeparjadi R A, Valachi L Z, Widjonarko R, et al. 1987. Oil and gas developments in Far East in 1986. AAPG Bulletin, 71(10): 238 - 292.

Stach L W. 1947. Petroleum exploration and production in western Pacific during World War II. AAPG Bulletin, 31(8): 1384 - 1403.

Subrahmanyam C,Thakur N K,Gangadhara Rao T,et al. 1999. Tectonics of the Bay of Bengal;New insights from satellite – gravity and ship – borne geophysical data. Earth and Plane – tary Science Letters,171(2):237 –251.

Tamagawa T,Pollard D D. 2008. Fracture permeability created by perturbed stress fields around active faults in a fractured basement reservoir. AAPG bulletin,92(6):743 –764.

Tamaki K,Honza E. 1991. Global tectonics and formation of marginal basins;Role of the western Pacific. Episodes, 14:224 –230.

Templer S P, Wehrmann L M, Zhang Y, Vasconcelos C, McKenzie J A. 2011. Microbial community composition and biogeochemical processes in cold – water coral carbonate mounds in the Gulf of Cadiz,on the Moroccan margin. Marine Geology,282(1 –2):138 –148.

Tissot B P,Welte D H. 1978. Petroleum Formation and Occurrence. New York;Springer Verlag,1 –140.

Tsuji T,Masui Y,Yokoi S. 2011. New hydrocarbon trap models for the diagenetic transformation of opal – CT to quartz in Neogene siliceous rocks. AAPG bulletin,95(3):449 –477.

TuZino T,Murakami F. 2008. Evolution of collision – related basins in the eastern end of the Kurile Basin,Okhotsk Sea,Northwestern Pacific. Journal of Asian Earth Sciences,33(1 –2):1 –24.

Vincelette R R,Soeparjadi R A. 1976. Oil – bearing reefs in Salwati basin of Irian Jaya,Indonesia. AAPG Bulletin, 60(9):1448 –1462.

Wageman J M, Hilde T W C, Emery K O. 1970. Structural framework of East China Sea and Yellow Sea. AAPG Bulletin,54(9):1611 –1643.

Walker R G. 1966. Deep channels in turbidite – bearing formations. AAPG Bulletin,50(9):1899 –1917.

Waples D W, Kamata H, Suizu M. 1992. The Art of Maturity Modeling, Part 1; Finding a Satisfactory Geologic Model(1). AAPG Bulletin,76(1):31 –46.

Waples D W, Suizu M, Kamata H. 1992. The Art of Maturity Modeling. Part 2; Alternative Models and Sensitivity Analysis{1}. AAPG Bulletin,76(1):47 –66.

Weeks L G. 1947. Highlights on developments in foreign petroleum fields. AAPG Bulletin,31(7):1135 –1193.

Weeks L G. 1959. Geologic architecture of circum – Pacific. AAPG Bulletin,43(2):350 –380.

Weeks L G. 1965. World offshore petroleum resources. AAPG Bulletin,49(10):1680 –1693.

White D A. 1980. Ssessing oil and gas plays in facies – cycle;Wedges. AAPG Bulletin,64(8):1158 –1178.

Winterer E L. 1973. Sedimentary facies and plate tectonics of equatorial Pacific. AAPG Bulletin,57(2):265 –282.

Xu J,Ben – Avraham Z,Kelty T,Yu H – S. 2014. Origin of marginal basins of the NW Pacific and their plate tectonic reconstructions. Earth – Science Reviews,130:154 –196.

Yumul G P,Dimalanta C B,Marquez E J,Queaño K L. 2009. Onland signatures of the Palawan microcontinental block and Philippine mobile belt collision and crustal growth process;A review. Journal of Asian Earth Sciences,34(5): 610 –623.

Zielinski G W,Bjoroy M,Zielinski R L B,et al. 2007. Heat flow and surface hydrocarbons on the Brunei continental margin. AAPG bulletin,91(7):1053 –1080.